新时代
数字经济
系列教材

数据要素估值

刘赛红　吕颖毅　王连军 ◎主编

清華大學出版社
北京

内 容 简 介

本书以数字经济发展为背景,围绕数据要素估值,从数据要素概念界定入手,介绍数据要素经济价值、数据要素市场发展及管理、相关研究前沿知识等。本书以数字经济发展为背景,围绕数据要素估值,结合实务界探索成果与理论界研究成果,构建了数据资产评估框架和数据要素定价知识体系。本书内容编排体现关于数据要素市场改革的重点:数据开放共享、提升社会数据资源价值、加强数据资源整合和安全保护。

本书适合金融学、投资学等财经类专业的学生作为教材使用,也适合从事人工智能、工程管理、大数据管理与应用、工业智能等交叉学科的学生作为参考用书。

图书在版编目(CIP)数据

数据要素估值/刘赛红,吕颖毅,王连军主编.—北京:清华大学出版社,2024.3
新时代数字经济系列教材
ISBN 978-7-302-65239-7

Ⅰ.①数… Ⅱ.①刘… ②吕… ③王… Ⅲ.①数据管理-教材 Ⅳ.①TP274

中国国家版本馆 CIP 数据核字(2024)第 035911 号

责任编辑:吴梦佳
封面设计:傅瑞学
责任校对:袁 芳
责任印制:曹婉颖

出版发行:清华大学出版社
    网 址:https://www.tup.com.cn,https://www.wqxuetang.com
    地 址:北京清华大学学研大厦 A 座   邮 编:100084
    社 总 机:010-83470000   邮 购:010-62786544
    投稿与读者服务:010-62776969,c-service@tup.tsinghua.edu.cn
    质量反馈:010-62772015,zhiliang@tup.tsinghua.edu.cn
    课件下载:https://www.tup.com.cn,010-83470410
印 装 者:三河市少明印务有限公司
经 销:全国新华书店
开 本:185mm×260mm 印 张:11.5 字 数:263 千字
版 次:2024 年 3 月第 1 版 印 次:2024 年 3 月第 1 次印刷
定 价:45.00 元

产品编号:099744-01

前　　言

　　数据,作为数字经济最为重要的生产要素,已成为数字经济增长的引擎,成为数字经济时代影响全球竞争的关键战略性资源。党和政府高瞻远瞩,立足经济发展需要,做出了关于充分发挥数据要素价值的战略安排。2019年,党的十九届四中全会首次将数据与土地、劳动力、资本、技术并列作为重要的生产要素。2020年,《中共中央 国务院关于构建更加完善的要素市场化配置体制机制的意见》和《中共中央 国务院关于新时代加快完善社会主义市场经济体制的意见》强调要培育和发展数据要素市场。2021年,《中华人民共和国国民经济和社会发展第十四个五年规划和2035年远景目标纲要》进一步明确提出,加快建立数据资源产权、交易流通、跨境传输和安全保护等基础制度与标准规范。2021年12月,国务院印发《"十四五"数字经济发展规划》,指出数据要素是数字经济深化发展的核心引擎,明确规划到2025年初步建立数据要素市场体系。2022年10月,党的二十大报告强调,加快发展数字经济,促进数字经济和实体经济深度融合,打造具有国际竞争力的数字产业集群。无论是数字经济发展还是要素市场建设,都离不开对数据这一核心要素的研究。系统研究、推广科学的数据要素估值方法对时下我国实现数字经济快速发展非常必要。

　　在现代金融理论中,估值主要聚焦于企业价值评估,使用财务评估和资产定价方法对企业价值展开评估。沿袭这一估值框架,业界知名机构如普华永道、毕马威、德勤等均尝试使用财务模型和资产定价模型对数据资产做定价研究。简单梳理这些零散的研究及行业实践,我们会发现,首先,要回答的问题是如何界定数据要素及这一新型生产要素的价值来源是什么。只有完成了关于数据要素及数据资产的经济学解释,我们才能构建一个相对完备、科学的估值框架,完善关于数据要素的估值方法,最终探讨数据要素市场建设及市场监管问题。数据要素对经济增长的影响可以通过计量模型做量化分析,但估值应聚焦于数据资产这一数据要素的微观形式上。这是因为只有权属清晰的资产,才能进行交易和流通,才能在市场活动中对其进行定价机制分析,构建适用于广泛主体的估值框架。基于以上思考,本书首先介绍数据要素化的理论基础,围绕数据要素化这一话题探讨数据的价值、数据资源的形成与数据资产的流通等热点问题。其次,本书从数据资产过渡到数据要素,介绍数据资产的定义及特征,并介绍数据治理、数据要素市场、数据治理与监管等问题。最后,本书介绍了数字经济发展新动向、数据要素应用场景创新及理论界研究新方向。

　　(1)本书聚焦数据要素估值这一主题,融合近年来的理论研究成果与实践,介绍数据资源与数据资产发展概述、数据资产估值方法及案例。现有关于数据要素的研究成果大都是2019年以后发表的论文和行业研究报告,本书在一定程度上促进了相关知识的推广与应用。

　　(2)本书针对学生的学习特点,着重介绍了数据要素等新概念和行业实践创新与经典案例,以概念＋模型推导＋应用场景模式开阔学生视野,引导学生在专业学习中不断交叉融合,加强关于大数据、云计算和人工智能等前沿科学技术的学习,进而使学生领悟到专业学习的意义就在于在瞬息万变的时代背景下找到自身的奋斗方向,实现人生价值。

  本书共九章内容,刘赛红教授负责总体框架设计与团队组织,编写第 1 章、第 9 章;吕颖毅负责编写第 2 章、第 3 章、第 7 章、第 8 章;王连军负责编写第 4 章至第 6 章;刘赛红教授研究生团队柏伟、程思拓、龙翔、徐泽宇负责案例补充、校稿、参考文献整理等。本书在编写过程中参考了国内外同行的论文、研究报告及专著,具体内容见参考文献,在此谨向相关作者表示感谢。本书的出版得到了"湖南工商大学数字经济系列教材"项目资助。

  我们期待本书能够为读者提供关于数据要素估值的系统化理论,普及数据治理、数据市场建设、数据监管等相关知识,激励青年学子投身数字经济行业前沿,为中国的数字经济发展作出贡献。

  本书编写过程中,我们虽力求科学严谨,但写作水平有限,仍是挂一漏万,敬请读者批评、指正。

编 者

2023 年 9 月

目　　录

第1章 绪 论

2022年6月,中央全面深化改革委员会第二十六次会议审议通过了《关于构建数据基础制度更好发挥数据要素作用的意见》,习近平总书记在主持会议时强调,数据基础制度建设事关国家发展和安全大局,要维护国家数据安全,保护个人信息和商业秘密,促进数据高效流通使用、赋能实体经济,统筹推进数据产权、流通交易、收益分配、安全治理,加快构建数据基础制度体系。要加强党中央对行政区划工作的集中统一领导,做好统筹规划,避免盲目无序。要遵循科技创新规律和人才成长规律,以激发科技人才创新活力为目标,按照创新活动类型,构建以创新价值、能力、贡献为导向的科技人才评价体系,引导人尽其才、才尽其用、用有所成。要推动大型支付和金融科技平台企业回归本源,健全监管规则,补齐制度短板,保障支付和金融基础设施安全,防范化解系统性金融风险隐患,支持平台企业在服务实体经济和畅通国内国际双循环等方面发挥更大作用。实现数据要素资产化、数据要素市场健康发展的首要前提是破解数据要素估值难题。本章首先介绍数字经济背景,然后阐述数据要素作为生产要素的重要性,引出数据要素估值问题研究价值,描述数据要素估值发展现状,归纳数据要素估值研究重点和发展脉络。

1.1 数字经济背景

1.1.1 数字经济的科学内涵

1. 数字经济的定义

自Tapscott(1996)提出"数字经济"这一术语以来,后继的研究者尝试从不同角度对数字经济进行定义。已有的研究成果大都从两方面把握数字经济的内涵:一方面从横向角度,即从生产工具和生产关系特点界定到底什么是数字经济;另一方面从纵向角度,即从人类经济发展史的视角,剖析数字经济与以往的农业经济、工业经济相比有哪些不同点。本书援引陈晓红(2022)的研究成果,对数字经济进行界定:数字经济是以数字化信息(包括数据要素)为关键资源,以互联网平台为主要信息载体,以数字技术创新驱动为牵引,以一系列新模式和业态为表现形式的经济活动。根据该定义,数字经济的内涵包含四项核心内容:一是数字化信息,是指将图像、文字、声音等存储在一定虚拟载体上并可多次使用的信息;二是互联网平台,是指由互联网形成的搭载市场组织、传递数字化信息的载物,如共享经济平台、电子商务平台等;三是数字化技术,是指能够解析和处理数字化信息的新一代信息技术,如人工智能、区块链、云计算、大数据等;四是新型经济模式和业态,表现为数字技术与传统实体经济创新融合的产物,如个体新经济、无人经济等。[①]

数字经济与传统工业经济既有区别又有联系。从区别上看,数字经济的关键生产要素是数据,无论是围绕数据信息收集、存储、加工、传输、追踪形成的智能制造,还是依托数据计算和运用的大数据、人工智能、边缘计算等技术,数据都是重要原料和关键投入。在传统工业经济中,资本、劳动力、土地是主要的生产要素,数据尚未成为赋能价值创造的关键要素。从联系上看,传统工业经济拥有对数字经济而言很重要的数据来源和应用场景,互联网、大数据、人工智能等数字技术在传统工业经济领域的广泛使用和深度融合,可以提高传统工业的全要素生产率,发挥数字技术对经济发展的放大、叠加、倍增作用。数字经济的构成和发展包含对传统农业经济和传统工业经济的渗透、覆盖和创新,传统工业经济向先进智能制造转型升级的过程,也体现着数字经济发展的深度和广度。从国家统计局发布的《数字经济及其核心产业分类统计(2021)》中可以看到,数字经济分为数字产品制造业、数字产品服务业、数字技术应用业、数字要素驱动业和数字化效率提升业五大类,其中既有数字产业化部分,又有产业数字化部分,体现了数字技术与实体经济融合发展、相互促进、密不可分的关系。我国拥有全部工业门类、海量数据和丰富应用场景等宝贵资源,是数字经济发展的重要保障。发展智能制造需要一定程度的工业能力积累。一国如果缺乏工业化历程和一定的传统工业基础,就难以实现先进数字化、智能化技术在工业领域的吸纳和推广。我国既有的传统工业在结构和规模上具备良好的数字化改造和升级基础,依托现有条件在数字经济浪潮中推动经济高质量发展,将成为把握新一轮科技革命和产业变革新机遇的关键。

根据中国电子信息产业发展研究院发布的《2022中国数字经济发展研究报告》(见图1-1),2016—2021年,我国数字经济规模从22.6万亿元增长到超45.5万亿元,年均增长率远远高于同期GDP的名义增长率。我国数字经济已从"数字产业化和产业数字化的两化"拓展为"数字产业化、产业数字化、数据价值化和数字化治理的四化"。

单位:万亿元

图1-1 2016—2021年中国数字经济规模

资料来源:中国电子信息产业发展研究院发布的《2022中国数字经济发展研究报告》.

(1)数字产业化。数字产业化既包括数字技术与传统产品(服务)结合而产生的新型

---

① 陈晓红,李杨杨,宋丽洁,等.数字经济理论体系与研究展望[J].管理世界,2022,38(2):13-16,208-224.

的数字化产品与服务(如工业机器人制造、可穿戴智能设备制造,以及电信、广播电视和卫星传输服务等),又包括数字技术应用业(如各类应用软件开发、互联网数据服务等)、数字要素驱动业(如互联网生产和生活服务平台、数字内容与媒体等)。根据中国社会科学院数量经济与技术经济研究所发布的《中国数字经济规模测算与"十四五"展望研究报告》,2019 年我国数字产业化的增加值约为 8.40 万亿元,年均增长率 14.3%。该领域为消费者提供了全新的数字产品(服务),精准地对接了消费需求的结构性升级,为解决供求错位、推动供给侧结构性改革提供了坚实的基础。

(2)产业数字化。产业数字化是指传统产业的运营与组织经过数字技术的改造,增加了新价值、形成了新业态,它涵盖了智慧农业、智能制造、智能交通、智慧物流、数字金融、数字商贸等应用场景。无论是发达国家还是我国,产业数字化规模比重均远超数字产业化,且服务业的数字化转型最为显著。产业数字化是数字技术落地各类应用场景的结果,是数字经济的主战场。

(3)数据价值化。近年来,在区块链技术和人工智能算法的推动下,数字化的信息和知识形成的海量"数据资源"被全面采集、精准挖掘与分析,以数字权利的形式实现了有形与无形资产在网络平台上的价值流转,数据本身实现了资本化。从 2019 年我国首个数据确权平台"人民数据资产服务平台"启动,到北京市筹建北京国际大数据交易所,都是对明确数据赋权标准、探索数据加密规范和保证交易安全的有益探索,数据价值化为各类生产要素及资产的组合与价值流转提供了信息采集、确权定价和交易安全的保障。

(4)数字化治理。数字经济的快速发展,客观上要求有与之匹配的制度和政策法规、决策与监督,需要多主体参与、技术与管理相结合,利用数字化手段全面提升"管""治"能力,数字化治理应运而生。如果说数据价值化是数字经济中生产要素的体现,那么数字产业化和产业数字化则表征着数字经济中的生产力,数字化治理则是数字经济中生产关系的体现。

2016 年,G20 杭州峰会通过了《二十国集团数字经济发展与合作倡议》,数字经济首次被列为 G20 创新增长的一项重要议题。2017 年 3 月,数字经济首次写入政府工作报告。2021 年 3 月 12 日,"十四五"规划和 2035 年远景目标纲要发布,预计到 2025 年数字经济核心产业增加值占 GDP 比重将达到 10%,数字经济发展上升为国家战略。经过若干年的发展与深耕,我国数字经济的"四化"协同发展态势初现。新型基础设施建设提速,数字产业化深入推进。截至 2021 年 5 月底,我国已建成全球规模最大、技术领先的网络基础设施,所有地级市全面建成光网城市,千兆用户数突破 5 000 万,5G 基站数达到 170 万个,5G 移动电话用户数超过 4.2 亿户。2021 年,全国规模以上电子信息制造业增加值比 2020 年增长 15.7%,增速创下近十年新高;软件和信息技术服务业、互联网和相关服务企业的业务收入分别保持了 17.7% 和 16.9% 的高增速。大数据、云计算、人工智能加速融入工业、能源、医疗、交通、教育、农业等行业。截至 2021 年 6 月底,工业互联网应用已覆盖 45 个国民经济大类,工业互联网高质量外网覆盖 300 多个城市。2021 年,我国实物商品网上零售额首次超过 10 万亿元,同比增长 12.0%;移动支付业务 1 512.28 亿笔,同比增长 22.73%。

尽管"四化"协同已大幅拓展了数字经济的内涵和外延,但其并非数字经济发展的最高级阶段。数据量的爆发式增长和数据价值化的普及应用必将推动数字经济迈向数字孪生的新发展阶段。未来在 5G(6G)的网络环境基础上,借助于人工智能和云计算的强大算法、算力,以及区块链提供的认证,我们生活的物理世界将可与虚拟的数字世界形成实时映射(数字孪生),并实现物理世界与数字世界的互联、互通和交互操作。很多人把数字孪生视为"元宇宙"(metaverse)的应用场景,国际权威机构 Statista 预测,2035 年全球数据产生量将达到 2 142ZB,这意味着虚拟数字世界与现实世界在各个方面将进一步密切融合。可以想见,虚拟数字世界中细节更丰富的拟真环境、数字模型的验证与学习、沉浸式的在场体验等,将辅助人类进行物理世界的改造,甚至创造超越人类想象的新世界。围绕"数据"这一关键生产要素,以数字化转型全面驱动生产方式、生活方式和治理方式变革,打造数字经济新优势。从顶层设计、数据生产要素配置、数字生产力系统优化及生产关系调整等方面进行前瞻性布局,全面推进我国数字经济优化升级,充分释放数字经济的外溢效应和倍增效应,为全球数字经济贡献"中国力量"。

2. 数字经济的基本特征

(1) 数据支撑。数据资本取代实体资本成为支撑价值创造和经济发展的关键生产要素,是数字经济最本质的特征。数据资本是指包含海量信息的流通数据经由分析处理技术衍生出的集成信息资产(如大数据)。利用数据资本挖掘消费者潜在需求是开拓新商业模式、创新产品服务的关键。同时,随着数字技术的发展,对数据资本的虚拟存储提高了搜索效率,支持数据资本的低成本复制和搬运,降低了使用数据进行价值创造的成本。

延伸阅读:
数字孪生的
内涵

(2) 融合创新。新一代信息技术发展使创新过程脱离了从知识积累、研究到应用的线性链条规律,创新阶段边界逐渐模糊,各阶段相互作用,创新过程逐渐融为一体。数字技术使创新主体之间的知识分享和合作更高效,多样化的创新主体主动适应数字化技术以创造新产品和新服务,使数字创新产品和服务具有快速迭代的特征。此外,数字技术构建了产品与组织的松耦合系统,使产品和服务创新更加灵活,组织协调沟通成本降低,并且突破了时空界限,带来了组织的去中心化。

(3) 开放共享。数字经济时代各类数字化平台加速涌现,以开放的生态系统为载体,将生产、流通、服务和消费等各个环节逐步整合到平台,推动线上线下资源有机结合,创造出许多新的商业模式和业态,形成平台经济。作为开放、共享、共生的生态体系,网络平台的出现为传统经济注入新的活力。尤其是平台的强连接能力可以加速产业的跨界融合和协同生产进程,同时形成产业数字化集聚。

1.1.2 数字经济是现代工业经济发展的新阶段

1. 数字经济萌芽与新经济增长模式探索

20 世纪 40 年代至 90 年代初,计算机、光纤通信、集成电路等新兴技术的出现和商用标志着数字经济萌芽。这一时期,人们开始寻找传统生产要素之外可以推动经济发展的新生产要素,探索新要素参与下的新经济增长模式。

在数字经济的萌芽时期,诸多农业时代和工业时代从未出现的新兴技术不断涌现,这为数字经济的诞生与发展奠定了基础。1946 年,世界上第一台通用电子数字计算机"埃尼阿克"(ENIAC)在美国宾夕法尼亚州立大学诞生。1951 年,世界上首台商用数字计算机的出现,标志着电子数字计算机开始在经济活动中真正发挥作用。1977 年,集成电路技术由大规模向超大规模迈进,光纤通信也首次实现商用,加速了移动通信网络和互联网的来临。1994 年,互联网首次商用,这意味着以互联网为代表的信息通信技术促使全球经济进入新的时代。数字计算机、集成电路、光纤通信、互联网等信息通信技术的飞速发展,极大地促进了数字技术在之后经济活动中的推广与应用,并催生了如大数据、人工智能、云计算、区块链等一系列新的数字技术,这为数字经济的发展提供了坚实的支撑和保障。

在数字经济的萌芽时期,信息和知识在经济发展中的作用日益凸显,信息经济、知识经济和数字经济具有类似的基础,同时三者之间又存在相互依托的关系。在这一时期,学者们大胆提出了"信息经济时代""后工业社会""知识经济时代"的概念。因此,探究信息经济、知识经济和数字经济之间的联系是把握数字经济发展脉络的关键。传统经济学的研究通常会假定完全信息,而 Stigler 通过引入信息不完全假设,使经济问题分析更加贴近现实。Machlup 首次提出"知识产业"的概念,认为知识产业是信息技术和社会发展的理论基础。知识经济始终与信息经济相伴发展,直到 1996 年,经济合作与发展组织(OECD)才正式提出"知识经济"的概念,将其描述为以知识和信息的生产、分配、使用为基础的新型经济。在知识经济时代中,知识要素具有非竞争性和部分非排他性,与信息要素一同成为经济发展的核心。信息经济和知识经济推动了数字经济的诞生与发展。数字技术的革新改变了信息和知识的存在与传播形式,越来越多的信息和知识通过数字化转变为数字要素,融入经济活动的各个方面。数字技术也进一步丰富了信息经济和知识经济。以信息通信技术为基础的数字技术的出现,降低了信息和知识的传递成本,提升了信息和知识传播的有效性,这意味着数字经济逐渐成为信息经济和知识经济快速发展的主要推力。因此,数字经济虽处于萌芽阶段,但其对现代经济发展的参与和推动作用逐渐引起经济学家们的关注。[①]

2. 数字经济带来经济效率的提升和经济质量的提高

20 世纪 90 年代是数字经济诞生并展示出强大魅力的时期。最初学者们对数字经济的关注更多聚焦于新技术为人类社会生产和生活带来的变革。关于数字经济中新技术采用重要性的一个形象比喻来自 Nicholas Negroponte,他在《数字化生存》一书中认为数字时代与之前所有时代的根本区别在于信息由"原子"形态向"比特"的转变。作为数字化的关键,"比特"是信息的最小单位,它没有质量,能以光速传输,同时它也是数字化计算中的基本粒子,随着二进制语汇的扩展和计算机的普及,无论是杂志书籍等静态信息,还是音乐视频等动态信息,这些原来只属于实体世界的内容和信息都逐渐被转换为"比特"的形式,进而实现数字化。以"比特"为代表的数字技术具有独特优势,它既可以将现实中庞大复杂的信息进行数据压缩,又可以在接收端近乎无损地还原信息。因此,数字技术极大地促进了信息和知识的有效传播。数字经济从诞生初期就具有巨大的经济增长潜力。随着全球接入互联网人数不断上升,互联网使用量和在线交易量呈现出指数增长趋势。数字经济首先表现为信息通信和数字技术的迭代更新。技术使用成本不断降低,使信息复制的边际成本

---

① 佟家栋,张千.数字经济内涵及其对未来经济发展的超常贡献[J].南开学报(哲学社会科学版),2022(3):19-33.

几乎为零,"比特"开始真正发挥优势,这使数字经济逐渐成为全球经济发展的新动能。美国商务部1998年、1999年和2000年连续发布了三份与数字经济有关的报告,即《浮现中的数字经济》(Ⅰ、Ⅱ和Ⅲ)。三份报告聚焦互联网对经济增长的影响,更多地关注信息技术产业和电子商务,同时对数字经济时代下的消费者保护、劳动力市场和电子政府等方面的案例进行初步探讨。

数字技术促进了发展中国家数字经济的发展,进一步提升了全球经济效率。如表1-1所示,发达国家的数字经济发展较早且技术较为领先,发展中国家则普遍缺乏数字基础设施,发展较为滞后。2019年,发达国家的数字经济规模是发展中国家的2.8倍之多,但数字技术在发达国家却出现了"生产率悖论",发展中国家的数字经济增速更快,同比增长了7.9%,增速超过了发达国家,可见数字技术通过投资渠道溢出到发展中国家时将实现全球经济生产率的更大提升。在当前信息化与数字经济发展相互交织的背景下,一方面,新技术、新能源、新模式推动了新经济活动;另一方面,数字技术搭建了发展中国家经济发展的新平台,使各国能够开展交互对话和加强数字贸易往来,开创了全球贸易新格局。企业在"走出去"的过程中不断创新发展,产生了知识溢出效应,在世界范围内提升了交易效率与福利。[①]

表 1-1 全球数字经济发展情况 (2019)

指标	全球平均	发达国家	发展中国家	高收入国家	中高收入国家	中低收入国家
数字经济增速	5.4%	4.5%	7.9%	4.5%	8.7%	8.5%
GDP 增速	2.3%	1.7%	3.2%	1.4%	4.0%	6.0%
数字经济规模/万亿美元	31.8	23.5	8.3	24.5	6.6	0.75
数字经济占 GDP 比重	41.5%	51.3%	26.8%	47.9%	30.8%	17.6%
数字产业化比重	15.7%	13.7%	21.4%	14.1%	20%	29.9%
产业数字化比重	84.3%	86.3%	78.6%	85.9%	80%	70.1%

资料来源:中国信息通信研究院发布的《中国数字经济发展白皮书(2021)》.

3. 数字经济的发展对人类生产和生活产生深远影响

21世纪初,特别是近20年,摩尔定律被反复印证,集成电路复杂度、计算机运算性能、存储介质质量、网络宽带速率、固定互联网和移动互联网的普及率都在不断提升,数字技术对人类经济活动产生深远影响。电子商务的发展是数字经济时代下生产、生活方式最早发生的变革之一。依托互联网的电子商务改变了传统生产和交易过程中的信息成本,既降低了消费者的选择成本,又削减了生产者在制造和宣传环节中的成本,这极大地丰富了商品种类,使有限的资源配置更加合理和高效。

在数字经济中,经济增长呈现出一些新特点。

(1) 在数字经济时代,数据作为一种新的生产要素,在生产活动中逐渐占据关键地位:一方面,数据要素对生产率提升和经济增长具有重要贡献;另一方面,数据要素的应用推动

[①] 周芮帆,洪祥骏,林娴.中国对外直接投资与"一带一路"数字经济创新[J].山西财经大学学报,2022,44(6):70-83.

了全球经济普惠化和共享化发展。数据要素助力劳动生产力提升,主要通过如下途径实现。在服务业方面,对出行时间、人流量等数据的挖掘分析与应用,催生了共享单车、共享电动车、共享充电桩等共享经济模式的广泛使用;完善的征信数据系统可以有效减少不良贷款,提高贷款服务效率;数字化技术还带来了在线教育、电子商务及送餐、问诊等生活服务类的新经济业态和商业模式。在制造业方面,工业物联网平台通过对接供需信息,使生产各环节协同管理,还能实现远程智能管控、智能检测、智能计划等智能化生产,提高了生产质量和效率。在农业方面,通过对田间数据的精准测量,按照每一操作单元的具体条件,精准调整各项土壤和农作物的管理措施,在优化投入的同时,获取最高产量与最大经济效益。在微观经济领域,数据要素能够优化企业生产决策流程,降低交易成本和运行不确定性,驱动企业管理方式创新,进而推动传统产业转型升级。

(2)数字化产业进一步发展。新兴数字技术为原有的信息通信产业注入新动能,数字化产业规模不断扩大,同时延伸至更多的领域。我国信息通信相关基础设施建设不断完善,网络传输速率和计算机运算能力持续提升,大数据、人工智能、云计算、物联网、区块链等数字技术不断迭代革新。我国通信基建发展情况如图 1-2 所示,我国通信综合能力实现跨越提升。以往我国数字经济的发展是以电商为代表的消费互联网为主,近年来工业互联网对数字经济的带动作用变得更加明显。数字产业化发展正经历由量的扩张向质的提升转变。

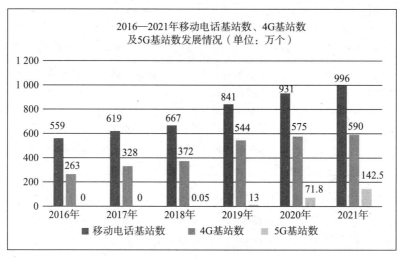

图 1-2　我国通信基建发展情况

资料来源:中国信息通信研究院发布的《中国数字经济发展白皮书(2021)》.

(3)新技术推动产业数字化。传统制造业加速探索如何实现供应链全流程数字化,教育、医疗、零售等传统服务业也积极融合数字技术。与此同时,数字技术下的新兴产业蓬勃发展,如云游戏、云旅游、云展览、无人零售等。数字技术对经济活动的改变早已不再局限于传统信息由实体转向数字,比如数字媒体、数字影音、数字图书馆等,而是遍布人类生活的方方面面,社交和搜索模式随着移动通信终端的普及发生巨变,数字信息和互联网的应用场景从线上延伸至线下,在线外卖、共享汽车等新业态的发生宣布了共享经济的到来,远程医疗、在线教育、共享制造、协同办公等也将广泛普及。此外,数字经济的发展对金融、就业、国际贸易、全球价值链和全球治理也产生一系列深远的影响。

1.2 数据要素估值意义

党的十八大以来,以习近平同志为核心的党中央高度重视发展数字经济,将其上升为国家战略。党的十九届四中全会增列"数据"作为生产要素,反映了随着经济活动数字化转型的加快,数据对提高生产效率的作用日益凸显。在数据要素的推动下,我国数字经济规模已经连续多年位居世界第二,成为引领全球数字经济创新的重要策源地。2020年,我国数字经济核心产业增加值占国内生产总值的比重达到7.8%。数字经济在支持抗击新冠肺炎、复工复产、保障居民生活等方面发挥了重要作用。数据要素估值是数据要素价值化的核心,是数字经济的重要构成部分。中国信息通信研究院发布的《中国数字经济发展白皮书(2021)》中指出,数字经济概念包括四个部分,即数字产业化、产业数字化、数字化治理、数据价值化,如表1-2所示。

表1-2 中国信息通信研究院对数字经济概念的划分

来 源	划分层面	主 要 内 容
中国信息通信研究院(2021)	数字产业化	信息通信产业,包括电子信息制造业、电信业、软件和信息技术服务业、互联网行业等
	产业数字化	传统产业应用数字技术所带来的产出增加和效率提升部分,包括但不限于工业互联网、两化融合、智能制造、车联网、平台经济等融合型新产业新模式新业态
	数字化治理	包括但不限于多元治理,以"数字技术＋治理"为典型特征的技管结合,以及数字化公共服务等
	数据价值化	包括但不限于数据采集、数据标准、数据确权、数据标注、数据定价、数据交易、数据流转、数据保护等

数据是数字经济中的重要资源,数据及其开放和共享也逐渐成为社会经济活动的基础。数据的应用场景十分广泛。微观上,生产者通过客户的数据信息优化自身的生产过程和产品属性,消费者也可以基于商家的信息数据做出更好的选择;宏观上,政策制定者通过数据分析,提高国家发展质量和人民福祉。与技术要素纳入国民经济类似,数据逐步改变传统生产要素的组合方式与社会生产的成本、规模、质量,同时给传统产业内部带来变化,促使新兴数字产业的产生,引起生产、流通、交换和消费的变革。从这个意义上,可以说数字要素已经成为人类社会经济发展中的新生产要素,我们亟需研究数字要素的"超常贡献"。

1.2.1 数据要素估值是新生产要素论的核心

回顾经济增长的理论和历史,人们在不断探索生产要素范畴,研究不同生产要素对经济增长的作用。从历史演变的规律看,生产要素的具体形态随着经济发展不断变迁。随着社会生产力的发展,生产要素处在不断再生、分化的过程中,每种生产要素的地位和作用也在不断发生变化。一些在生产过程中占据重要作用的生产要素,在此后的生产过程中作用逐渐降低,而另一些在生产过程中只是起依附作用的生产要素逐渐上升为具有决定地位的生产要素。马尔萨斯增长模型属于早期增长理论,以劳动和土地作为核心生产要素,认为存在长期的经济增长停滞;Robert Solow 增长模型属于现代增长理论,加入资本生产要素解释了长期的经济增长,但不能解释技术进步的来源;新增长理论,如内生增长模型,加入了技术(知识)和人力资本等生产要素,认为知识、技术可以无限增长并具有非竞争性(知识),研发、创新和教育是经济持续增长的关键。近年来,数据量高速增长,数据已经成为和土地、劳动力、资本、技术并列的第五大基础生产要素。和其他生产要素不同,一方面,数据要素直接对生产活动产生影响,数据在要素化的过程中作为特殊的"资本"能够促进经济增长;另一方面,数据要素在与其他生产要素结合的过程中也会创造更大的价值。有学者将"数据资本"引入内生增长模型,发现数据资本可以通过提高生产要素之间的配置效率来提升社会生产效率,并分析其对经济增长的直接影响和溢出效应。

1.2.2 数据要素估值是理解数字经济的关键

数据在作为生产要素的同时,也有其自身的价值。在数字经济背景下,越来越多的信息被数字化,进而被聚合处理。数字化促进了信息的聚合和交换,进而带来了巨大的社会价值。根据统计,20 世纪 70 年代前后,美国出版的英文书籍中 Data 一词的使用超过了 Information,这从一个侧面表明,数据逐渐成为新的生产要素。数据要素作为数字经济最核心的资源,具有可共享、可复制、可无限供给等特点,这些特点打破了土地、资本等传统生产要素有限供给对经济增长推动作用的制约。近年来,传统要素密集的产业如规模工业、旅游业、农业等都大受打击,而数据要素密集的新兴产业,如数字平台却体现出独特优势。这些企业在物资流转、复工复产、稳定就业等方面发挥了重要作用,推动以在线办公、医疗、教育、餐饮等为代表的数字经济迅猛增长。比如,以互联网医疗为代表的无接触式医疗呈现爆发式增长,京东健康的日均在线问诊量达到 10 万人次,阿里健康每小时的咨询量近3 000 人次。然而,在现有市场活动中捕捉数据价值比较困难,量化数据本身及其开放和共享带来的价值仍然具有挑战性。另外,数据的使用方式也是影响数据价值的关键因素。开放数据会通过信息共享机制和市场机制产生可持续的价值,信息共享有利于提升信息透明度和决策质量,同时开放的数据在市场上也可以成为商品和服务的重要组成部分,为社会创造价值。对数据的访问和共享都是提升数据自身价值的重要途径。因此,估计数据要素的价值是理解数字经济"超常贡献"的关键。

1.2.3 数据要素估值是培育要素市场的重点

在数字经济时代,数据要素市场发展迅速,但与土地、资本等传统生产要素不同的是,数据是一种新型生产要素,对于这一要素的市场化配置规律的认识仍处于探索期。数据交易是数据要素市场的核心,而数据资产确权登记、质量评价、价值评估是数据交易的前提。数据资产具有权利主体,涉及数据提供、采集、加工、存储、维护、运行等多方特性,存在各方权利隐私保护、利益合理分配，以及数据资产易造假、真伪辨认等问题。而且，不同于传统产业资产，数据资产由数据技术赋能，非专业人士难以理解数字经济的价值属性，在评估数据资产时也会面临诸多障碍。实践中，在开展数据资产价值评估时，仅凭评估机构单打独斗，难度很大，需要建立一套完整严谨的专业评估体系，以及配套的数据要素市场，在公开透明的机制下，对相关数据资产进行合理评估，全流程介入数据交易。目前，各级政府部门、企业单位都在深入贯彻落实党中央、国务院决策部署，建立健全数据资产评估、登记结算、交易撮合、争议仲裁等市场运营体系，加快数据要素市场化流通。中国资产评估协会在《"十四五"时期资产评估行业发展规划》中已将"服务数据产权交易，发展数据资产评估，推动数字经济建设"作为一项重要任务，并在财政部的指导及相关部门的支持下，在完善资产评估专业理论体系、推进数据资产评估标准建设和专业研究方面开展了一系列工作。

1.3 数据要素估值发展现状

数据从最初的数据资源原材料到被加工成产品、进入流通、实现价值增值，最终才能实现资产配置、资本衍生的作用，呈现完整的"三化"过程。资源、资产、资本三资一体管理广泛应用在矿产开发、土地转化等工业转型过程中，高效地推进了松散资源的价值实现，也有较多研究总结、分析了其价值实现机制与应用，为数据要素估值提供了坚实的学术依据。[①]

1.3.1 数据要素价值化进程中的数据性质转换

数据泛指基于测度或统计产生的可用于计算、讨论和决策的事实或信息。因此，作为数据要素价值化的载体，数据实质上经历了数据原料、数据资源、数据资产、数据资本的性质转换。

（1）数据资源化是指把低质量、碎片化但体量巨大的原始数据，经过包括数据清理、语义分析融合、数据建模、知识提取再应用、数据分发等关键步骤，挖掘分类变成有序、有使用价值、部分标准化的数据资源。"数据资源"一词最早由 Voich 和 Wren（1968）提出，但仅是指某些关键的数据变量，Levitin 和 Redman（1998）首次详细论述了数据作为资源的属性。生产要素因其历史范畴的属性会随着社会演进持续演化，马克思指出资源化即那些在原有形式上本来不能利用的物质，获得一种在新的生产中可以利用的形态。因此，数据资源化过程是对生产资料的使用效率产生倍增作用，有利于"数字生产力"的转化并形成初期的商品模式，是开发数据价值的基础。

（2）数据资产化是指数据在商品属性的基础上，可以通过流通交易给使用者或者所有者带来经济利益或者其他回报的过程。数据资产化是实现数据价值的核心步骤，其实质是

---

① 金骋路，陈荣达.数据要素价值化及其衍生的金融属性：形成逻辑与未来挑战[J].数量经济技术经济研究，2022，39(7)：69-89.

形成数据交易、流通价值的过程。数据资产化更注重跨行业的数据关联性,尝试将单点的、局部的、低水平的数据加工成具有应用深度与广度的数据。例如,将从消费领域收集到的数据用于开展智能推荐、精准营销,赋予数据超过其商品属性的价值溢价,即出现金融属性,这是数据资产化最关心的问题。

(3) 数据资本化是指在数据资产交易、流通的基础上,进一步利用其资产化过程中展现出来的金融属性,实现拓展数据价值的途径。数据资本化是真正实现数据价值并扩大其价值影响力的未来阶段,若数据成为如土地、劳动一样的关键生产要素,将不再仅是作为一种有用的资源或资产。不讨论衍生的数据要素的金融属性,展开深入的估值研究,就无法充分论述数据作为资本的价值,更无法在数据交易和流通中建模其资本价值。只有当数据拥有足够的流动性,才能在不同企业、产业间有序流动,使它的价值达到最大化。

1.3.2　对应不同数据性质下的价值化实践发展阶段

根据国际数据公司(IDC)发布的数据,全球数据在过去的 15 年间一直保持着 20% 以上的增幅,2021 年的全球数据量达到约 60ZB(约 $1.18×1\,021$ 比特),而接下来的五年预计将继续保持 20%~30% 的增速,到 2025 年达到约 175ZB。根据国家信息技术安全研究中心数据,我国 2020 年数据要素市场规模就已经达到 545 亿元,在过去的五年始终保持 40% 以上的增速。进入“十四五”期间,预计我国数据要素市场仍然会保持较高的增长势头,以20%~30% 的增速计算,2025 年将达到约 1 800 亿元的市场规模。

巨大体量的数据将为数据要素价值化提供坚实的基础和原料。对应上述四个数据性质,分别以数据原料、数据资源、数据资产、数据资本为阶段性特征,可以将数据要素价值化的实践发展历程归纳为以下四个阶段。

(1) 数据的辅助性价值阶段。该阶段自 20 世纪 90 年代中后期随着信息化的普及开始,其间数据主要作为企业组织内部的辅助因素。各类市场主体包括政府、企业、金融机构、商业机构等开始有意识地收集、分析数据,并基于数据开展关联分析,从而发挥一部分数据价值。例如,沃尔玛通过分析顾客的商品购买集合来分析各类关联关系,并根据这些关系来分析不同顾客的购买行为。从技术维度上来讲,这一时期的数据价值主要体现为辅助企业解决数据记账与分析预测两方面需求。代表性的数据工具主要是传统商业分布式数据库产品,包括面向海量数据批量处理与分析而设计的 Oracle、TeraData 等。

(2) 数据的技术性价值阶段。进入 20 世纪 90 年代末期,全球互联网行业快速发展,带来了历史上从未出现过的数据量增长。在这个阶段,传统数据体量模式下的存储、分析等技术已无法支撑相关产业的发展。因此,市场主体均将数据技术革新作为首要发展方向,促使数据的搜索推荐、分布式计算、智能化分析功能需求大增。互联网浪潮也为技术发展提供了充足的人才储备,国外以硅谷为代表、国内以北京中关村和深圳南山科技园等为代表的数据相关研发群体使数据对于企业及组织的价值增强,开始从辅助因素向核心因素转变。自此,数据在企业管理中从以存储为主的需求,逐渐向提供决策依据转变,数据管理工具也逐渐从存储性功能向更复杂的深度挖掘、数据化分析功能转变,NoSQL 等新技术体系也逐渐成熟。以新型数据服务商阿里云为例,其数据服务覆盖国内多点及海外节点,客户可以选择就近地域进行应用部署,以获得较低的时延;阿里云服务器可以实现分钟级别的创建和释放,几分钟内完成阿里云服务器的配置变更;支持数据备份、回滚和系统性能报警等。目前全球云市场排名中,阿里云市场份额排名第四,占比 6%。

(3)数据的要素性价值阶段。在前两个阶段,数据虽然逐渐表现出其重要作用,但主要表现为提升企业的核心竞争力,缺乏直接的以数据作为产品要素的盈利模式。进入 21 世纪,全球互联网金融体系的建立与运营过程开始出现,第三方支付、互联网理财产品、虚拟货币等数据产品支撑的巨大的、高速发展的互联网金融体系相继在这个阶段出现。这标志着数据真正进入产业、进入市场,变成企业核心要素。

(4)数据的流通性价值阶段。在前三个阶段,数据要素的价值化发展主要停留在以企业为主的市场主体内部,改善其生产力和生产关系。但是,数据要素的可流通性特征还不明确,最重要的原因是缺少数据确权、定价、资产管理等相关政策和方案,即如何实现数据更加有效流通没有得到解决。另外,基于数据要素构建的产品缺乏适配的监管技术,滥用数据要素导致出现了理财产品违约暴雷等极端金融风险事件,影响了行业主体的信心。在全球大数据战略的明确指导下,数据的价值被更广泛认识。特别是在我国,数据要素逐渐在产业链上下游使用起来。如图 1-3 所示,以智能汽车产业链为例,在产业链上游构建底层

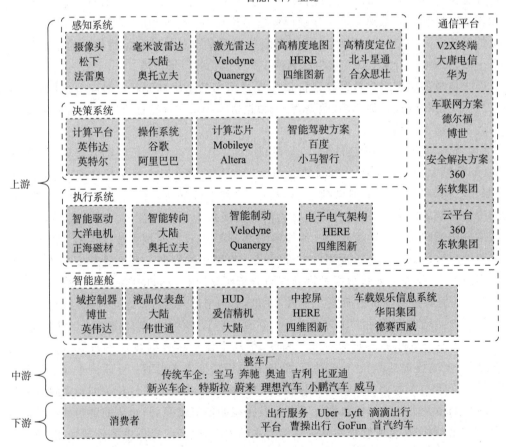

图 1-3　智能汽车产业链上下游产业数据要素使用

资料来源:前瞻产业研究院发布的《2024—2029 年中国新能源汽车行业市场前瞻与投资战略规划分析报告》.

技术支撑,包括新的电子电气架构、芯片、算法及开放的平台等;产业链中游积极建设新型智慧工厂,实现高度灵活、数字互联的生产模式及生态环境的转变,如大量使用 AI 技术进行图像识别、质量检测等,实现预测性维修、整车乃至漆面的识别等技术;产业链下游发展应用场景化,通过产品开发解决用户需求,为用户持续创造新的场景价值,最终为品牌赋能。由此,通信商、芯片企业、搜索引擎、服务平台等产业跨界融入汽车产业中,数据要素深度融入新型智能汽车产业链。

另外,还有一个突出表现是,在这个阶段,政府逐渐成为引领数据应用革新、价值实现的领头雁,在社会治理中大力推广数字化转型。近年来,我国陆续出台多项政策推动数字政府建设,政府的数字化转型持续加速。多省份针对数字经济试验区、数字治理系统、大数据发展、数据安全等具体问题制定了政策办法,促进数字政府建设向纵深推进。推动数字政府建设,有助于更广泛高效地获取数据分析信息,精准识别问题,优化解决方案,以适应国家治理能力现代化的系统性要求。数字政府的建设可以借助大数据、云计算、"互联网+"等技术手段,提升信息数据处理的集中性和整合化,有助于促进政府在规划部署、配置资源、安排流程时更具全局观,以适应国家治理能力现代化的整体性要求。数字政务具有平台扁平化、即时性、互动性的优势。一方面,数字政务下能精准识别需求,有效链接供给与需求,提升教育、医疗、就业、养老等重要民生领域的公共服务供给效能;另一方面,促进居民共同参与,广泛吸纳群众对于公共事务的治理建议,构建共建共治共享的社会治理共同体。伴随着数字化政府的深入推进,一个在经济调节、市场监管、社会管理、公共服务、环境保护等方面履职更加高效智能政府的目标将加速实现。

进入第四阶段后,数据的四种性质将同时共存,实质上对应了数据产业链的上下游协调。其中,数据中心等底层核心基础设施是重资产投入,数据要素价值化为调配上下游资本、优化配置提供了可能,形成完备的数据产业链(见图1-4)。中国信息通信研究院(CAICT)发布的《2022 年数据中心产业图谱研究报告》指出,随着新一代信息技术的高速发展,数据中心作为计算、存储、传输海量数据的实体,逐渐转变为极具复杂性的聚集地,变成资源密集

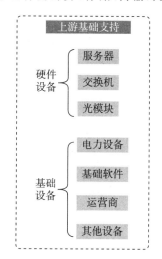
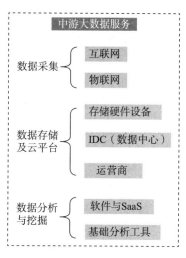

图 1-4 数据产业链

资料来源:前瞻产业研究院发布的《中国大数据产业发展前景与投资战略规划分析报告(2021)》.

型、资本密集型、技术密集型企业。与之相关联,数据交易类企业的分布也与产业数字化转型具有极大关系。根据企查查上的工商注册信息,截至2022年4月全国约有7.2万家公司名中含有"数据交易",其中超过半数(约4.2万家)公司属于"信息传输、软件和信息技术服务业","金融业"数据交易公司也超过了1000家。我国现存大数据相关企业24.77万家。2018年我国新增大数据相关企业1.86万家,同比增长81.77%;2019年新增2.65万家,同比增长42.20%;2020年新增6.17万家,同比增长132.98%;2021年前10个月,我国新增大数据相关企业9.35万家,同比增长53.18%。从区域分布来看,广东省以3.72万家排名第一,山东省、上海市分别有2.35万家、1.89万家,排在第二、三名。从城市分布来看,深圳位居榜首,有1.90万家大数据相关企业,其次是西安、广州等城市。

在上述发展阶段中,我国从最初的追随者,到现今逐渐实现引领,"东数西算"工程标志着我国数据中心和数据产业链的建设走在了世界前列。

1.3.3 数据要素价值化的研究重点与发展脉络

价值创造是行为主体的理性目标,数据要素价值化的研究随着数字经济的发展逐渐受到重视。2020年4月,《中共中央 国务院关于构建更加完善的要素市场化配置体制机制的意见》中强调"丰富数据产品""健全生产要素由市场评价贡献、按贡献决定报酬的机制""完善要素交易规则和服务"。此后,相关部门落实党中央和国务院的部署,2021年11月,工业和信息化部印发《"十四五"大数据产业发展规划》提出,到2025年初步建立数据要素价值评估体系,推动建立市场定价、政府监管的数据要素市场机制。2022年1月,国务院印发的《"十四五"数字经济发展规划》进一步明确提出,鼓励市场主体探索数据资产定价机制,逐步完善数据定价体系。地方政府也积极探索建立数据要素定价机制,《广东省数据要素市场化配置改革行动方案》提出健全数据市场定价机制;《上海市数据条例》提出,市场主体可以依法自主定价,但要求相关主管部门组织相关行业协会等制定数据交易价格评估导则,构建交易价格评估指标。政府对建立数据要素定价机制尚处于探索阶段。目前,国内外数据交易机构和理论界都在探索数据要素定价的方法、模型和策略。当前,数据资产价值评估主要采用市场法、收益法及成本法等传统方法,或者基于统一费用、溢价和线性定价等简单的定价方法。数据作为生产要素必须基于场景考虑数据要素定价,比土地、劳动力、资本、技术等传统生产要素的定价机制更为复杂。此外,数字技术也对数据要素定价产生影响。[①]

1. 数据要素定价的对象

讨论数据要素定价应该先区分哪种形式的数据可以作为生产要素。经过加工的数据主要分为两类:电子书和在线音乐等数字产品;数据集和数据报告等数据产品。其中,数字产品作为最终商品直接用于消费,不是生产要素,只有数据产品才是数据要素定价的对象。数据产品是指经过抓取、重新格式化、清洗、加密等处理后的产品和服务,如数据集和由数

---

① 欧阳日辉,杜青青.数据要素定价机制研究进展[J].经济学动态,2022(2):124-141.

据集衍生的信息服务。在数据要素市场中，根据加工精细程度和传输技术手段的不同，数据产品主要包括数据包、数据 API、数据报告和数据服务。另外，服务商可以提供个性化的数据产品和服务。随着数据要素的应用及大数据交易平台的发展，将"数据要素作为一种商品"进行定价的思路得到了认可。数据要素定价是指对数据资源通过加工形成的可以作为生产要素的数据产品和服务进行定价。

2. 影响数据要素定价的因素

不同于实物商品和金融产品，数据要素具有外部性、异质性、价值溢出、交易场景多元等特征，分析数据产品定价时需要充分考虑这些特征，进而对传统价格理论进行创新。具体而言，数据要素定价机制需要考虑三个因素：第一，数据的价值具有高度情景相关性，定价必须基于场景，但传统的价格理论没有考虑场景因素，难以解释数据要素定价；第二，数据要素市场结构比较复杂，存在单边市场交易双方博弈，也存在多边市场的"柠檬市场"；第三，不同于商品交易必须是所有权的转移，数据要素交易既可以是数据使用权，也可以是数据所有权，需要针对不同的交易权利设计不同的交易合同。数据要素的定价机制包括但不限于由供求决定价格的定价方法、策略和模型，是买卖双方在制度、场景和技术等多种约束条件下进行数据交易价格确定的制度安排。

(1) 成本是卖方确定数据产品价格的关键因素。数据的成本结构与实物商品不同，数据的总成本是重置成本减去贬值损失。数据产品的重置成本分为三类：数据的采集、确认和描述等建设成本，数据存储和整合等运维成本，人力成本、间接成本及服务外包成本等管理成本。更为重要的是，数据产品具有很高的固定成本和几乎为零的边际成本。基于以上特征，数据定价无法采用传统的边际成本定价法，而需要考虑潜在价值、顾客感知等其他因素，将成本法用于设定价格区间的下限是可行的。

(2) 数据价值是影响交易双方对数据产品定价的主要因素。构建数据资产价值评估指标体系，是建立数据资产价值评估模型的基础。Gartner 和中关村数海数据资产评估中心提出的价值评估指标体系涵盖数据的内在价值、业务价值、绩效价值、成本价值、市场价值及经济价值，包含数据的数量、范围、质量、颗粒度、关联性、时效性、来源、稀缺性、行业性质、权益性质、交易性质、预期效益。在确定指标体系后，通常结合模糊综合评价法进行指标量化，即运用层次分析法，请专家针对数据的各评价指标进行打分，然后根据打分情况计算出每个影响因素的权重，将定性评价转化为定量指标。而且在不同使用场景，各指标的权重不同或对指标有所取舍。

数据价值的影响因素主要包括数据要素的完整性、准确性、层次性、协调性和异质性等。首先，数据要素的完整性和准确性与数据要素价值成正比。完整性是指数据要尽可能涵盖被记录对象的属性，包括数据体量、数据采集时间连贯、数据关系完备等。准确性表示数据被记录的精准程度，是数据质量的核心指标。数据量与数据价值成正比，数据集包含的信息量通过信息熵衡量。其次，数据产品的层次性包含技术含量、稀缺性和数据维度。数据产品和服务的技术含量越高，其价值也越高。稀缺性表示数据被所有者独占的程度，如果某类数据仅由一个机构掌握，其所蕴含的商业信息价值就很高。此外，数据维度越多，适用的范围也越广，应用价值就越高。再次，数据要素具有协调性或协同性。不同类型的数据、数据集或数据产品的组合会产生不同的增量价值。最后,异质性源于数据结构不同、采集主体不同、价值高度依赖使用场景、市场分割及买方异质性,很难给出统一的定价公式。然而,数据质量指标之间的复杂互动也会影响数据质量,如提高一个特定数据集的准确性可能会以牺牲其完整性为代价。

(3) 场景影响数据效用,进而影响数据产品定价。数据要素的定价离不开具体交易场景,需要根据典型应用场景有针对性地核算数据要素价值。一方面,数据价值与具体的应用场景相关,数据要素只有被使用才会产生价值,同样的数据对不同买方的价值差异很大,卖方会根据买方异质性实行价格歧视策略。另一方面,交易场景不同,数据定价方法也不同。比如,收益现值法适合基于项目数量和用户数量确定租赁费用的订阅方式,成本法比较适合买方差异不大、制作成本几乎是公开信息、供给竞争激烈的数据产品。基于场景的定价特点是数据要素定价与其他要素定价最大的不同。

3. 数据要素定价的主要原则

数据要素定价的原则分为一般性原则和特定性原则两类。其中,一般性原则与产品的定价原则相仿,但具体内涵有所不同;在数据要素特定的交易场景和定价模型中,重视坚持真实性、避免套利和保护隐私等特定性原则。

(1) 一般性原则。数据要素定价也遵循商品定价的基本原则,比如,以价值为依据、成本为基础、市场竞争为导向。收益最大化、公平性和高效匹配被认为是数据产品定价的一般性原则。因为数据产品的复制成本很低,数据定价模型普遍遵循收入最大化而非利润最大化的原则。公平性原则不仅指买卖双方的公平定价,还需要考虑利益相关者的公平分配。

(2) 特定性原则。真实性是市场有效的保障,可以促使卖家提供真实效用价值最大化的数据产品。真实性原则是拍卖机制的核心原则,买家只愿意支付真实效用价值最大化的价格。避免套利原则是指参与者无法通过不同市场的价格差异获利,是基于查询的数据定价的核心原则,可以分解为无信息套利和无捆绑套利。保护隐私原则在隐私要求高的数据交易场景中被重点考虑。网络平台用户的个人信息、数据提供方的经营信息及第三方交易平台的信息很容易在交易中泄漏。因此,应当积极探索保护数据产品隐私的方法,包括不得出售未经脱敏的原始数据,建立去中心化和可信的数据交易平台,使用区块链技术保护隐私,采取买卖双方直接交易方式等。

4. 基于场景的数据定价方法和模型

数据的交易场景非常广泛,难以设定一个具有普遍适用性的数据定价标准。各行业的数字化程度、数据丰裕度和交易场景等存在明显差异。例如,上海数据交易中心提供的中国受众画像库(CAP产品)通过增补企业缺失的用户画像来帮助企业开展客户洞察、客户运营和后续的市场营销活动。

数据有基于交易的应用场景,但没有交易的应用场景的情形也大量存在。这种情景主要指政府免费开放数据、企业共享数据,以及并购、诉讼等非交易场景。在非交易场景下,数据的价格本质上是一种对数据价值的评估。开放数据可以根据成本和消费者的支付意愿定价,或者采取"免费＋增值"的模式,提供免费的基础版本和作为商业产品的增强版本。企业之间的数据共享可以采取俱乐部制度,或者数据联盟形式。在并购场景下,参与者关注的是未来经营状况,可以采用收益法定价、实物期权等定价方案。在诉讼场景下,可以选择成本法和比较法进行定价。如果找不到可比对象,可以采用知识产权领域对标准必要专利许可费定价中的 Georgia-Pacific 方法,这样就可以根据各种具体情形,在基准可选择的基础上进行定价。

5. 数字技术在数据要素定价中的应用

(1) 机器学习对数据定价模型的优化。在数据要素的交易和定价中,机器学习可用于处理快速变化、大型复杂的数据集,通过在机器学习模型中输入真实数据来检验定价模型的有效性还能极大地提高模型计算效率,实现动态定价。在算力支持下,机器学习对客户进行画像,优化数据定价机制。业界比较成熟的机器学习对数据定价的应用主要是金融数据资产定价。在金融数据资产定价中,机器学习方法不仅能有效处理大量金融数据,而且是一种新的思维研究模式。从数学的角度来看,机器学习表现为一种变量空间的映射关系,使学习到的函数能较好地表征原有数据规律,最大化逼近真实函数曲线。传统的计量资产定价研究主要关注市场规律研究,而机器学习主要关注数据处理与算法本身的改进、特征深层次提取和特征相互关系研究等。

(2) 区块链、智能合约和密码学技术的应用。目前的数据交换和共享都是基于中心化服务器的设计理念,存在数据所有权界定不清、数据所有者隐私泄露、交易透明度低等问题,这无疑加大了数据定价的难度,而区块链、智能合约和密码学技术的应用可以在一定程度上解决以上难题。物联网技术可以实时监控并采集各种信息,具有优越的信息采集能力。数据挖掘技术是机器学习、人工智能和统计相关的综合产物,被广泛应用于各个领域。物联网技术与数据挖掘技术的深度融合,可以提高数据采集能力,提升挖掘的效率和质量,并快速获取有效知识。区块链技术能对现有产品或生产模式进行改良式创新,有效解决经济活动中存在的信用痛点、数据篡改和丢失的问题。当前,区块链技术已开始在金融领域中崭露头角,如数字货币、跨境支付、供应链金融、保险、证券等。智能化采集、云计算和物联网技术解决了海量数据的采集、存储和分析等面临的技术难题,降低了数据要素的重置成本,进而对数据要素定价产生间接影响。

第2章　数据要素估值理论基础

从数据、数据资源、数据资产，直至数据要素，数据由不具价值的、非标准化的信息一步步成为驱动社会经济增长的新生产要素。在我国，数据被定位为生产要素的标志性文件是中共十九届四中全会通过的《中共中央关于坚持和完善中国特色社会主义制度、推进国家治理体系和治理能力现代化若干重大问题的决定》。该文件给出了生产要素的概念界定并要求"推进要素市场制度建设，实现要素价格市场决定、流动自主有序、配置高效公平""健全劳动、资本、土地、知识、技术、管理、数据等生产要素由市场评价贡献、按贡献决定报酬的机制"。2020年3月，《中共中央 国务院关于构建更加完善的要素市场化配置体制机制的意见》中提出土地、劳动、资本、技术、数据五个要素领域的改革方向。本章主要围绕数据要素化问题，从概念界定出发，界定数据、数据资源、数据资产和数据要素的含义及特征，梳理它们之间的关系。从经济学视角介绍数据要素化的机理及对经济增长的影响，为后续的要素估值奠定基础。本章关于数据要素化的经济学解释在新古典生产函数基础上引入数据要素，构建新生产函数，探讨数据要素对经济增长的影响。通过经济学分析，解释数据要素对数字经济增长的影响及微观机制。

2.1　数据与数据资源

2.1.1　数据

什么是数据？从字面看，"数据"由"数"和"据"构成，"数"是计数，"据"是凭据。数据是抽象和具体的结合体，既是对万事万物合并计数或描述所获得的抽象的"数"，也是记录这些数所形成的具体的凭"据"。一般来说，数据的定义是"数据是对事实的记录和描述"。各国历史关于数据的理解有所差异。英文中的"数据"是data，其源于拉丁文datum，拉丁语的原意是"被给予的意义"（meaning that which is given）。17世纪，一些哲学家认为"数据是作为推理和计算基础的已知或假定为事实的实物"。他们认为，数据是对事实最直接、最如实的表达，这样才能进行正确推理和计算。但是数据不等于事实，它只是人类为定义一个事实所用的观察单位。当代信息哲学开创者之一的英国哲学家佛罗利迪（L. Floridi）给数据下了一个定义："数据是在某一情境下有关差异统一性缺乏的推定事实。"他认为，这一现实架构中的"差异"在特定条件下使信息成为可能。但要具备三个先决条件：一是要求一份或更多份数据;二是这些数据必须是可取的,即它们必须是根据特定规则组合起来的;三是这些数据是有意义内涵的,即可以通过不同的方式阐释、翻译或表达。因此,从哲学意义上看,数据与事实直接相关。从数据的发展历史看,在计算机产生后,计算机成了数据的主要载体,数字化数据也成了数据的主要形态。在计算机科学中,数据是对所有输入计算机并被计算机程序处理的符号的总称,包括电子化的字母、数字、文字、图形、图像、视频、声音、音乐等。很多计算机界的协会和标准化组织都试图给出"数据"的定义。国际数据管理协会(DAMA)定义,"数据是以文本、数字、图形、图像、声音和视频等格式对事实进行表现",其指出了数据的不同形态,也认为这些形态的数据可以表现事实。国际标准化组织(ISO)定义,"数据是对事实、概念或指令的一种形式化表示,适于人工或自动方式进行通信、解释或处理",其认为数据是人为创造的符号形式,是对它代表的对象的解释,同时又需要被解释。数据对事物的表示和解释方式必须是权威、标准、通用的,只有这样才可以达到通信、解释和处理的目的。综合各方表述,可以将数据理解为是对事实的记录和描述,是信息的一种形式化方式的体现,以达到适合交流、解释或处理的目的。

数据具有以下特征。

(1)事实依赖性。数据既可以是对事物对象特征的表示,也可以是对事物对象间的事件系的表征。但数据不等于事实,数据力求准确、完整、及时地描述和记录事实,但只是对事实的描述和记录。

(2)物理符号性。数据是一种物理符号或物理符号的组合,要依赖某种物理载体进行记录、传输或存储。对物理载体的依赖也使得数据可以被删除,即数据被删除后就会消失,不复存在。

(3)可计算性或可解释性。数据是用数据采集工具获得的对事实描述和记录的材料,数据本身并没有任何显性的意义,但它蕴含意义,可以作为求解、推理和计算的基础,通过对数据的分析和挖掘,能够发现有意义的信息和知识。

(4)历史性。数据是对已经发生或正在发生的事实的记录和描述,我们拥有已经真实对未来进行某种推理、计算的数据。尽管通过已有的数据可以对未来进行预测,但因为数据具有时间属性,我们掌握的只是历史数据,未来数据只是推测数据。研究表明,数据的价值会随着时间的流逝而有所降低。

(5)数字性。数据的符号,不管是数字、文字、图像还是声音等,无论是模拟数据还是数字数据,都可以用二进制的数字符号统一表示。在现有计算机系统中,所有数据也都是以二进制的形式存储的。因此,任何数据都可以表示为 0 或 1 两种状态的某种组合。数字化数据是当前数据的主要存在形式。

(6)易复制性。数据可以在不同的数据载体间进行传递、复制或再复制,而且副本数据保真度不变。因此,数据可以被低成本地使用和再次使用,数据的复制不需要对事实进行重新记录。[①]

2.1.2　数据资源

现实生活中,数据浩瀚如烟,那是否所有的数据都有价值? 任何数据都会是数字经济

---

①　王汉生.数据资产论[M].北京:人民出版社,2019.

时代的"新石油"吗？为了区分数据,本书将引入数据资源这一概念。数据资源的定义可从数据定义中延伸出来,《信息安全技术网络安全等级保护定级指南》将数据资源定义为"具有或预期具有价值的数据,多以电子形式存在"。《浙江省数字经济促进条例》(2020年)对数据资源的定义是"以电子化形式记录和保存的具备原始性、可机器读取、可供社会化再利用的数据集合"。《数据价值化与数据要素市场发展报告(2021年)》中指出"数据资源是能够参与社会生产经营活动、可以为使用者或所有者带来经济效益、以电子方式记录的数据",这一概念界定全面、深刻,本书将使用这一概念。日常生活中的碎片化数据,比如社区档案中某栋居民楼的住户数据、居民每日通话时长数据、社区摊贩销售数据不经过电子化记录和大量积累,并不具备分析价值,也就不能被称为数据资源。不同数据资源之间的异质性使它们比绝大多数资源更依赖于分类。尽管数据资源的体量巨大,但使用者不可能从中找出两份一模一样的数据。即使这两份数据在数值上是一样的,它们所处的场所、展示的内涵也不一样。例如,同样是6 000千瓦时这一数据,它既可能代表某栋居民楼在整个夏天的用电量,由供电部门与物业负责收集并依此收费,也可能是某项工程里所有电动机一夜的发电量,由政府与项目负责人进行观测与调控并依此计算工程进度。企业或政府将数据资源按产生方式、持有者、隐私程度等方式分类,以更好地提高管理效率,保护数据安全,充分释放数据价值。依据数据资源的产生方式,可以将数据资源分为公共数据资源和非公共数据资源。《浙江省数字经济促进条例》(2020年)对公共数据做了界定,即"由行政机关以及具有公共事务管理和公共服务职能的组织在依法履行职责、提供公共服务过程中制作或者获取的数据资源,以及法律、法规规定纳入公共数据管理的其他数据资源",其余机构和个人产生或获取的数据对应的数据资源为非公共数据资源。数据资源以产生方式进行区分有助于数据权属的确定。一般而言,谁生产数据,谁就对数据拥有一定的权利。而其他组织或个人可以通过加工数据、购买数据等方式获取权利,这份权利可以是剩余的权利,也可以是由前任持有者转让的权利。依据数据资源的隐私程度,又可将数据资源分为个人数据资源与非个人数据资源。中国信息通信研究院在《数据资产化:数据资产确认会计计量研究报告》中提出欧盟《通用数据保护条例》等根据可识别性进行私有数据和公有数据的分类。具体到各法律法规中,根据欧盟的《通用数据保护条例》,个人数据是指已识别到的或可被识别的自然人的所有信息,其中个人敏感数据包括宗教、种族、政治观点、基因数据等。我国信息安全标准化技术委员会于2017年年底颁布的《信息安全技术个人信息安全规范》中将个人信息定义为"以电子或其他方式记录的能够单独或者与其他信息结合识别特定自然人身份或者反映特定自然人活动情况的各种信息"。而我国政府于2021年8月通过的《中华人民共和国个人信息保护法》中对个人信息的定义与上述规范类似,并特别强调了"不包括匿名处理后的信息"。综上所述,本书认为如果可以通过某类数据中的信息识别到个人,那么这些数据对应的数据资源就属于个人数据资源。与个人数据资源相对应,非个人数据资源无法指向特定的个人,也因此不会泄露个人信息。这种数据资源的区分方式有利于保护隐私,避免个人信息被滥用与买卖。数据资源具有以下特征。

1. 无形性与可复制性

中国信息通信研究院在《数据资产化:数据资产确认与会计计量研究报告》中提到数据资

源具有无形性和可复制性。无形性是指数据资源在脱离一切外在介质后表现出无实体形态的性质。数据资源的无形性有两种表现:第一,在没有处理和存储工具的帮助时,数据资源是没有形态的,且无形的信息正是数据资源价值的体现;第二,数据资源的无形性让其数量与价值不会随着使用而被消耗,这是数据资源与大多数自然资源最大的区别之一。可复制性是指人们能备份数据,并无限循环利用同一份数据,而且数据的复制与传播几乎不需要边际成本。这种可复制性是数据共享的前提,可以让被共享的数据在与其他数据的结合中发挥更大作用。但数据资源的无形性与可复制性会带来风险,其中数据泄露是值得重点关注的风险。数据资源在被无限拷贝的过程中很有可能被泄露,进而造成巨大损失,甚至危害国家安全。犯罪分子不仅窃取受害人的姓名、身份证号、手机号码等个人信息,还知晓受害人的长相、行动路线、财产状况,然后利用这些数据取得受害人信任,诱导受害人进行转账。

2. 非竞争性与弱排他性

经济学家萨缪尔森提出了一种公共物品理论,将社会产品分为四类:纯公共物品、纯私人物品,以及介于两者之间的准公共物品和准私人物品。该理论主要阐述了物品的两大特性:竞争性和排他性。其中竞争性与成本有关,如果一个人多提供一份某物品后会增加生产成本,那么该物品具有竞争性。排他性与物品使用权有关,如果当一个人通过购买等手段获得某物品的使用权时会阻止他人使用该物品,那么该物品具有排他性。数据资源很容易被复制并传播利用,同一份数据可以被不同人通过复制的方式利用,所以数据资源具有非竞争性。数据资源的非竞争性主要来源于可复制性,且复制成本很低。可复制性促进了数据资源在不同主体间的共享,使数据资源得以被更多使用者运用,从而发挥不同的功能。数据资源的无形性使其具有弱排他性。数据的非排他性体现在其可以被一群人在同一时间使用,这与数据的无形性有关,即数量和价值不因使用程度改变。但 Yan 和 Haksar (2019)指出数据资源在某种意义上也拥有部分排他性,企业可以通过加密数据资源、设置防火墙等技术手段将其他使用者排除在外,此时数据资源表现出一定的排他性。但这种排他性通常较弱,因为只有少部分重要的隐私数据资源需要加密。数据资源的弱排他性保护了用户隐私数据安全,但也是导致数据垄断的主要原因之一。

3. 时效性

数据资源具有时效性,即数据本身的内容和价值会随时间而变化。相较于其他资源,数据资源在不断产生与更新。如果数据资源无法反映准确的、及时的情况,可能给出与现实相反的信息。以高速公路为例,现实中的道路拥堵情况、天气等数据是时刻变化的,高速公路管理局及其他相关服务机构(比如高德地图)需要获取实时数据,以更好地调节高速公路上的车流量,提高整条高速公路上的运行效率。如果无法获取准确、及时的道路数据,就有可能发出错误指令,导致车辆行程延误,甚至发生安全事故。

4. 依附性

数据资源具有依附性,即数据的存储、使用、流通等都需要借助介质来完成。不同的介质所侧重的方向也不尽相同,例如存储介质(如移动硬盘)更看重容量与安全性,流通介质

（如传输声音的电话线）更看重连接的稳定性，管理介质（如数据湖）则更看重运行的效率。

5. 垄断性

垄断是人们热议的话题。我国于 2008 年颁布《中华人民共和国反垄断法》反对"具有排除、限制竞争效果的经营者集中"等各类垄断行为。那么，什么是数据垄断？从字面上理解，数据垄断可以有两种解释：一种是企业对数据资源的垄断，在持有这些数据资源的同时让其他人无法使用；另一种是企业利用数据资源巩固自己的垄断地位，大型企业往往会占有更多的数据资源。为了实现前一种垄断，企业可采用技术手段对数据库进行加密，或是屏蔽掉第三方爬虫软件，以实现对某类数据的加密。对此，国家互联网信息办公室曾提出质疑，认为这种数据垄断是一个"伪命题"。无论是公共数据还是私人数据，都是日常活动中产生的客观事物，在理论上任何人都可以获得，而企业生产活动产生的数据本身属于企业自己，也不存在垄断与否这一概念。而对于后一种垄断，企业更多地将注意力集中在"收集"而不是"排他"上。因此，我们可以认为现实中的"数据垄断"主要属于后一种，即大型企业通过平台优势吸纳大量数据资源以巩固自己的垄断地位。正如对外经济贸易大学数字经济与法律创新研究中心执行主任许可所说的，数据不同于一般的商品，我们更应该将数据资源看成企业的投入（input）而不是产出（output）。企业的壁垒主要体现在数据量和技术两方面，数据量的壁垒来源于企业的业务，技术的壁垒则来源于企业的研发投入。

2.1.3　数据资源化过程及产业构成

数据资源化是数据价值化的首要阶段，包括数据采集、数据整理、数据聚合和数据分析等。数据采集是根据需要收集数据的过程，数据整理包括数据标注、清洗、脱敏、脱密、标准化和质量监控等，数据聚合包括数据传输、数据存储和数据集成汇聚等，数据分析是为各种决策提供支撑而对数据加以详细研究和概括总结的过程。全球蕴含海量数据资源。根据国际数据公司（IDC）发布的《数据时代 2025》，2025 年全球每年产生的数据将从 2018 年的 33ZB 增长到 175ZB，相当于每天产生 491EB 的数据。新一代信息技术的迅速发展与普及、全球数据的"井喷式"生产、数据收集存储和处理成本的大幅下降和机器计算能力的大幅提高，均为数据资源化奠定了基础。全球已初步形成较为完整的数据资源供应链，数据采集、数据标注、时序数据库管理、数据存储、商业智能处理、数据挖掘和分析以及数据交换等技术领域迅速成长发展。从全球看，即使欧美日韩等发达国家，仍处于数据资源化的初级阶段。目前，我国已在数据采集、数据标注环节初步形成了产业体系，数据管理和数据应用能力不断提升。

1. 数据采集产业现状

数据采集是数据资源化的首要环节，是数据标注、数据清洗、数据存储和数据分析的基础。数据采集行业产品应用广泛，如电子商务行业通过对商品类别、名称、价格等信息进行数据采集和分析，构建商品比价系统；金融行业通过收集用户的个人交易数据，对用户的征信和贷款进行评级等。数据采集行业主体主要包括采集设备提供商、数据采集解决方案提供商两类。数据采集设备提供商为数据采集提供传感器、采集器等专用采集设备和智能设备。如工业数据采集通过智能装备本身或加装传感器方式采集生产现场数据,包括设备(如机床、机器人)数据、产品(如原材料、在制品、成品)数据、过程(如工艺、质量等)数据、环境(如温度、湿度等)数据、作业数据(现场工人操作数据,如单次操作时间)等,采集的数据用于工业现场生产过程的可视化和持续优化,实现智能化的决策与控制。数据采集解决方案提供商通过人工采集服务、系统日志采集系统、网络数据采集系统等方式为客户提供解决方案。人工采集对象主要包括语音数据、图像数据、视频数据等。语音采集通过采集不同人群的普通话、方言、英文和小语种等各类语音音频,应用于智能家居、智能设备、智能客服、智慧门店等场景。图像采集通过人工拍摄包括人像、商品、汽车、风景等各类真实生活中的图像,助力图像识别模型的训练,可应用于智慧零售、智能设备等场景。视频采集通过人工拍摄指定的物体、人脸、安防等场景的视频,满足多角度、多光线、多场景的多样化采集要求,可应用于智能安防、智能设备、智慧金融等视觉场景。以百度众测为例,其拥有 1 万名专职外场数据采集员,覆盖 40 多个国家和地区,遍布全国 300 多个城市,通过其众包平台向数据采集员分配任务,短期内满足客户采集需求。系统日志是记录系统中硬件、软件和系统问题的信息,同时还可以监视系统中发生的事件,用户通过分析系统日志来检查错误发生的原因或者寻找设备受到攻击时攻击者所留下的痕迹。互联网公司每天都会产生大量的日志,这些日志一般为流型数据,比如搜索引擎的页面浏览量、查询量,数据量非常庞大。通过进行比对分析和数据挖掘,能够帮助企业更精准地了解用户情况,了解设备的运行情况及安全状态,能够帮助企业提高对用户的服务能力,进而提升营销策略,实现智能运维和统一管控。网络数据采集包括通过网络爬虫等方式获取数据,对象主要是各类网站,包括新闻类、社交类、购物类以及相应的一些 API (application programming interface)、用户接口和一些流型数据。网站(Website)、API、流型数据是目前网络爬虫主要爬取的三大类对象,其中 Website 数据是网络爬虫的首要对象。

2. 数据标注产业现状

根据美国领先的调查机构(Grand View Research)的一项最新报告,全球(包括美国、英国、中国等 10 国)数据标注工具市场规模在 2019 年的收入为 3.9 亿美元,预计 2020—2027 年复合年均增长率将达 26.9%。目前全球已有比较成熟的数据标注企业,如 Appen、iMerit、Infolks,数据标注众包平台如 Playment、Scale AI、Clickworker。现有数据标注以人工标注为主,属于劳动密集型产业,考虑到用工成本,除隐私数据外,欧美国家一般将标注工作转移至第三世界国家,马来西亚、泰国、印度等国家都有欧美数据标注企业分公司。随着机器学习不断完善,自动标注成为大趋势,Google、Microsoft 等互联网公司相继推出了自动标注系统,利用计算机来完成对部分数据的标注。数据标注市场的头部企业通过合作打造新的战略伙伴关系,扩大市场份额,如 Playment 和 Scale AI 两家提供商合作,为全球高分辨率 LiDAR 传感器制造商 Data 联合开发了高级深度学习标注工具。中国企业在 2005 年以后逐步涉足标注产业,尤其是 2010 年以后,随着人工智能巨头的崛起,数据标注和采集需求激增,数据标注市场逐渐形成,其提供的数据标注服务中,文本标注较为基础,多以语音标注、计算机视觉标注为主。

从运营模式来看,数据标注企业通过三类模式提供标注服务。

(1) 众包模式。通过搭建众包平台,汇聚数据标注兼职人员力量,成为数据需求方和兼职数据标注员的中介。众包模式有利于节省企业运营成本,但公司对兼职人员管理较为困难,质量难以把控,现有发展较好的众包企业有蚂蚁众包、阿里众包等。

(2)自建模式。通过自建标注工厂或基地,提供数据标注服务。自建模式有稳定的数据标注员,可以保障专业性和数据质量。但该类数据标注公司大都规模较小,业务承载能力有限,且在项目断档情况下成本压力较大,市场上具有一定规模的专业数据标注公司有Testin 云测、倍赛、梦动科技、标贝科技等。

(3)组合模式。将众包模式与自建模式相结合。一方面,互联网公司加入数据标注市场,由于其资本雄厚、自身数据需求强、用户基数大,可凭借自建的标注基地、科学的众包任务分发模式、智能化的数据采集与标注工具,实现规模效应和高效作业。如百度在山西建立人工智能基础数据产业基地;百度众测推出数据标注开放平台;京东在山东设京东众智大数据标注助残基地,推出 Wise 开放标注平台。另一方面,随着专注数据运营的企业规模扩大,可根据项目大小和客户保密要求灵活部署,将众包和自建模式相结合。如数据堂成立了合肥数据基地、保定数据基地,运营数据堂众包平台;龙猫数据在河南、安徽等 12 个省建立数据标注基地,运营龙猫众包平台。

从垂直市场来看,数据标注市场可大致分成智能驾驶、智慧家居、医疗卫生、金融服务、新零售、安防和其他领域。近年来,智能驾驶、智慧家居发展迅速,尤其是医疗卫生行业对数据标注的需求显著增长。目前,人工智能技术正被广泛应用于药物开发、基因测序、治疗预测和诊断自动化等领域。数据标注有助于获得支持人工智能技术发展的准确数据,其质量直接影响人工智能应用中算法的准确性和有效性,有望推动医疗卫生行业的智能化发展,同时也意味着未来数据标注市场的门槛会逐步提高,数据标注将由简单标注升级到复杂标注。从区域分布来看,数据标注已形成以北京为增长极辐射带动三大产业增长带的区域格局。现有的数据标注头部企业有 75% 总部设在北京,主导了数据标注产业的发展,成为行业增长极,通过技术和业务联系,数据标注产业形成了 T 字市场结构,产生了三个增长带:环京产业群、环长三角产业群和环成渝产业群。三大产业带发展,又支撑促进增长极中企业的不断壮大,继而发挥示范效应和扩散效应,吸引初创企业学习、效仿,从而形成一个螺旋上升的循环累积过程。目前,数据标注产业以人工标注为主,企业在华东、华南、华西的一线城市成立分部,管理周边数据标注业务,其标注基地/工厂大都建立在劳动力资源密集省市的小城镇和农村,为当地提供大量就业机会,孵化出新疆和田、河南平顶山、信阳光山县、山东菏泽鄄城县、河北涞源县东团堡乡、贵州百鸟河镇等数据标注村。未来,在垂直市场需求不断精细化趋势下,数据标注产业将催生出更加专业化、集聚化的产业集群,数据标注质量和精度也会越来越高。

2.2 数 据 资 产

2.2.1 数据资产的定义

从直观呈现的产品类型来区分,数据可分为数字产品和数据产品。前者是以数字形式存储、表现和使用的人类的思想、知识成果,如网易云歌曲、电子文献、在线课程等;后者是由网络、传感器和智能设备等记录的、可联结、可整合和可关联某特定对象的行为轨迹和关联信息,具有较强的分析价值,如各种机器生产和采集的内容。数据要素化、数据资产化着重指的是数字化的数据,即数据产品。数据资产化的核心在于通过数据与具体业务融合,驱动、引导业务效率改善从而实现数据价值。一般而言,资产的核心特征主要包含三点:未来的收益性、所有者拥有对资产的控制权以及由过往交易结果形成。因此,合法获取的由企业或个人产生的,预计会影响个人或企业未来的行为决策,并为个人或企业带来经济收益的各类数据资源都是数据资产,大体量的数据产品集合又称作大数据资产。

2.2.2　数据资产的特点

数据资产具有与传统资产、金融资产不同的特点。

(1)数据资产具有非竞争性且边际成本接近于零。数据资产可被无限分享和复制,且被分享和复制的数据资产一定程度上具有非竞争性,即使用者的增多不影响数据资产本身的价值。然而,这给数据资产交易造成了困扰,只有在少数情况下,数据产品的分享会给数据拥有者带来不利竞争(比如与其构成商业竞争关系)。当数据资产的复制既没有物理成本也不会损害个人或厂商的福利,甚至会给分享者创收时,即便理论上可以进行数据界权,也很难防止用户将数据资产进行二次转售,从而损害数据产品创作者的利益,这是数据交易需要克服的难题之一。数据资产在成本、价格公开的影响方面也与普通资产不同。由于数据整合涉及对不同系统来源的数据信息进行大量的人工干预、翻译和融合,数据产品首次创作成本高,但根据摩尔定律,随着大数据技术的发展,数据资产的整合和储存等成本将进一步降低,数据资产产品的首次创作成本也将下降,而且数据资产的再生产边际成本接近于零。此外,数据资产还存在价格外部性,数据价格的公开会泄漏数据的价值。

(2)数据资产的价值具有很大的不确定性。首先,数据资产具有事前不确定性、协调性、自生性和网络外部性。买方如果交易前不了解该数据资产的详细信息,会较难明确该数据能带来的效用价值,但如果买方了解数据的全部信息,购买该数据对买方的价值将降低,这就是“信息悖论”。协调性是指不同的数据集组合可以带来不同的价值,这导致数据资产具有范围经济的特征。自生性指当同一组织或个人拥有的数据资产组合越多时,这些数据资产彼此之间越可能相互结合而产生新的数据资产,从而带来更多的价值。网络外部性指的是数据产品的使用者越多,其价值越高,比如 Google、微信等平台企业,使用个体越多,吸引的使用者越多,平台的数据资产价值越大。其次,数据资产的价值与本身的体量、质量、时效性、整合程度之间存在一定的不确定性,与具体的应用场景相关。虽然大多数情况下数据资产具有规模报酬递增性,即随着数据产品中包含的有效数据内容的增多,该数据资产带来的价值越大。但是,部分运用数据进行企业产品需求预测(如亚马逊)的实证研究发现,数据量对预测和决策改善的价值达到顶峰之后可能下降。一般情况下,数据准确度越高,价值越大,但如果数据的准确度固定,而使用者知晓该准确度,此信息的纳入同样可以帮助使用者进行决策矫正,从而产生更高的价值。在某些对时效性要求较强的应用场景中,只有最新的数据才有价值,比如消费者的住址、定位。

(3)数据价值与整合度呈抛物线关系。通常数据整合度越高,其价值越大,但也有可能数据价值与整合度呈抛物线关系,20%的整合度可以达到80%的效用价值。比如,互联网搜索中的A/B随机试验结果的分布是厚尾的:罕见的结果可能有非常高的回报,因而通过许多低质量和低统计能力的小型实验来测试大量创意反而更有利于发现大的创新。

(4) 数据资产的价值与使用者的异质性密切相关。这主要是因为数据资产只有被使用才会产生价值(没有被使用的数据资产事实上是企业的负债),数据资产的价值在于改变行动、改善数据资产持有者的决策和行为。因此,使用者的目的、知识、能力、私有信息、已有的数据资产不同,会导致同样的数据资产对不同买方的价值差异很大。所以数据资产的价值评估很难作为一个标准品,由众多类似于股票交易市场上的买方共同定价。[①]

2.3 数据要素

2.3.1 数据要素的定义

2019年10月,党的十九届四中全会通过的《中共中央关于坚持和完善中国特色社会主义制度、推进国家治理体系和治理能力现代化若干重大问题的决定》,将数据作为与劳动、资本、土地、知识、技术、管理并列的生产要素。2020年3月,《中共中央 国务院关于构建更加完善的要素市场化配置体制机制的意见》指出,包括数据在内的要素改革方向,以完善要素市场化配置体系。数据要素是参与到社会生产经营活动、为使用者或所有者带来经济效益、以电子方式记录的数据资源。区别数据资源与数据要素的依据主要在于其是否产生了经济效益。数据作为生产要素是一个全新提法,但相关问题早已被学术界关注,并经历了一个认识不断深化的过程。卡斯特尔(M. Castells)曾将人类有史以来对信息的研究归纳为计算模型和经济模型两种:计算模型帮助人们将效率和信息作为指令来理解问题,关注信息和信息技术的应用对于提高人类信息驾驭能力的意义;而经济模型则关注信息消除不确定性的作用,认为信息带来的价值是预先获得消息和没有获得消息所带来的选择之间的差值。国内学者冯梅也表达过类似观点,认为学术界对信息的研究主要包括两大方向:一个方向是把信息活动作为新兴产业,研究它的价值与价格、需求与供给、规模与收益、投入和产出、投资与融资机制等一系列经济学问题;另一个方向是把信息作为商品流通的条件或经济决策的要素,考察信息在工业生产过程和商品流通中对价格、成本和其他生产要素的影响。学术界围绕将数据作为一种生产要素的思考和争鸣,也大致可归为上述两个视角,即计算模型视角与经济模型视角。

1. 计算模型视角

自20世纪80年代开始,随着数字化技术在全球范围内的飞速普及,经济学界对于将信息和数据作为一种独立生产要素的认识也在不断清晰,并大致经历了一个螺旋式上升的

---

① 熊巧琴,汤珂.数据要素的界权、交易和定价研究进展[J].经济学动态,2021(2):143-158.

过程,大致可以划分为以下三个阶段。

(1)"IT 生产率悖论"阶段。1987 年,Robert Solow 提出了著名的"IT 生产率悖论",发现过去十年美国企业信息技术投资并没有促进企业绩效增长。此后十几年间,对医疗、金融、汽车等行业以及美国、欧洲、芬兰等区域和国家的实证研究进一步印证了这一观点。

(2)"信息有效论"阶段。自 2000 年后,支持"IT 生产率悖论"的研究越来越少。大量实证分析发现,信息技术投资对生产率确实具有明显正向促进作用,随着信息技术投资的持续深入,其对全要素生产率(TFP)的提升效应日渐显现,并成为区域高技术产业和生产性服务业聚集效应形成的重要因素。

(3)"数据价值论"阶段。自 2010 年以后,有学者指出应区分一般意义上的信息技术建设(如购置软硬件基础设施)和信息技术能力(即运用信息技术手段调度整合企业信息资源),后者才能真正提升企业全要素生产率,核心是促进信息和数据要素与技术、人才、管理等要素的深度融合,实现企业组织能力充分开发,基于业务流程优化、服务水平改善、信息系统质量提升等间接途径影响生产率水平。其中,数据要素对于提升改进全要素生产率的贡献度得到了高度认可。如有研究指出,企业数据使用率每提高 10%,可带来零售、咨询、航空等领域人均产出分别提升 49%、39% 和 21%。至此,在经济学理论中,将信息/数据要素作为一种独立的生产要素提出来似乎已经水到渠成了,但还有两个问题有待回答:一是信息或数据要素与其他生产要素是否具有通约性?通常认为,技术要素、资本要素与数据要素的含义差别较大:技术要素可以代表支撑数据的信息技术部分,但与数据要素本身无法通约;资本要素的逻辑与数据创造价值的逻辑差异也很大,因此数据应当成为一种独立的生产要素。二是是否应当将信息还是数据作为一种独立生产要素?早在 20 世纪 80 年代,就有学者提出应当将信息作为生产力的一种要素。但通常认为,信息要素包括信息、信息技术和信息生产者三部分。前者在概念上包含数据,是经过处理、具有意义的那部分数据;后两者则分别与技术和劳动要素具有通约性。从这个意义上说,将数据而不是信息作为一种独立的生产要素更合乎逻辑,也更契合当前万物互联化、数据泛在化的大背景。

2. 经济视角

经济增长(财富如何创造)和收入分配(财富如何分配)是经济学的两大基本主题。西方经济学认为,生产要素稀缺性要求生产者提高要素的配置和使用效率,这是西方经济学建立的基础与前提,对其理论的关注最早可以溯源到威廉·配第提出的著名论断"土地为财富之母,而劳动则为财富之父和能动的要素"。过去百年间,经济学对于生产要素的认识经历了二元论、三元论、四元论、五元论等。对生产要素参与分配问题的研究贯穿西方经济学发展全过程,克拉克提出的边际生产力分配理论认为:"社会收入的分配是受着一个自然规律的支配,而这个规律如果能够顺利地发挥作用,那么,每一个生产因素创造多少财富就得到多少财富。"

实践中,我国改革开放至今的四十多年历程始终贯彻以经济建设为中心。党的十八大以来,习近平总书记多次强调:"以经济建设为中心是兴国之要,发展仍是解决我国所有问题的关键。""发展是基础,经济不发展,一切都无从谈起。"党中央根据不同阶段经济发展的特点,将资本、技术、管理、知识和数据等纳入按要素分配的序列之中。直至党的十九届四中全会上,在数字经济快速发展的大背景下,将数据作为与劳动、资本、土地、知识、技术和管理并列的生产要素。

2.3.2　数据要素的特征

数据作为新生产要素,具有不同于传统生产要素的特征,探索数据要素的特征,对数据要素运行机制和数据价值形态动态演进问题的研究具有重要意义。数据要素的特征可主要概括为虚拟替代性、多元共享性、跨界融合性和智能即时性。

1. 虚拟替代性

数据虚拟性指数据以非实体的形式存在,产品在虚拟空间以"0-1"编码形式实现虚拟研发、虚拟制造、虚拟营销和虚拟营运,实现数据虚拟化生产。数据替代性主要指数据要素对土地、劳动和管理的替代(王谦、付晓东,2021)。具体而言:①数据要素对土地要素的替代。"数字孪生"技术可以在虚拟空间映射实体物理空间,进行产品的虚拟生产,实现"飞地"发展,可大幅度地节约实体土地空间,摆脱土地资源有限的束缚,破解土地供给缺乏弹性的难题,扩大实际生产空间,即部分"去土地化"。②数据要素对劳动要素的替代。在人工智能技术支撑下,生产流程以数据为核心,实现自动化,自动创建新的任务和活动,自动完成数据收集、存储。这一过程,以数据为核心的生产流程自动化会部分甚至全部替代劳动力的使用,即"去人工化"。③数据要素对管理要素的替代。数字经济时代,万物互联互通,每个个体都是一个"数据生成器",并将生成的数据上传至"云端",人工智能技术模拟人脑思维,通过机器学习和深度学习,打破人脑认知的局限,辅助或者替代人脑管理和决策,实现云计算、云管理和云决策,即部分"去管理化"。由此可见,数据要素的虚拟替代性特征能够有效地部分替代传统生产要素,缓解传统生产要素的短缺性难题。

2. 多元共享性

去中心化的数据处理方式衍生出多元参与主体。海量数据的产生,对数据处理的高效性和及时性要求越来越高,而单中心的数据处理方式无法满足数据处理的高效性和及时性要求。随着大数据、云计算、区块链技术快速发展,数据处理方式已从单中心、线性、串联向多中心、非线性、并联,最后向去中心的点对点的网络化转变。这种去中心的网络性平台允许多元主体参与企业数字产品研发、制造、营销和营运的各个环节,以"外包""众包""皮包"的形式进行协作化生产。多元参与主体协作化生产方式具有灵活性、高弹性、快速性等特点,能够缩短产品生产周期,降低生产成本和交易成本,提高企业生产效率。数据的多元性不仅体现在参与主体的多元性,还体现在数据权属具有二元甚至多元性。数据的虚拟性决定了数据生产要素不同于传统生产要素,数据的低边际成本和可复制性等内在本质特征使数据确权成为难题,数据的权属呈现二元性甚至多元性。从权属角度看,数据所有权可归数据生产者和数据控制者所有:一方面,数据生产者根据日常的生产生活直接生成数据,但生成的数据是一手数据,具有单一性、价值密度低、碎片化的特征;另一方面,数据控制者利用数据留痕等技术,掌握用户海量数据,并通过数据的收集、清洗、分析、处理等一系列技术环节注入"劳动",由此创造价值。数据采集、存储、处理、应用的每个环节,数据控制者都认为自己参与了价值创造,并且数据的多场景化应用实现了数据的价值增值(倍增)。数据控制者认为,其对每个环节都具有数据控制权和所有权。因此,数据在权属问题上可能具有多元性。数据的共享性主要表现为数据资源以"共享池"的形式存在。例如,企业基于资源的共享性,构建"云上"工厂,"云上"存储、计算、建模、设计及"云上"协同制造,实现基于数据共享的生产全过程"上云"。

3. 跨界融合性

跨界融合性包括两方面:一是不同种类数据间的跨界融合。企业的散点数据、行业或领域的条带数据通过多维整合形成块状数据。多维块状数据在平台上组合、集聚,企业按需调用,数据实时共享,助力企业获得跨界竞争优势,形成"赢者通吃"的局面。二是不同生产要素间的跨界融合。具体表现为:①数据要素与劳动要素融合。形成数据劳动,可以提高劳动生产效率,优化企业用工结构,节省企业劳动成本。②数据要素与资本要素融合。使得数据驱动投资决策,优化资本投资流向,驱动资本流向收益率高的领域,实现资源效率最大化。③数据要素与技术要素融合。可以充分发挥科学技术的优势,实现产品工艺创新和业务流程优化,提高企业产品质量与效益,并助力企业数字化转型。数据要素与劳动、资本、技术等生产要素的融合,可以实现要素间资源优势互补。数据这一新生产要素的加入,使得要素融合效应非线性增长,极大地促进了以数据为核心生产要素的数字经济的发展。

4. 智能即时性

数据智能性是数字经济时代的典型特征。数据智能化过程主要包括数据智能搜索、智能聚合关联、智能筛选、智能决策等。基于"数据+算力+算法"的人工智能技术,对数据建模分析、迭代和优化。数据的智能性与传统行业融合,可以打造智慧医疗、智慧交通、智慧教育、智慧城市,开启"智慧"时代,用"上云""用数"实现"赋能""赋智"。数据即时性是数字经济时代对数据的基本要求。算力和算法的发展,保证了数据的即时处理、分析和反馈,反馈的数据能够动态应对消费者多样化的需求,提供快速、灵活弹性的供给。以网约车平台为例,平台两侧用户端和司机端的数据实时匹配,要求数据延迟时间尽可能地缩短。数据传输、数据处理的即时性非常重要,只有降低数据传输和反馈的延迟时间,对需求侧提出的要求进行快速、动态、即时的反馈,才能有效提高企业和平台的黏性。

2.3.3　数据的要素化形成逻辑

数字经济时代,数据之所以能成为现实的生产要素,是因为在生产过程和价值创造上,具备了传统生产要素所具备的功能和特征。

从技术的发展与生产要素利用的关系看,人类文明进入工业经济时代以来,生产力的快速发展一直伴随着可利用生产要素的不断丰富。科学技术对生产力的作用,一方面,使生产原料利用率不断提升;另一方面,科学技术还能够进一步发掘和开发出新的可利用物质,进而转化为现实生产力。数字经济时代,随着大数据、云计算、人工智能等技术的进步和广泛应用,经济系统中原本无法被采集、识别、分离的信息能够高效地被转化为具备应用和开发潜力的数据要素。换言之,数字技术的进步为数据要素的形成和大规模应用提供了技术基础。具化到生产过程,数据要素成了数字经济时代生产过程的重要投入品。在数字技术引领的新技术范式下,数据作为一种信息和映射关系,被从原本无法采集和未被利用的信息中分离出来,并成为关键的投入要素,作用于生产过程的各个环节。

从价值创造的过程看,数字经济时代,数据已经成为使用价值生产的重要源泉和超额价值产生的重要原因。一方面,数据要素作为一种物化劳动,在生产新产品的过程中,与其他生产要素一起,将自身的价值转移到新产品中,成为新产品价值的重要构成;另一方面,数据能够在生产过程中与土地、资本、劳动等传统生产要素实现新的组合方式,改变生产函数属性,进而推动劳动生产率的提升。

首先,作为一种物化劳动,数据要素与其他投入要素一样拥有价值。在生产过程中,数据要素的价值也随着商品生产过程转移到新产品中,即"抽象劳动在创造价值的同时,具体劳动和数据等其他生产要素共同生产使用价值,同时转移数据等生产要素的价值"。从数据要素的来源看,数据要素的生产同样需要付出劳动,数据的采集、挖掘、储存、传输和处理等环节均需要大量的脑力和体力劳动的支撑,数字经济条件下的大数据产业,已然成为新型劳动密集型产业,如算法研发、数据标注、数据清洗、数据脱敏、数据安全等数据要素生产的必要环节,均需要大量具备专业技术的劳动力。

其次,数据要素的投入导致了生产过程中要素组合方式的优化和劳动生产率的提升。数据要素投入过程表现为数据作为一种物化劳动的利用,节省了活劳动,而"被节省的活劳动,在商品价值关系中会被当作实际耗费的劳动看待,从而形成更多的价值即超额价值"。虽然构成价值实体或源泉的不可能是先进的工具、机器乃至数据,但活劳动对先进工具、机器与数据的有效利用改变了要素组合方式,因而提高了生产效率在超额价值创造中所起的关键性作用。同时,数据作为一种网络空间对物理空间和社会空间的映射关系,一方面,能够把在物理和社会空间发生的物与物、人与物和人与人的关系都映射在网络空间中,并利用网络空间高效传输信息的特性,提升物理空间和社会空间中信息流通的效率,降低经济系统中信息的不对称性和不完全性。另一方面,网络空间中数据的流通还为物理空间和社会空间中物与物、人与物和人与人之间建立相互联系创造了无限可能,即通过形成新的更高效的资源配置方式(如促使资本、劳动、技术等要素跨区域、跨国界的协作与组合),从而提升生产、销售等过程中的劳动生产率。

需要明确的是,数据要素作为数字经济时代生产过程的重要投入品,与广义的数据资源存在区别,即"数据并不能直接参与生产,必须要先转化为有生产价值的信息"。数据要素之所以能投入生产过程,并提升生产过程的劳动生产率,因其本身具备使用价值和价值。数据的采集、挖掘、储存、传输和处理等环节均需要耗费大量的脑力和体力劳动。换言之,数据要素的形成是一个复杂的过程。因此,数据要素作为一种与"数字——技术经济范式"相匹配的新型投入要素,一方面具备了传统生产要素作为生产过程中投入品的基本特征;另一方面作为一种新型投入要素,数据在价值创造过程中不仅将自身价值转移到新产品中,同时还能够提升其他生产要素的配置效率,从而提高劳动生产率。因此,数字经济时代,"数据是新的生产要素,是基础性资源和战略性资源,也是重要生产力"。

2.3.4　数据要素化的经济学解释

从经济学角度看,讨论生产要素问题离不开生产函数。生产函数可以是微观的(如体现劳动和资本要素与产量关系的企业生产函数),也可以是宏观的(如常见的经济增长模型)。经典的经济增长模型包括,Solow(1956)、Cass(1965)、Koopmans(1965)、Romer(1986、1990)、Lucas(1988)、Barro(1990)、Aghion 和 Howitt(1992)等建立和发展的新古典增长模型,这些模型已经充分探讨了劳动力、资本、土地、技术创新等因素对经济增长的贡献,Solow 和 Romer 还因此获得了诺贝尔经济学奖,之后学者们又对经济增长理论进行了丰富的拓展,考察了其他因素如制度要素、社会资本要素等对经济增长的贡献。有学者注意到,虽然近 60 多年来,经济增长理论研究取得了巨大的发展,已经具备了比较成熟的研究范式,但仍存在一些缺陷,如需要增强从结构层面解释经济增长动力的研究,增加基于转型国家和发展中国家等特征进行的研究。对此,新结构经济学者进行了有益的尝试,研究发现新古典增长模型是基于发达国家经济发展进行的研究,得出的经济增长取决于技术进步的结论,并不适合发展中国家,更难以解释中国经济增长,因此,有必要将代表发展中国家独特的经济增长动力因素——结构变迁——引入新结构增长模型,解释发展中国家结构变迁对经济增长的贡献[①]。

随着数字经济的兴起和迅猛发展,国内外学者逐渐关注新生产要素对经济增长的影响。一些学者主要从理论机制角度进行分析。北大学者杨汝岱(2018)认为,随着新经济的迅速发展,需要对已有增长模型进行拓展,将数据要素直接引入生产函数,研究数据要素影响企业微观决策及对经济增长产生影响的理论机理。从生产要素演进和变化的历史看,在数字经济时代,数据要素是关键的生产要素,能够驱动全球经济发展。围绕数据要素的技术——经济特征,提炼出数据要素在微观运行中发挥作用的机制,在此基础上从宏观层面研究数据要素促进高质量发展的机制。研究人员深入探讨数据要素在生产过程和再生产动态运动过程中的贡献。研究的一个重要方向是关注数据要素促进经济增长的理论机理,主要研究成果表明数据要素投入具有规模收益递增的特点,其增长幅度高于总产出增长幅度。结合数理模型分析发现数据的非竞争性特征在市场结构中的重要作用,将数据产权授予消费者,可能会产生最优的分配效果。微观层面,学者们分析数据要素积累对经济增长的影响,认为数据要素与传统的资本要素积累类似,也具有边际报酬递减规律,只能实现有限增长,但如果有技术进步和思想积累,数据就可以促进思想的积累,从而促进增长。数据要素发挥作用的另一个途径是数据在厂商生产中发挥重要作用,能够产生较高的生产率和市场价值。也有少数学者从理论和实证角度分析数据要素对经济增长的影响,如采用数理分析和实证检验的方法论证了数据要素既能够对其他生产要素产生倍增效应,又能够促进人均产出增加。

以上学者大多肯定了数据要素对经济增长的促进作用,认为数据要素作为数字经济时代的新生产要素投入生产,会直接或间接促进经济增长。但也有学者认为数据要素在促进

[①]　于立,王建林.生产要素理论新论——兼论数据要素的共性和特性[J].经济与管理研究,2020,41(4):62-73.

经济增长的同时,也会对经济增长产生负面影响。比如有学者担心加入数据等新生产要素后效率高的企业会由于具备垄断性而缺乏创新活力,从而对经济增长产生负向影响,数据积累本身无法维持长期增长等。

国内外学者针对数据要素对经济增长的影响机制展开了广泛研究,但仍存在一些不足有待探索。

(1) 在数据要素促进经济增长的研究中,对于综合影响的讨论不足。①数据要素对经济增长的直接效应。数据要素作为数字经济时代的新生产要素,具有传统生产要素所没有的新特征,如非竞争性、零边际成本、外部性、即时性等,这些特征使得数据要素在生产中可以发挥传统要素无法比拟的重要作用,主要表现在:数据要素本身承载的信息,可以减少信息不对称,增强要素间的协调,直接提高企业微观效率和促进宏观经济增长。②数据要素对经济增长的间接效应。数据要素间接推动生产结构升级和禀赋结构变迁,进而推动经济增长。数据要素对经济增长的综合影响主要来自数据要素投入带来的直接效应以及促进结构变迁带来的间接效应。目前研究大多聚焦于理论阐释、逻辑推理等定性分析数据要素对经济增长的影响,较少构建包含综合效应的理论机制分析框架。目前还没有学者在增长核算框架下探讨数据要素投入的直接效应和间接效应。

(2) 现有研究大多是在新古典增长模型框架下考察数据要素对经济增长的影响,忽视了结构变迁是发展中国家的核心问题,未将数据要素和结构变迁与发展中国家国情综合起来考察经济增长问题,鲜有学者在新结构增长模型框架下考察数据要素的影响,对中国经济实践的指导作用有限。目前,需要立足中国现实经济环境,对经济增长模型进行系统的丰富与拓展。

(3) 关于数据要素的跨国分析不足。现有研究均是在一国范围内考察数据要素对经济增长的影响,忽视了数据要素对国家层面经济发展的影响研究,还没有学者基于发展核算模型考察数据要素在国家之间的影响。①

中共十九届四中全会通过的《中共中央关于坚持和完善中国特色社会主义制度、推进国家治理体系和治理能力现代化若干重大问题的决定》中列出了劳动、资本、土地、知识、技术、管理、数据共七项生产要素。在数字经济时代背景下构建的经济增长模型,主要是从生产函数演化的角度来分析经济增长的动力。在新古典生产函数和新结构生产函数基础上引入数据要素,构建新生产函数,并进一步将经济增长贡献进行分解,探讨经济增长的新动力。

1. 基本概念

生产要素理论涉及的基本概念主要包括生产要素、中间产品、最终产品、私人产品、公共产品等。为了进一步讨论的需要,首先对这些概念进行梳理。

(1) 生产要素(production factors)。生产要素是指投入生产过程的投入品,它本身就是上一生产阶段或生产过程的产品。要素与产品二者间没有截然的区别,完全取决于是否

---

① 刘文革,贾卫萍.数据要素提升经济增长的理论机制与效应分析——基于新古典经济学与新结构经济学的对比分析[J].工业技术经济,2022,41(10):13-23.

进入下个生产过程。生产要素总是相对于最终消费而言,因此也可以说,非最终消费的产品都属于生产要素。

(2) 中间产品(intermediate products)。不进入最终消费的产品就是中间产品,同时也是再次进行新生产活动的中间投入要素。借助投入—产出模型或产业链理论可得出很好的解释。

(3) 最终产品(final products)。进入最终消费的产品才是最终产品。但要注意的是,对 GDP 核算而言,D(domestic)指国内,所以出口品(货物和服务),不论到他国是否作为生产要素使用都视作本国的最终产品,但在他国可能仍是中间投入要素。同理,进口品中既包括中间投入(生产要素),也可能包括最终消费品。

(4) 私人产品/公共产品(private goods/public goods)。私人产品是指消费者支付了一定的费用就取得其所有权并具有排斥他人消费的物品与服务。如学者所比喻的:"一条裤子在某个时间只能为一个人穿着。""一辆汽车不能同时朝两个不同的方向行驶。"这说明"在私人产品的消费上具有对抗性"。公共产品是指由政府免费或低费用提供给消费者所使用的物品与服务,[1]如国防、公安、司法等机关所提供的财物和劳务,以及义务教育、公共福利事业等。公共产品的特点是一些人对这一产品的消费不会影响另一些人对它的消费,具有非竞争性;某些人对这一产品的利用,不会排斥另一些人对它的利用,具有非排他性。

(5)"公地悲剧"(tragedy of commons)。"公地悲剧"理论的最早提出者是英国学者哈丁(Hardin),其在对英国封建土地制度的封建主为牧民放牧提供的"公地"研究中提出这一理论,这一重要理论于 1968 年发表在了《科学》杂志上。该理论的核心要义是指,具有排他性属性的所有权是避免资源被过度使用的有效方式,如果不具有这一特征,资源将面临被过度使用而枯竭的窘境,身处其中的每个个体尽管有心避免事态恶化,但都会怀有"别人少捞一把,自己多捞一把"的心态,导致资源配置失灵,最终造成公地被过分消耗直至枯竭的悲剧发生。在"公地悲剧"中,社会承担的总成本要远远大于每个个体实际承担的成本的总和,其中的差值即为具有累积效应和滞后负外部性所产生的外部成本,而且这一成本最终由社会共担。数据要素收集方式多元,不仅有客观世界测量自身存在结果的记录数据,也包括人类活动的全时空全要素的记录,以及在上述基础上整理分析而产生的新数据。在这一过程中,数据要素呈现出一种参与主体多元化、权利归属复杂化的特征。对此,需要对数据权属有一个明晰的认识,厘清数据主体各自的权益范围,杜绝数据资源滥用,保护数字产品知识产权。在合理合法的数据资产化框架下,破解数据要素交易与使用中的"公地悲剧",实现数据采集、数据共享、数据交易、数据安全并进,数字经济健康安全可持续发展。[2]

2. 生产函数与生产要素重要性变化规律

生产函数的一般形式可以写成:

$$Q = f(L_a, K, L_d, T, M, D, \cdots) \tag{2-1}$$

式(2-1)中,Q 表示广义产出,为因变量;$L_a, K, L_d, T, M, D, \cdots$ 分别代表劳动、资本、土地、

---

① 陈晓春. 私人产品与公共产品的性质与成因研究[J]. 湖南大学学报(社会科学版),2002(6):36-39.
② 彭辉. 数据权属的逻辑结构与赋权边界——基于"公地悲剧"和"反公地悲剧"的视角[J]. 比较法研究,2022(1):101-115.

知识、技术、管理、数据等各种生产要素，为自变量；f 表示生产要素与产出间的函数关系。

生产函数本身就是反映投入与产出关系的经济模型。具体函数关系式可以是线性、非线性或超越对数等一般性数学形式，也可以是特殊的 L 型（列昂剔夫型）、C—D 型（柯布—道格拉斯型）或 CES 型（常替代弹性型）等成熟的经济模型。生产函数可以用一个或多个生产要素作为自变量（或解释变量），来说明（或解释）各自对产出因变量（或被解释变量）的关系。基于经济学学派和研究目的的区别，生产要素理论有以下几种。

（1）一要素论，特别强调劳动 L_a 的作用，用生产函数表示则为 $Q = f_1(L_a)$。如果强调劳动是一切财富的源泉，也可用此式表示。

（2）两要素论，重视劳动 L_a 与资本 K 的结合，相关的模型研究和实证研究较多，用生产函数表示则为 $Q = f_2(L_a, K)$。C—D 型（柯布—道格拉斯型）生产函数就属于这类。

（3）三要素论，在强调劳动 L_a 与资本 K 的同时，再加上土地 L_d 或技术 T，用生产函数表示则为 $Q = f_3(L_a, K, L_d)$ 或 $Q = f_3(L_a, K, T)$，多数经济增长模型都属于这一类。

（4）四要素论，即在三要素论基础上，加上企业家才能 E 或管理 M，用生产函数表示则为 $Q = f_4(L_a, K, T, E)$ 或 $Q = f_4(L_a, K, T, M)$。

（5）五要素论，《中共中央 国务院关于构建更加完善的要素市场化配置体制机制的意见》所提出的土地 L_d、劳动 L_a、资本 K、技术 T、数据 D 五大要素，用生产函数表示则为 $Q = f_5(L_a, K, L_d, T, D)$。

在不同经济形态或不同经济发展阶段中，生产要素的重要性有所不同。表 2-1 所表明的生产要素重要性变化规律可能不一定精确，或者说需要进行大量的实证研究才能确定，但从一般的直觉经验判断应该是大体成立的。从横向断面看，现代国家的经济中，一般会同时存在农业经济、工业经济和数字经济等部门，不同经济部门中的生产要素重要性有所不同；从历史发展纵向看，至今为止的三次"产业革命"中，生产要素的重要性也呈现出规律性的变化。具体包括几点：第一，农业经济中的第一生产要素是土地，人们为了争夺土地不惜发动战争；第二生产要素是劳动投入，人口成为一个国家或区域经济繁荣的重要支撑。第二，工业经济中的第一生产要素是资本，资本是最为稀缺的经济资源，土地和劳动都紧密地依附于资本。在现代工业经济中，技术创新（知识和技术要素）和商业模式（管理要素）创新日益重要，"科学技术是第一生产力"的论断符合经济发展实践。第三，数字经济（digital economy）下第一生产要素是数据，数据成为驱动经济增长的动力。必须认识到，数据不能脱离技术（比如计算机和算法）而单独发挥效力。信息社会，无论公共服务、经济运行、科学研究等各个领域，每时每刻都在产生数据，海量的数据需要算力支撑。全面推进算力基础设施化，已经被提升到国家战略资源规划层面。2022 年，国家发展改革委等四部委联合印发通知，在京津冀、长三角、粤港澳大湾区、成渝、内蒙古、贵州、甘肃、宁夏等 8 地启动建设国家算力枢纽节点，并规划了 10 个国家数据中心集群，这一国家性战略工程也被称为"东数西算"。

表 2-1　生产要素重要性变化规律

经济形态	第一生产要素	第二生产要素	第三生产要素	第四生产要素	其他生产要素
农业经济	土地	劳动			……

经济形态	第一生产要素	第二生产要素	第三生产要素	第四生产要素	其他生产要素
工业经济	资本	土地	劳动		……
数字经济	数据	技术	资本	劳动	……

2.3.5　生产要素优化配置定律与市场化改革

1. 生产要素优化配置的双向一致性

为了突出管理(包括微观管理和宏观管理)的重要性,把式(2-1)变形为

$$Q = m(L_a, K, L_d, N, T, D, \cdots) \tag{2-2}$$

式(2-2)中,Q, L_a, K, L_d, N, T, D 等变量含义同前。但式(2-2)的自变量不再包括管理要素 M。同时,取代函数关系 f_5 的 m 指的是"广义的企业家"(包括有效的政府作用)依照市场规律,配置生产要素,协调组织生产活动的功能。或者说,m 既有狭义企业家才能 E 的含义,也包括政府协调组织 G 的功能。简单说可以写成 $m = E \times G$,m 所对应的是《中共中央关于坚持和完善中国特色社会主义制度、推进国家治理体系和治理能力现代化若干重大问题的决定》中所说的"充分发挥市场在资源配置中的决定性作用,更好发挥政府作用",明确地表示出基于生产要素组合函数关系的资源配置效率,体现的是一定技术水平和制度环境下的生产效率。从宏观上说,它既包括资源禀赋条件、投入要素比例、要素替代弹性、规模经济与范围经济,也包括经济增长的速度和质量等因素。资源优化配置可从两个方面来理解,如同一枚硬币的正反面。一种理解是,当技术水平不变时,在一定的成本约束条件下,追求收益目标(微观企业利润或宏观经济增长)的最大化;另一种理解是,在实现既定目标的同时,追求成本目标(企业投入、增长代价)的最小化。生产效率提高的反面就是生产成本的节约,这相当于数学优化模型中的对偶解。因此,从广义上看,隐藏在生产函数式(2-2)背后的成本函数则是

$$生产总成本 = 要素成本 + 制度成本$$

或

$$TC = FC + IC \tag{2-3}$$

式(2-3)就是诺贝尔经济学奖得主科斯(Coase,1992)在获奖演说中强调的核心思想。中国最近四十多年经济发展的经验也充分说明,提高经济效益需要节约两种成本。其中,节约要素成本主要靠发挥市场配置资源的决定性作用,这方面企业是主导,对应的是管理学和公司金融;而降低制度成本或社会交易成本,则主要靠改革开放,这方面政府是主导,主要靠的是政策制定和制度建设,对应的是制度经济学。处理好政府和市场的关系,使市场在资源配置中起决定性作用和更好发挥政府作用;把政府不该管的事交给市场,让市场在所有能够发挥作用的领域都充分发挥作用,推动资源配置实现效益最大化和效率最优化,让企业和个人有更多活力和更大空间去发展经济、创造财富。

2. 生产要素优化配置的条件

从中国经济现实看,节省要素成本和降低制度成本这两方面仍有改进空间,或者说中

国经济增长的潜力仍然很大。北大新结构经济学研究院院长林毅夫表示,当前我国技术创新、产业升级空间大,中国到 2035 年之前还有每年 8% 的增长潜力。建立有效的要素市场,实现生产要素优化配置至少取决于以下条件。

(1) 产权界定。要素的产权界定远比产品的产权界定更为重要,却也更加困难。比如,数据要素的产权界定就是个难题,与知识和技术要素密切相关的知识产权保护和防止其滥用知识产权还远远没有实现"保反兼顾"的目标,也就不可避免地成为国际经济争端和谈判的焦点。

(2) 要素流动。影响要素市场充分竞争的无疑就是垄断,但与产品市场情况不同的是,中国的要素市场建设相对滞后,仍然存在行政性障碍。比如金融市场不当限入,股市市场化改革,互联网行业监管等。这些现实问题与《中共中央 国务院关于构建更加完善的要素市场化配置体制机制的意见》所提出的五项生产要素改革方向相对应。其实,要素市场建设的关键性标志是生产要素的无障碍流动(市场进入和退出)。在传统的政治经济学中,即为劳动力和生产资料的自由转移。能否做到这一点,也是生产要素交易是否公平、要素分配是否合理的前提。

(3) 相对价格。对于要素优化配置而言,受宏观货币存量 M2 直接影响的绝对价格水平(或通货膨胀率)并不重要,本质上属于"货币幻觉"(money illusion)。直接影响生产要素投入比例的是相对价格或价格结构体系。在要素技术替代率不变的条件下,要素的使用者,工商企业会及时地自动根据比价择优调整要素投入比例,即尽量多地使用价格相对便宜的生产要素,尽量少地使用价格相对昂贵的生产要素,从而实现资源优化配置。这里重要的问题是,如果相对价格不合理(即价格体系扭曲),也会发出误导信号,从而导致资源错配。

(4) 替代弹性。生产要素优化配置不仅直接受相对价格影响,也受当时技术水平的限制,这种技术限制直接表现在生产要素间的替代率上。如果不可替代,相对价格变化可能只会提高要素成本,而不发生实质性替代。价格和技术因素的共同作用体现为生产要素的替代弹性,即要素间价格相对价格变化 1% 会引起相应要素投入比例变化的百分比。中国近些年劳动要素成本相对上升,除非技术水平的变化能够保证在要素总成本不变的前提下用其他要素合理替代劳动要素,否则必然是要素成本上升。这样一来,在制度成本不能降低的情况下,则必然是国民经济总生产成本的上升,影响企业在国际市场上的竞争力。

3. 生产要素优化配置的第 I 定律与第 II 定律

根据式(2-1),生产要素优化配置(或最优投入比例)的优化条件数学表达式为

$$\frac{\partial Q}{\partial L_a} = \frac{\partial Q}{\partial K} = \frac{\partial Q}{\partial L_d} = \frac{\partial Q}{\partial N} = \frac{\partial Q}{\partial T} = \frac{\partial Q}{\partial D} = \cdots \tag{2-4}$$

式(2-4)的经济学含义是,在满足约束条件的情况下,生产函数的优化条件是"各种生产要素的边际产出(或生产率)均相等"。也就是说,仅当全部生产要素都人尽其才、物尽其用时,资源才能实现优化配置。根据微观经济学原理,式(2-4)对应着产业经济学(或产业组织理论)的两条定律。产业经济学第 I 定律指出,在企业内部,根据相对价格和替代弹性调整要素投入比例,使各种生产要素的边际产出率均相等,才能实现生产要素投入优化组合。

产业经济学第Ⅱ定律指出,在企业之间,生产要素尽量无障碍地进入或退出(或者说劳动力和生产资料自由转移),企业间优胜劣汰,根据市场调整企业边界规模和业务方向,从而形成产业间利润率平均化趋势,才能实现资源优化配置。就其实质而言产业经济学,第Ⅱ定律与通常所说的马克思主义政治经济学中的"平均利润和生产价格理论"完全一致。这也是微观经济学的"初心"。可见,这两条定律实质上也就是生产要素市场制度建设的要义,唯此才能实现生产要素"充分自主流动""配置高效优化"和"报酬分配合理"的基本目标。这也是《中共中央关于坚持和完善中国特色社会主义制度、推进国家治理体系和治理能力现代化若干重大问题的决定》提出的明确要求,即"推进要素市场制度建设,实现要素价格市场决定、流动自主有序、配置高效公平"。[①]

---

① 于立,王建林.生产要素理论新论——兼论数据要素的共性和特性[J].经济与管理研究,2020,41(4):62-73.

第3章 数据资产化

数据不等于数据资产，只有明确了数据的经济价值，建立科学完善的价值评估体系和市场交易规则，数据才能成为数据资产，成为驱动数字经济发展的新型生产要素。中国政府高度重视数字经济发展，全面实施国家数字经济发展战略，努力实现经济的高质量增长。数据作为一种客观存在的物质现象一步步演变成为一种特殊经济资源。这中间既有科学技术的推动，也有生产关系的演变。我们应当认识到，科技进步使数据发生了数量上的巨大变化，而生产关系的变化则使得数据在性质上发生了变化。在5G商用、大数据、云计算和人工智能等新技术共同作用下，海量数据加速产生。这些数据经历采集、加工、存储、更新、共享、使用一系列复杂过程成为丰富的数据资源。进一步地，各类交易主体和中介机构对数据资源进行资产属性确定、权属确认、资产登记、价值评估、交易、会计核算、资产报表编制等资产管理工作才能使数据资源变为数据资产。如金刚石打磨成品类等级分明的钻石，种类丰富且内容庞杂的数据在复杂的专业加工后才能真正成为数字经济时代的"石油"，成为新的生产要素。本章从数据资产化概念入手，介绍数据资产化的三个阶段及各阶段工作重点。描述了全球范围内，世界主要经济体数据资产化实践情况，着重介绍了中国的数据资产化实践情况。最后介绍了数据资产化的经济学解释以及数据资产的价值创造机制。

3.1 数据资产化的内涵

3.1.1 数据资产化概念

从会计学角度，资产是指由企业的交易或事项形成的、由企业拥有或者控制的、预期会给企业带来经济利益的资源。延续这一思路，我们定义数据资产化是将从不同来源渠道的数据进行整合，将源数据、数据采集、存储、分析、管理与应用的各个环节融合为一个整体，从而形成基于企业自身数据资源的数据资产包，也是关于数据要素的全流程整合过程。其中，数据资源化是数据资产化（价值化）的首要阶段，包括数据采集、数据整理、数据聚合和数据分析等。数据采集是数据资产化的重要技术环节，是根据需要收集数据的过程。数据整理包括数据标注、清洗、脱敏、脱密、标准化和质量监控等，数据聚合包括数据传输、数据存储和数据集成汇聚等。数据分析是为各种决策提供支撑而对数据加以详细研究和概括总结的过程。海比研究院等官方智库认为数据资产化可以粗略地划分为两个阶段，分别是数据资产形成阶段和数据资产管理与变现阶段。数据资产形成阶段则分为数据基础能力和业务数据化两个环节,主要是以源数据建设、数据采集、数据分析与应用等为主,市场大部分最终用户都处于第一阶段,甚至较大比例最终用户处于数据基础能力建设环节。数据资产管理与变现阶段则包括数据资产化和数据资产变现两个环节,包括数据全流程治理、数据分析、可视化、数据决策应用和数据营销变现等。数据资产化业务价值链中需求侧更关注数据处理和存储,供给侧则关注数据处理和采集环节。从厂商侧来看,数据处理是最重要的环节,其次是数据采集和源数据。但从需求侧来看,数据处理仍是最重要环节,其次则是数据存储、数据采集。由此可见,供需两端均将数据处理和数据采集作为重要战略环节。另外,供给侧更注重源数据环节,需求侧则更注重数据存储环节。

3.1.2 数据资产化的意义

数据资产化的意义主要如下。

1. 数据资产化更容易构建数据资产的所有权、使用权、控制权等权利体系

由于资产的权利体系已经十分健全,因此数据一旦成为资产即能够被合法占有,并明确产权和利益归属,这是数据被合法利用的前提。只有将数据纳入资产化管理,才能保证数据不被非法占有或者被非法获取进而危害社会,阻滞数据技术和应用科学的发展,特别是在数据利用过程中不损害数据所有人的人身权利和财产权利。

2. 数据资产化使数据的分发传递更加有法可依

知识产权等无形资产的一个重要特性是可以复制和共享,这与数据能够无成本分发和复制的性质相同。数据资产化,则有关无形资产在独占使用、排他使用和一般使用等方面的权利分割体系,使数据的自行使用和分发使用具有了公认的规则。只有将数据纳入资产管理,才能够不仅保证数据被自行使用,而且能够保证数据被合法地分发使用。如今数据工具乃至数据平台几乎无处不在,数据的所有权和使用权不断分离,用恰当的资产尤其是无形资产的法律框架来规范数据资产的占有和使用,是保证数据产业可持续发展的必由之路。

3. 数据资产化使数据具有了全方位的价值实现形式

数据的价值在于利用,数据利用价值的一个重要影响因素是时效性。这种利用不限于数据所有人,也不限于数据所承载信息的利用,而应该涵盖任何合法的潜在用户,以及通过加工处理、出让、转让、抵(质)押、证券化等任何合法的形式实现价值。如果不能充分利用这些价值实现形式,则数据使用的时效性会大打折扣,数据的潜在价值也不能够得到最大化的发挥。

4. 数据资产化更容易构建数据价值评估体系并推动数据定价和流通

数据资产化明确了数据的资产属性,也明确了资产评估的一般原理和操作规则对于数据资产评估的普遍适用性。只要结合数据资产的特殊性质和规律,就可以形成社会公认的数据资产价值评估方法体系,这对数据资产的进一步开发利用具有十分重要的意义。数据资源能否从理论上、制度标准上和实践上实现数据资产化已经成为影响数据生产要素化,以及数据技术和产业发展的重要环节[①]。

3.2 数据资产化的三个阶段

数据只有经过资产化过程才能拥有数据资产的特征。数据资产发展至今经历了不同的发展阶段,不同学者从不同角度对数据资产的发展阶段做了总结。综合不同学者的研究,将数据资产的发展历程分为业务数据化、数据资源化和数据资产化三个阶段。在业务数据化阶段,数据仅仅是对业务和事物的描述;而对数据进行进一步的价值挖掘后,就实现了数据资源化;数据资源经过资产化的过程,成为数据资产。

3.2.1 业务数据化阶段

业务数据化是指将数据作为一种载体,采用数据描述大千世界的业务或事物。业务数据化阶段主要生成数据,沉淀数据素材。第一方数据是指企业通过自身的生产经营活动直接获得的数据,是企业所拥有的一系列数据。这类数据主要来源于企业本身,如淘宝、京东等电商平台通过日常销售所掌握的消费者基础数据,或通过进一步的处理、挖掘和集成,所掌握的消费者行为数据、市场需求数据等,或基于特定目标获取的第一手数据,如科研观测实验数据、政府公共部门数据、问卷调查数据及行业部门数据等。有效利用经过处理的第一方数据会为企业带来利益。阿里巴巴集团作为国内知名互联网科技企业曾提出"一切业务数据化",指出数据业务化是在数据整合的基础上,将数据进行产品化封装,并升级为新的业务板块,由专业团队按照产品化的方式进行商业化推广和运营。从这个定义可以看出,数据业务化的本质是数据的产品化、商业化与价值化。企业要成为业务数据化的主动实施者,就要在管理层面全面实施数字化转型,要在技能和举措方面进行投入,才能充分发掘企业战略资产的潜力而构建包括客户体验、运营流程和业务模式的数字化能力。

第二方数据是产业进一步细化分工的结果。当大企业更多地将重点聚焦于企业自身的优势竞争力时,会将部分运营管理的数据交由其他公司进行专业化的处理,由此产生了如阿里云、数据堂和聚合数据这种提供大数据应用与技术支持的专业服务商。前文所属业务数据化是企业将业务相关环节或流程以数据方式呈现,随着业务数据化的不断推进,如何让内部数据助力企业的数字化建设成为各企业必须面对的问题。数据专业服务商提供的数据收集与数据分析业务满足了这一企业管理需要。数据专业服务商将收集的数据围绕客户业务或产品本身,不断在应用中修正价值,让数据能真实反映客户的业务状况,能够为业务诊断提供数据基础,数据的充分运用,不仅极大地发展了生产力,同时还将深刻改变

---

① 崔静,张群,王睿涛,等.数据资产评估指南[M].成都:电子工业出版社,2021:140-153.

生产关系。由此形成基于数据的企业螺旋提升的过程：业务→产生数据→助力业务。其中的内核动力就在于业务数据知识化，不断提升数据的价值密度，拓宽数据应用场景，深化数据价值，让数据价值化为知识，为业务赋能，驱动业务的自我成长、自我迭代。通过为各行业企业提供技术服务，这些大数据服务商积累了大量的行业数据、广告营销数据及用户行为数据。这类数据也是企业可以控制的，但是在来源、收集、交易方面，在一定程度上依赖其他企业的协议约定，相对具有局限性。

第三方数据主要是指通过网络爬虫、文本挖掘工具甚至黑客手段从互联网、各类公开或非公开的文件中所获取的数据，这类数据并不是由收集企业自身的交易和项目数据形成的，但确实会为相关数据的收集者带来一定的经济利益。以网络爬虫为例，它是一种按照一定的规则自动浏览、检索网页信息的程序或者脚本。网络爬虫能够自动请求网页，并将所需要的数据抓取下来。通过对抓取的数据进行处理，从而提取出有价值的信息。我们所熟悉的一系列搜索引擎都是大型的网络爬虫，比如百度、搜狗、360 浏览器、谷歌搜索等。每个搜索引擎都拥有自己的爬虫程序。除了各个企业或相关主体的行为，百度等爬虫系统的搜索数据严格来说也属于这类数据。现阶段，虽然部分数据标记有明确的版权声明，但是绝大多数的数据都处于模糊声明的状态。在这种情况下，限于我国目前相关的立法现状，这类数据的所有权并不明晰，特别是涉及个人隐私的数据尤其敏感，经常会造成企业之间的纠纷。

3.2.2 数据资源化阶段

在数据资源化阶段，数据独立于业务，做进一步价值挖掘。数据资源特指以数据作为生产要素的资源，数据资源化则强调数据资源整合后形成的数据价值。该阶段包含数据管理、数据治理、价值挖掘和融合应用等。数据资源化源自资源基础观（resource based view），这一理论认为企业成长依赖于内生性资源和能力，强调资源差异是导致组织绩效存在显著差异的重要原因。在企业管理学中，资源被定义为企业拥有的资产、信息、技术、管理过程及企业特质，这些资源是企业提高组织绩效的驱动力和基础。随着数据被确认为是经济活动的主要生产要素，数据资源在企业中的资源基础作用也得到了认可。基于"资源-绩效"范式，我们可以认为数据资源的构筑可以直接产生资源红利，使组织具备超越竞争对手的优势，从而产生较高的组织管理与产品创新绩效。但在一些实践中，人们发现数据的潜能不会自动发挥。从信息处理的角度来看，数据资源只有经过充分筛选与提炼，转化为供决策参考的有用信息，才能成为现实生产要素。而那些拥有丰富数据资源的企业能够及时洞察环境的动态变化，并根据数据层面的洞察做出行为反应和调整，提升组织应对环境变化的动态能力。

数据往往具有多源异构、多流程和多场景等特点，对第一阶段生成的数据通过有效的治理、管理和融合应用能够使数据更加规范和标准。数据资源化贯穿数据采集、存储、应用和销毁整个生命周期全过程，可以促进数据在"内增值、外增效"两个方面的价值变现，同时控制数据在整个管理流程中的成本消耗。

从业务、技术和管理角度，数据资源化可分为不同类型。从业务角度，数据整理分析后形成可以对外服务的数据，但不同应用领域数据的价值和作用不同。例如，同样是电商数据,有人会关注其购买内容以研究不同商品间的关联关系,用于进行商品推荐;有人会关注下单流程,以研究人的决策过程及其影响因素。从技术角度,数据资源化主要包括海量数据采集、存储、分布式计算、突发事件应对等,并且要求具备对各种格式、类型的数据进行加工、处理、识别、解析等能力。从管理角度,数据资源化包括数据共享管理、数据价值管理、数据安全管理、数据质量管理、主数据管理、元数据管理、数据模型管理、数据标准管理、制度体系和组织架构等方面。由于数据在不同业务、不同系统中流动,数据资源化必须实现跨系统、跨业务的端到端治理,需要由机构统筹规划、决策、协调与推进,确保数据保值增值。

3.2.3 数据资产化阶段

数据资产化是数据社会化的过程,将数据作为一种资产分离出来,可以在社会上独立流转,通过交易、流通、抵押、融资等方式使数据资源向数据资产跃迁,实现价值变现。

数据资产化阶段是数据应用和挖掘的最高境界。如图 3-1 所示,只有当数据被精准应用于民生治理、金融风控、用户画像、健康医疗、供应链管理等诸多场景中,并反哺数据的采集与再生成,打造可持续的数据资产创新生态,使每个人的数据都变成资产的一部分,促进大数据产业的持续繁荣。比如,众所周知的微信朋友圈广告,运营商拥有丰富的客户数据,基于客户终端信息、位置信息、通话行为、手机上网行为轨迹等丰富的数据,为每个客户打上人口统计学特征、消费行为、上网行为和兴趣爱好标签,并借助数据挖掘技术进行客户分群,完善客户的 360°画像,帮助广告商深入了解客户行为偏好和需求特征,并通过朋友圈广告精准投放获得盈利。随着数据量的增加和数据应用场景的丰富,数据间的关系变得更加复杂,问题数据也隐藏于数据湖中难以被发觉。智能化地探索梳理结构化数据间和非结构化数据间的关系将节省巨大的人力,快速发现并处理问题数据也将极大地提升数据的可用性。在数据交易市场尚未成熟的情况下,通过扩展数据使用者的范围,提升数据使用者挖掘数据价值的能力,将最大限度地开发和释放数据价值。

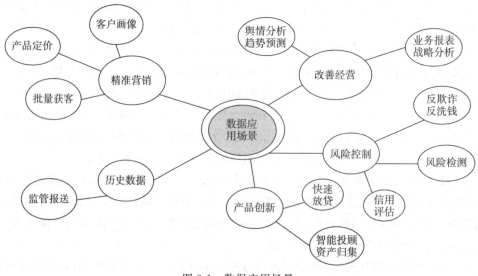

图 3-1 数据应用场景

目前,数据资产化在概念上还没有形成统一认识,一方面是因为条件不成熟;另一方面,从客观上讲,对数据资产价值评估没有在业界达成共识,在价值认定方面还有分歧,需要理论、方法和技术等方面的保障,让价值认定得到更广泛的认同和实现,从而不仅可以实现数据的内部流转,还可以使数据在社会上进行流转。

3.3　数据资产化实践

3.3.1　全球现状概述

随着移动互联网、云计算、大数据、人工智能、区块链等新一代信息技术的迅猛发展,全球掀起了新的大数据产业浪潮,国家竞争焦点已经从资本、土地、人口、资源的争夺转向了对数据的争夺,数据必将成为未来社会的重要资产。

在这样的背景下,数据治理的关键是在数据资源与社会主体之间建立一种开放共享的有效机制,形成一个激励相容、利益共享的机制体系,使各个主体既能积极挖掘和收集数据,又能打通数据壁垒,实现数据资源被决策者便利地使用。

在国外,随着数据管理行业的成熟和发展,数据资产管理(data asset management,DAM)作为一门专业管理学科被广泛研究和总结。数据资产管理是规划、控制和提供数据及信息资产的一组业务职能,包括开发、执行和监督有关数据的计划、政策、方案、项目、流程、方法和程序,从而控制、保护、交付和提高数据资产的价值。通过数据资产管理从企业数据和服务中提取商业价值,推动数据创新,促进数据经济中新数据产品和服务的推出,提升企业的运营绩效。

国际上成立了一些组织联盟以在国际范围内开展数据服务和管理。例如,2011 年9 月,巴西、印度尼西亚、墨西哥、挪威、南非、菲律宾、英国和美国共同签署了《开放数据声明》,宣告成立“开放政府合作伙伴”组织(Open Government Partnership,OGP)。截至2021 年,该组织已由最初的 8 个成员增加至 78 个国家成员和 76 个城市成员。该组织致力于改变政府的服务方式,促进成员行政机构和管理部门、民间组织、公民项目负责人参与到开放数据的行动中来,分享各自的经验和资源,为研究机构观察和分析开放数据的行动及影响提供帮助。开放数据研究所(Open Data Institute,ODI)是一个非营利性国际组织,自2012 年 12 月成立以来,一直致力于全球开放数据的研究工作。该研究所主要针对用户需求和商业模式的相关数据进行分析,帮助企业建立相关的制度规范,并培养数据技术人才。此外,国外一些数据资产领域的专家和学者成立了数据资产管理专业组织 DAMA 中国(国际数据管理协会),这是一个非营利性国际组织。DAMA 中国自 1980 年成立以来,一直致力于数据管理的理论研究、实践及相关知识体系的建设。

国际上已有涉及数据资产管理活动的指南和标准文件。例如,DAMA 组织众多数据管理领域的国际资深专家编著的《DAMA-DMBOK2 数据管理知识体系指南(第 2 版)》(*DAMA-DMBOK 2:Data Management Body of Knowledge*,*2nd Edition*),深入阐述了数据管理各领域的完整知识体系,其中定义了 11 个主要的数据管理职能(包括数据治理、数据架构、数据建模和设计、数据存储和操作、数据安全、数据集成和互操作、文档和内容管理、参考数据和主数据管理、数据仓库与商务智能、元数据管理、数据质量管理),并通过 7 个环境元素(包括目标与原则、组织与文化、工具、活动、角色和职责、交付成果、技术)对每个职能进行描述。此外,该指南还包括数据处理伦理、大数据和数据科学、数据管理成熟度评估、数据管理组织和角色期望、数据管理和组织变革管理等内容。

全球不同地区和国家相继制定了针对数据资产的具体标准。美国联邦地理数据委员会制定的一系列地理空间标准,欧盟制定的《开放数据的元数据标准:通用的 DCAT-AP》,英国制定的《数据审计框架》(*Date Audit Framework*,*DAF*),澳大利亚制定的《开放政府数据的元数据标准》等。2012 年 5 月 29 日,联合国"全球脉动"(global pulse)计划发布了《大数据开发:机遇与挑战》,阐述了各国特别是发展中国家在运用大数据促进社会发展方面所面临的历史机遇和挑战,并为正确运用大数据提出了策略建议。国际组织从 2018 年起开始增设数字经济相关领域的合作谈判。2013 年 6 月,八国集团(G8)首脑峰会签署了《G8 开放数据宪章》。G8 国家中除俄罗斯外,其他国家(美国、英国、法国、德国、意大利、加拿大、日本)均已公开发布网络安全战略,俄罗斯也有类似网络安全战略原则的公开文件。在作为目前全球人类福祉的联合国可持续发展目标(sustainable development goals,SDGs)的 17 个目标中,多个目标和指标涉及数字经济与新兴企业。

3.3.2　美国数据资产化实践

美国是最早重视数据资产的国家之一,美国重视数据资产是从开放数据工作开始的。1966 年,美国公布的《信息自由法》(*The Freedom of Information Act*,*FOIA*)明确了对政府信息资源的获取和利用是公民的权利,奠定了美国政府数据开放的基础。美国是世界上最早建立"一站式"数据门户的国家,自 2009 年 5 月美国国家政府数据门户上线以来,截至 2020 年 5 月美国已经发布了 210 644 个数据集,并根据领域进行了分类,涵盖农业、商业、气候、消费、生态系统、教育、能源、金融、健康、地方政府、制造业、海洋、公共安全和科研 14 个领域。美国的开放政府数据直接为后来的诸如英国、法国、加拿大、澳大利亚等国树立了榜样。21 世纪以来,美国加大力度从政策法规和标准等方面持续推进数据管理及数据资产相关工作,并取得一系列成效。在法律法规上,2018 年 12 月 22 日,美国国会两院通过了《开放的、公开的、电子化的及必要的政府数据法》,于 2019 年 1 月 14 日总统签署之后正式施行,其中规定总务管理局建立联邦数据目录。美国的《加利福尼亚州消费者隐私保护法案》(CCPA)于 2020 年 1 月 1 日起正式生效,CCPA 规定了加利福尼亚州居民获得的包括数据访问权、删除权、禁止歧视等在内的一些新权利。2019 年 12 月 23 日颁布的《联邦数据战略与 2020 年行动计划》中,描述了美国联邦政府未来十年的数据愿景,确立了政府机构应如何使用联邦数据的长期框架。

在数据管理上,美国卡耐基梅隆大学软件工程研究所(Software Engineering Institute,SEI)发布了数据管理能力成熟度模型(data management maturity,DMM)。通过 DMM 企业可以评估其当前数据管理能力的状态,包括但不限于管理能力成熟度、识别差距和纳入改进指南等,并根据评估结果,定制一个数据管理的实施路线图,以提高企业数据管理能力。该模型包括 25 个过程域,由 20 个数据管理过程域和 5 个支持过程域组成,按管控维度不同分为数据战略、数据治理、数据质量、数据运营、平台与架构和支撑流程 6 个类型。2013 年,美国在《开放数据政策——将数据当作资产管理备忘录》中明确提出将数据作为政府资产进行管理。在联邦数据资源存储库中,要求将联邦数据作为战略资源进行管理,将数据作为资产进行管理。《联邦数据战略与 2020 年行动计划》的核心目标是"将数据作为战略资源开发(leveraging data as a strategic asset)",对数据的重视程度继续提升,聚焦点由技术转向资产。《联邦数据战略与 2020 年行动计划》出台后,美国政府将逐步建立强大的数据治理能力,充分利用数据为美国人民、企业和其他组织提供相应的服务。Chrysalis Partners 是美国帮助数据所有者有效利用数据资产的公司,该公司提供了一个数据资产积分系统(data monetization scorecard),能够让专业人士获得关于充分利用数据并从中获利的有意义的评估。该系统考虑了数据价值的 100 多个独立属性,能够为数据所有者提供一种客观的方法来评估其数据资产的真实价值和潜在的创收能力。数据资产积分系统的评估指标分为两大类:一类是数据价值,帮助用户评估其实际数据的价值,特别是与创建增量价值流有关的数据,通过识别各种类型的数据及其特征,用户可以获得自定义的价值得分,主要从数据类型及其属性特征两个维度来进行组合评估;另一类是数据利用,即对数据的使用效率和程度。通过在线工具,用户能够选择部分或者全部选项进行评估和评分,能够快速地实现对企业数据资产的摸底了解。

在数据价值挖掘等技术发展战略安排上,早在 2012 年奥巴马政府在白宫网站发布了《大数据研究和发展倡议》(*Big Data Research and Development Initiative*),旨在提升利用大量复杂数据集合获取知识和洞见的能力,并将为此投入 2 亿美元以上资金。此后,数据的经济价值及对社会经济发展的推动能力日益凸显。例如,利用谷歌住房搜索查询量变化预测房地产市场发展趋势。在白宫科技政策办公室(Office of Science and Technology Policy,OSTP)发布大数据研发倡议时,美国国家科学基金会(National Science Foundation,NSF)、国家卫生研究院(National Institutes of Health,NIH)、国防部(Department of Defense,DOD)、能源部(Department of Energy,DOE)、国防部高级研究局(Defense Advanced Research Projects Agency,DARPA)、地质勘探局(Geological Survey,GS)等六个联邦部门和机构承诺,将投入超过 2 亿美元资金用于研发"从海量数据信息中获取知识所必需的工具和技能",并披露了多项正在进行中的联邦政府计划,主要内容如下:美国国家科学基金和美国国家卫生研究院主要推进大数据科学和工程的核心方法及技术研究,项目包括管理、分析、可视化,以及从大量的多样化数据集中提取有用信息的核心科学技术;国防部高级研究局项目主要推进大数据辅助决策,集中在情报、侦查、网络间谍等方面,汇集传感器、感知能力和决策支持建立真正的自治系统,实现操作和决策的自动化;美国能源部试图通过先进的计算进行科学发现,提供 2 500 万美元基金来建立可扩展的数据管理、分析和可视化研究所;美国地质勘探局通过给科学家提供深入分析的场所和时间、最高水平的计算能力和理解大数据集的协作工具,催化了地理系统科学的创新思维。

在应用场景方面,美国的数据资源经过多年的战略规划和开发,已经形成了海量数据,广泛渗透到政府运行、企业管理、商业智能、信息技术、互联网、环境、医疗及文化、法律等领域之中。在众多应用场景中,社交网络是数据资源形成并开展价值挖掘的重要平台,如基于 Twitter 数据研究"气候变化"与"全球变暖"问题,基于 Facebook 个体新闻订阅数据的新闻和政治内容分析等。

总体来讲,美国数据开放历史较为久远,数据开放程度整体较高,在政策、法规与标准上形成了比较完善的体系;在数据资产及其评估上起步也早,不仅有政策支持,还建立了具有实操性的数据资产积分系统;应用场景丰富,在万物联通及数据共享的商业智能时代,美国数据资源服务的社会行业较为广泛,包括金融、电信、政务、交通、商贸、医疗、工业和教育等关键领域。美国数据资产化处于繁荣时期,数据资源开发与建设的支撑能力和创新能力较强,产业自身开发技术手段和方法相对较为先进。

3.3.3　欧洲数据资产化实践

自 20 世纪末以来,欧盟开始重视公共部门信息的开放再利用。欧盟委员会为促进各成员国加强公共部门信息再利用工作,开展了大量研究和咨询,相关制度体系逐步完善。

1999 年,欧盟委员会在《关于公共部门信息的绿皮书》中指出公共部门信息是欧盟的关键资源,在 2001 年年底起草的《公共部门信息开发利用的欧盟框架》中提出,为了能够对公共部门掌握的文档进行再利用和商业开发,需要建立一个标准。欧洲地区的数据门户网站具有统一性和规范性。英国于 2010 年建立政府数据开放门户,是全球第二个实施开放政府数据的国家。2011 年 12 月 5 日,法国政府开放数据门户网站正式上线,2013 年 12 月 18 日网站进行了全面更新。2015 年,德国数据管理、查询和再利用的官方门户网站 GovData 正式上线,2018 年年初进行了升级改版。欧盟具有较为完备的元数据标准体系,在元数据交换和互操作上效果显著。基于统一的元数据标准,欧盟成立了各成员国共建共享的数据门户,以统一的格式进行数据发布,使用户可以"一站式"检索到多个国家和地区的政府数据资产,有利于数据在各成员国之间的共享流动,加大数据开放程度和可获取性,提高数据的使用效率。德国数据共享交换还紧紧围绕工业 4.0 战略需要,高度重视工业领域的数据共享和交换。各大研究机构在推动行业间数据共享和交换中做了大量工作,并结合大规模工业应用发展的需求,为德国国家数据门户、欧盟委员会数据门户和泛欧洲数据门户等各大门户网站提供数据。其中,以研究院智能分析和信息系统研究所(Informatics System Analysis and Synthesis, IAIS)主导的欧洲工业数据空间(Industrial Data Space, IDS)项目最为引人注目。IDS 项目的目的是将分散的工业数据转换为一个可信的数据网络空间,以实现工业企业之间的数据交换和共享,从而促进工业 4.0 战略实施。在这个空间中,当用户需要数据提供增值服务时,数据可以在被认证的合作伙伴之间共享。目前,该项目已经得到包括西门子、博世、大众汽车、拜尔医药、普华永道等众多企业的支持。与美国多从商业交易层面考虑云计算、大数据不同,德国带有浓厚的考虑底层感知的制造业色彩,目的是彻底实现工业化信息化升级,完全打通消费到生产的通道,在全球建立新的经济竞争优势。欧洲明显在推动和实施自己的数字经济战略,并注重解决实际问题。欧洲的政府(典型的如德国政府)、高校、公司、研究所联系紧密。政府、大型企业出资,以项目合作方式进行深度合作,研究所的研究坚持问题导向,目的是解决企业遇到的实际问题,与我国更多关注 ICT(information and communications technology)先进技术不同,德国更关注的是已经成熟可用的云计算、大数据技术。如图 3-2 所示,德国首提工业 4.0 概念并努力推向全球。这与德国对领先数字机床技术的掌握、先进生产线设计能力的积累,以及扎实可靠的制造质量控制技术和经验是密不可分的。德国有一个非常好的工业生态环境,在细分行业培养了很多"隐形"冠军,积累了大量的工业数据及专有工业知识体系,IT 技术与工业技术紧密结合,支撑工业企业内部、企业间在设计、工艺、生产、销售等环节的数据信息资源共享和知识流动,为高端制造业发展及推行工业 4.0 战略奠定了基础。我国目前正在实施《"十四五"智能制造发展规划》,但在高端制造技术、工业数据及知识模型积累、工业软件工具等方面与德国等工业发达国家还存在较大的差距,需要政府层面继续加强引导,培育和完善工业发展生态环境,在装备、通信、IT 硬件设备到平台软件(数据处理、数据存储、数据展示等)、建模仿真软件以及整个云平台集成等方面及各领域培育出行业的"隐形"冠军,各企业之间形成有效的协作与分工,共同制定符合国内实际情况的标准,通过示范应用以点带面,带动国内工业企业实现转型升级。

第一次工业革命	第二次工业革命	第三次工业革命	第四次工业革命
伴随着蒸汽驱动的机械制造设备的出现,人类进入"蒸汽时代"	伴随基于劳动分工的、电力驱动的大规模生产的出现,人类进入了大批量生产的流水线式及"电气时代"	随着电子技术、工业机器人和IT技术的大规模使用提升了生产效率,使大规模生产自动化水平进一步提高	基于大数据和物联网(传感器)融合的系统在生产中大规模使用
机械自动化	机械化 ➡ 电气化	模拟化 ➡ 数字化	自动化 ➡ 智能化

图 3-2 工业 4.0 概念图

资料来源:王莉.德国工业 4.0 对《中国制造 2025》的创新驱动研究[J].科学管理研究,2017,35(5):100-103,107.

欧洲的公共部门信息再利用工作有系统的政策和标准规范的支持。例如,英国自 2011 年起每两年发布《开放政府国家行动计划》,设定未来两年的政府开放承诺,明确每项承诺牵头实施的部门及可采取的具体措施。英国非常重视标准的建立,英国内阁办公室发布的政策白皮书《国家信息基础建设》(2013)第七原则中提到"相互关联的数据要以标准化的记录方式识别,并与其他数据建立联系"。《公共部门信息再利用指南》和《开放数据的元数据标准:通用的 DCAT-AP》等的规范化指导了欧盟统一开放数据门户建立工作。

欧洲地区一方面大力推动开放数据和信息化建设,另一方面格外重视数据保护和信息安全,设立了健全的法律法规来保护数据和信息安全。欧洲政府数据开放行动的顺利推进得益于一系列法律法规的出台和修订。欧盟的《通用数据保护条例》被称为"史上最严数据保护条例"。英国政府在法律法规建设方面十分注意紧跟国际潮流,及时将国际组织的倡议转化为本国的法律法规。法国于 2016 年发布了以保障用户使用数据的权利并保护个人数据隐私、确保互联网用户能够免费获得自己的数据、设置互联网接入的最低门槛三个部分为主的《数字共和国法案》。德国制定了一系列法律对政府数据进行统一的开放管理,从国家层面确立了数据保护的基本规则和主体框架。例如,德国于 2002 年通过并于 2009 年修订的《联邦数据保护法》是德国关于数据保护的专门法,其中规定"信息所有人有权获知自己哪些个人信息被记录、被谁获取、用于何种目的;私营组织在记录信息前必须将这一情况告知信息所有人;如果某人因非法或不当获取、处理、使用个人信息而对信息所有人造成伤害,此人应承担责任"。此外,德国还颁布了多项与数据保护相关的法律法规。通过建立标准和法规,欧洲地区的开放数据行动形成了一个高效、有序、安全的整体。欧洲地区在数据资产管理上具有成熟的理论框架与实践工具。例如,英国的《数据审计框架》通过四个步骤对数据资产进行管理和审查:审计规划、资产确认和分类、资产评估管理、报告和建议,还提出了具有代表性的数字知识库审计工具 DRAMBORA(digital repository audit method based on risk assessment,基于风险评估的数字仓储审核方法),能够方便审计人员确定和识别数字知识库的任务、活动和资产等。

总体来讲,欧洲地区在数据开放及数据资产管理方面卓有成效。欧盟建立了统一的开放数据门户网站,实现数据在欧盟各国之间的开放共享。欧洲地区的政策和法规较完善,数据开放共享程度高,数据安全保护法规也最严格,但标准的建立和政策法规的制定相对比较落后,尤其是缺少与数据资产价值评估相关的指南与标准,这可能造成资产评估工作缺少规范性和可重复性。在执行数据资产评估工作前,应遵循标准先行的原则,建立标准与指南是非常有必要的。我国也需要在配套政策法规、指南和标准、执行程序等方面予以完善。

3.3.4 澳大利亚数据资产化实践

2000 年,澳大利亚联邦政府(以下简称澳大利亚政府)实施"政府在线"(government online directory)工程,2002 年 2 月实现"到 2001 年年底联邦部门、机构要将所适宜上互联网的服务全部搬上网"的目标。为了整合联邦、州和地方三级政府和部门的资源、提升网上服务能力,2002 年 11 月,澳大利亚联邦政府提出"更优的政府、更好的服务"的电子政务策略,以促进政府网站的资源整合。2004 年,澳大利亚政府门户网站上线,提供澳大利亚政府各个部门的链接及地方、社会组织等多个网站的链接,网站将资源按照资讯服务、政府、新闻与媒体等类别分类,为用户提供查询及"我的政府"等个性化服务,还建立了双向互动的政府与用户之间的反馈机制。

澳大利亚政府不断推动从数据开放到数据经济的政策体系的形成,将发展数字经济提升为国家战略。2010 年 7 月发布的《开放政府宣言》促进了澳大利亚民众的民主参与度,推动了政府机构内部数据开放程度的不断加深。2011 年发布的《澳大利亚政府开放获取和授权框架》和《公共部门信息开放原则》作为规范和指导性的文件,为公共服务中的信息揭示和机构参与提供了切实可行的操作步骤,并为澳大利亚司法机构和其他组织提供了应遵循的指南。2011 年 7 月,澳大利亚总理和内阁部门发布《数字转型政策》,目标是使澳大利亚政府机构的工作重点转向数字信息和文件管理,以提高工作效率。2014 年,澳大利亚发布《面向企业的开放:开放数据如何帮助实现 G20 的发展目标》,关注开放政府数据及当前和潜在的经济价值。2018 年 12 月 19 日,澳大利亚工业、创新与科学部发布题为《澳大利亚技术未来——实现强大、安全和包容的数字经济》的战略报告,从四大领域、七个方面提出了澳大利亚大力发展数字经济需要采取的措施,包括人力资本(技能、包容性)、服务(数字政府)、数字资产(数字基础设施、数据)和有利环境(网络安全、监管)。《2020 年数字连续性政策》提出三个原则:信息价值受到重视;信息管理数字化;信息、系统和加工程序可互操作。该政策自发布以来形成了一系列关键性的成果,包括最小化元数据标准、业务系统评估框架及年度的部门调查评估工具等。

综上所述,澳大利亚政府从数字基础设施建设、政策和规范等方面入手,构建了一系列完整的数字经济发展配套体系,来支持澳大利亚数字经济的发展。

3.3.5　中国数据资产化实践

随着数据资产化进程的加快和新兴技术的不断融合发展,中国数据市场发展迅速,交易值增速在全球遥遥领先,数据交易呈现稳步发展的态势。On Audience 统计显示,2017—2019 年全球最大的五个数据市场的市场交易值增长率均在 20% 以上,中国 2017 年、2018 年两年的交易值均接近翻番,2019 年达到 23.93 亿美元,超过英国的 23.55 亿美元。

从应用场景来看,数据分析产品及服务已经从最早的为电信领域客户提供经营分析、为银行领域客户提供风控管理等辅助性经营决策,发展到目前的为金融、电信、政府、互联网、工业、健康医疗、电力等多个行业领域客户提供预测性分析、自主与持续性分析等,以实现企业决策与行动最优化。数据分析产品及服务应用已经十分广泛,但由于各下游领域业务特点的不同,决定了它们对数据分析产品及服务的具体需求存在一定差异。中国电子信息产业发展研究院(China Center for Information Industry Development,CCIID)统计,2021 年我国数据市场下游行业中,金融、政府、电信和互联网位居应用领域前四名,市场占比分别为 19.1%、16.5%、15.2% 和 13.9%,合计超过 60%;其他重点应用领域主要包括健康医疗、交通运输、工业、电力等。数据应用场景中,最为活跃的是金融领域。中国银行业金融机构不断积极拥抱金融科技,推动数字化转型,整体行业规模扩大;保险业和证券业的收入也随着市场经济的发展而提升。近年来,随着新一代信息技术加速突破应用,以移动金融、互联网金融、智能金融等为代表的金融新业态、新应用、新模式正蓬勃兴起,我国金融业开始步入一个与信息社会和数字经济相对应的数字化新时代,金融数字化转型成为金融行业转型发展的焦点。2019 年,中国人民银行印发《金融科技发展规划(2019—2021 年)》,构建起金融科技"四梁八柱"的顶层设计,明确了金融科技发展方向和任务、路径和边界。2022 年 1 月,中国人民银行再次发布《金融科技发展规划(2022—2025 年)》明确提出,从战略、组织、管理、目标、路径以及考评等方面将金融数字化打造成金融机构的"第二发展曲线"。随着金融业务规模不断扩大和新一代信息技术的发展,大数据在金融领域的需求将不断提升。在政务背景下,中国政府数据主要应用于信息共享、政务数据管理、城市网络管理与社会管理几大领域。加强电子政务建设,管理好政府的数据资产,完善政府决策流程,将是未来数年大数据在公共管理领域发展的重要方向。大数据将对政府部门的精细化管理和科学决策发挥重要作用,从而提高政府的服务水平。舆情监测、交通安防、医疗服务等将是公共管理领域的重点应用领域。

从数据确权看,中国中央政府及地方政府积极探索数据确权,部分地区出台相关文件,建立相关平台。2019 年 9 月,中国工信部开通了首家数据确权平台"人民数据资产服务平台",主要是对数据的合法合规性进行审核,对数据生产加工服务主体、数据流通过程和数据流通应用规则的一系列审核及登记认证。北京筹建北京国际大数据交易所,要求建立以信息充分披露为基础的数据登记平台,明晰数据权利取得方式及权利范围,建立数据确权工作机制,提供包括数据产品所有权交易、使用权交易、收益权交易在内的数据产品交易服务。广东省率先发布较为详细的数据确权政策文件。以深圳为代表发布《深圳经济特区数据条例》,提出探索完善数据产权,着力解决数据要素产权配置问题。创设数据权,明确数据权的财产权属性与数据权的内容,明晰个人数据权属、公共数据权属。广州在《广州市加快打造数字经济创新引领型城市若干措施》中要求重点在数据确权先行先试,全面开展对数据确权相关法律法规的预研,开展数据确权流通沙盒实验,形成一批实验性成果。河南省新乡市试点上线数据要素确权与可信流通平台(河南根中心),发出全国首张数据要素登记证书,新乡实施数据要素确权与可信流通平台项目,建立了数权科技研发团队,首创了数据资源规范确权算法等核心技术,基于区块链分布式共识明确了数据要素的拥有权与控制权。贵州省支持建设基于区块链的数字资产交易所,探索数据确权新模式,明确由贵州省大数据局和贵阳市政府作为责任单位,利用贵阳大数据交易所数据交易平台基础,实施"基于区块链的数据资产交易平台"项目。浙江大数据交易中心发布大数据确权平台,通过采用开源大数据分布式计算框架和数据可用但不可见的混淆加密算法对数据确权进行认证。

数据资源化相关技术层面,数据挖掘等技术领域创新是关键。根据大数据产业联盟调研和发布的 2022 年大数据企业投资价值百强榜单来看,榜单共选取了十个细分领域,涉及数据基础软件、数据治理与分析、数据安全、商业智能和营销数据五个通用领域,以及政府大数据、金融大数据、工业大数据、健康医疗大数据和空间地理信息大数据五个融合应用领域。大数据基础软件、数据治理与分析、数据安全、数据可视化等,是所有细分行业应用场景的基础支撑,体现了数据技术价值和作用。在这些细分领域提供技术解决方案的企业中,技术创新能力较强、在各自的细分领域有较长时间技术积累的厂商是投资机构的关注重点。技术领域内的突出优势是拥有雄厚的数据基础和多维度的实践场景。[①]

3.4 数据资产化的经济学解释

按照会计上对资产的定义,资产是企业过去的交易或事项形成的,由企业拥有或控制的,预期会给企业带来经济利益的资源。从经济学层面看,资产在企业中只有保持着运动的状态,从一个形态转化成另一个形态,最终形成或融入某一产品的价值中,才能通过交换

实现价值。古典经济学对这一过程描述是：企业用货币购买原材料，生产商品，卖出商品取得货币，从而实现价值。将这一过程代入数字经济，数据资产与具体的业务场景融合，才能实现其价值，这个过程就是数据资产化。

3.4.1　基础概念

1. 数据资产的成本

成本是经济活动中为取得一项权利或物质需要的对价付出，但数据资产的边际成本几乎为零。比如人们用智能手机搜索购物和就餐信息，通过网约车前往商业场所，在等餐间隙打开手机游戏，在购物网站下单等待收货。随着互联网和智能手机使用量的增加，个体的需求和偏好痕迹快速增加。以上信息及积累的数据资源，对行为个体来说是无意识的、没有成本的，也不具有商业实质。但科技公司通过对这些离散式信息的采集和处理成为可应用的数据资源具有商业价值，通过交易实现价值，成为数据资产。因此，数据资产的成本来源于数据信息收集和处理，包括技术研发、系统设计以及人工等，但技术越成熟，数据收集和处理的边际成本将呈阶梯递减趋势。只有当新技术、新算法出现时，才会产生新的数据收集和处理研发、设计及人工成本。现实中，互联网科技企业的数据成本也是巨大的。例如阿里巴巴数据量级早就到达了 EB 量级，如此巨大的数据体量，每年数据存储和计算成本都高达数十亿元。巨量的数据通过人工的方式去治理，往往导致资产治理效率低，人工成本高。[①]

2. 数据资产的价值、使用价值和交换价值

马克思政治经济学指出，价值是指凝结在商品中无差别的人类劳动。数据资产是依靠人类无意识行为或客观物质本身所产生的信息形成的，依托收集和处理信息的劳动而形成价值。因此，数据资产的价值是凝结在商品中的无差别的人类劳动，但这只是数据资产价值的一部分。价值与使用价值和交换价值紧密联系。马克思商品流通理论认为，商品是具有使用价值的产品，使用价值是产品成为商品的首要条件，不具有使用价值就不能用于交换，也就不能成为商品。数据资产无疑具有使用价值，但这种使用价值是变化的，是依场景而定的。企业可以选择在自身经营场景中使用数据。例如，京东、阿里巴巴等数据寡头企业，在其庞大的产业生态圈内，对商品生产、流通以及消费需求数据进行采集、分析和运用，以数据驱动物流、人力资源、资金流等要素，进而提升商业效率。此时，数据具有使用价值，但因其属于内部使用，没有用于外部交换，因此尚未产生交换价值，也无法进行定价或估值。但数据对提高运营效率的作用催生了市场需求，由此，专门采集、处理数据并以数据分析和交易为主业的公司促进了数据交换价值的产生，数据也就此沿着"投入—生产—交换"路径完成了资产化过程。数据一旦形成使用价值或交换价值，完成数据资产化、成为数据资产，就和土地、资产、劳动等一样，成为国民经济发展的关键生产要素。党的十九届四中

---

① 赵瑞琴，孙鹏.确权、交易、资产化：对大数据转为生产要素基础理论问题的思考[J].商业经济与管理，2021(1)：16-26.

全会决议中首次将"数据"增列为生产要素,2020年发布的《中共中央 国务院关于构建更加完善的要素市场化配置体制机制的意见》指出,数据已和其他要素一起融入了我国经济价值创造体系,成为数字经济时代的基础性资源、战略性资源和重要生产力。

3.4.2 数据资产的价值创造机制

物联网、在线平台和数据分析等技术的出现使得数字产品和数字服务作为数字经济的一部分内容快速增长。数据正成为新型资产形式,从智能制造、智能家居到智慧城市,从生产经营到分销,从消费平台到企业系统,如果没有数据,这些技术和组织就无法正常运作,更不必说创造价值。通过技术层面的功能开发和应用拓展,数据要素渗透在产业链多个环节,并与生产经营活动结合,产业融合发展的过程促进了数据资产的价值创造①。

1. 基于数字资产功能视角

数据资产作为商品和服务产品的投入。数据可以通过信息创造知识,并直接用于现有产品的持续生产,或作为新的盈利来源加强新产品、服务开发,如新型金融科技产品、供应链跟踪优化服务、基于购买趋势分析的新消费品等。数据资产作为主要投入衍生出一系列相关产业价值链相关的企业或行业,由此引申出"数据价值链"。数据价值链主要包括数据收集、数据聚合、数据分析和数据使用以及货币化四个环节,而数据使用和货币化过程中又开始新一轮数据收集,进而形成完整闭合的数据价值周期。从数据中提取的信息洞察以及逐渐成熟的大数据分析技术、机器学习算法等使得数据分析成为解决复杂问题的重要工具,数据资产进而成为企业研发和生产产品、服务的必要投入。

(1)数据作为信息传递的介质。数据本质上可以视为信息的载体,在信息传递中充当介质参与信息流和价值流动转移。作为市场参与者,不论是企业和政府,都能够通过收集自身经营、运作过程中产生的数据作为学习和改进的基础。例如,通过数据分析以获得企业对业务实践的客观认识和改进建议,过去积累的数据越多,从过去经营决策中提取的有效信息就越充分,从而可以进一步提高效率。此外,数据所传递的信息有助于降低不确定性带来的风险。同时,数据资产改变了经济主体参与市场时的信息不对称问题,有利于实现更有效率的交易。作为市场主体的企业可以基于消费者特征提供更符合他们兴趣和购买习惯的个性化商品及服务,同样消费者基于潜在商品需求和产品特性数据,如可靠性(根据历史客户评价)、市场受欢迎程度以及与竞争商品的对比,降低搜寻成本,准确评估产品是否满足真实需要。

(2)数据资产作为企业核心战略资源。企业是各类资源的集合,基于此资源基础观提出企业的竞争优势主要在于其对稀有、有价值、不可替代和难以模仿的有形和无形资产、资源和能力的组合应用,企业需要对这些进行管理并部署在产品市场以创造价值,建立隔离机制。传统资源基础理论认为组织的竞争优势来源于异质性资源和能力,而数据资产构成了企业核心战略资源,在动态环境中帮助企业提升应对能力。具体而言,企业利用自身数

---

① 刘悦欣,夏杰长.数据资产价值创造、价值挑战与应对策略[J].江西社会科学,2022,42(3):76-86.

据资产和数据分析能力可以为不同消费者群体提供增值和个性化服务。如阿里巴巴旗下商家服务市场提供了网店设计、账户管理、交易数据分析（访客指标、每日流量变化、日销量变化等）、营销推广等服务选择，帮助卖家在其交易平台提高交易效率；此外，结合支付宝等支付平台用户数据建立信用评分模型，进而对客户消费行为、交易历史、信用评级等进行综合分析，便于提供金融服务。来自客户需求端的数据可以更好地追踪了解需求变化，更好地满足消费者支付意愿实现价值创造。数据利用的结果进一步增强企业的隔离机制，减少来自竞争对手模仿的威胁。当然，仅仅拥有异质性资源并不能保证价值创造的发展，资源使用同样重要，从数据收集到数据分析需要昂贵的劳动成本投入，不同的数据分析能力和数据资产管理能力会导致不同的结果。同时，随着企业收集、存储和处理数据的能力不断增强，从中提取价值的能力也呈指数级增长，加之数据的及时、连续、细颗粒度和完整性使其透过数据分析传递信息更加准确，助力企业动态匹配外部环境获得持续竞争优势。因此，对数据资产的合理配置和使用可以提高企业能力，有助企业及时响应环境变化去协调或重新配置资源，提升竞争力以获得持续发展。

2. 基于市场主要参与者视角

（1）消费者互动参与价值创造。数字产品和服务的用户作为消费者决定了产品和服务使用价值的最终实现，而基于用户企业双向互动的数据价值共创使得用户在数据资产价值创造中发挥网络效应，使数字企业可以通过用户贡献及吸引其他用户的行为来积累大量数据。如互联网平台上集聚的用户参与评论为后续消费者的决策提供群体参考价值，高德地图中用户实时共享路面情况为交通畅行提供及时有效的信息共享。此外，用户数据反映出的潜在需求偏好和消费习惯变化为企业改进产品和服务、掌握市场需求动向提供了真实信号。对于一些数字业务而言，用户参与和贡献可能是其核心推动力，并由此建立起用户信任、声誉和品牌影响力。

（2）数据资产驱动科学决策。新一代信息通信技术和人工智能、物联网（Internet of things，IoT）技术推动企业数字化转型成为必然趋势，数据科学和数字技术在企业管理层面得到广泛使用。数据的客观性、即时性和完整性有助于解释现实模式和问题，因此，基于数据分析和预测的数据驱动科学决策模式发挥出以往管理者经验依赖型决策所不具备的独特优势。Provost 和 Fawcett 将数据驱动型决策（data-driven decision making，DDD）定义为基于数据分析而非纯粹直觉的决策实践，是数据科学在企业中的应用。当然，数据驱动型决策的前提是企业通过自动化生产流程改造和数字化转型已经积累大量原始数据资产，才能通过数据科学分析将沉淀的数据资源充分利用，提高企业管理的科学性，进而提高生产效能和企业业绩表现。

（3）数据资产驱动下的降耗增效。在企业生产和产品交换流通的各环节，数据与劳动、资本、管理等其他生产要素协同作用，发挥提高资源配置效率、降低成本的作用。在生产环节，数据资产借助于工业互联网，有效组织要素投入，合理配备稀缺资源，提高配置效率，通过人工智能等数字技术替代过去单一机械或人工操作，提高良品率，降低物料损耗；智能化数字分析手段在生产经营中协助处理生产排产、物料采购等日常经营信息，降低经营成本。此外，农业生产中借助于传感器设备和智能平台可以获取土壤分析数据，匹配出最优播种量和施肥量,减少非必要成本。在企业研发环节,利用数据分析可以有效估计研发周期、降低研发成本,如药物研发中可以使用虚拟测试和人工智能筛选快速发现疾病药物靶点,在大量化合物中迅速锁定有价值的组合,避免大量人力、物力、财力和时间的耗费;在交换环节,数据资产通过减少信息不对称,提高供求匹配效率,缩短产品/服务交付时间。同时,分布式账本技术不仅可以降低交易成本,还可以借助安全性能增强信任。

(4)政府部门通过数据资产提高公共服务水平。政府部门在行使公共职能的过程中产生并收集、沉淀了大量数据,包括公共数据、业务数据和其他基于公共目的产生的数据,这些数据共同构成了政府数据资产。公共部门作为拥有大量数据资产沉淀的社会主体,在经济社会发展过程中利用数据掌握和配置使用发挥服务和引导作用。公共数据资产通过精准识别重点群体、提高匹配服务精度和效率、降低交易成本等作用路径促进公共服务均等化,以丰富产品供给、提高产品质量和定向需求层次提高非基本公共服务优质化。除了增加公共服务机会、提高公共服务质量外,公共数据资产在防范和应对紧急情况、在政策执行和公共服务提供方面节省资金和资源、监测政策进展和跟踪绩效、加强问责等方面充分发挥价值创造功能,支持创新政府治理模式,提高治理和服务能力。

3. 基于产业结构调整升级视角

(1)数字产业化主动发挥价值创造功能。数据资产作为核心资产,与核心技术协同主动发挥价值创造功能。首先,技术快速革新下诞生的创新数字产品和数字服务,其商业模式相对传统,在这一场景下,数据作为商品或服务本身可以被直接出售或许可使用,其价值来源于数据本身,企业也多为数据中介机构,这种传统模式下的数字资产价值比较容易衡量。其次,在传统商业模式基础上延展出数字赋能型的新场景和产业生态,通过充分利用数据及相关技术进行资源整合实现增值,将数据转化为"数字智能",其中包括依赖数据和数据分析来匹配用户和产品/服务供应商的在线平台,通过获得客户授权访问数据信息,提供定制数字服务来实现数据资产价值转化。在这种模式下,企业掌握了大量用户数据并以数据作为主要生产要素,充分利用并挖掘出潜在的商业信息、建立用户画像。对企业而言,其所掌握的数据资产价值以最直观的形式体现在市值中,2021年全球市值排名前十位的公司中有七家为互联网企业;同样,亚马逊为更加全面获取客户综合消费数据,在2017年决定收购连锁超市Wholefoods,收购消息发布后,Wholefoods股价上涨26.7%,亚马逊股价上涨2.7%。Ker和Mazzini通过比对"数据驱动型公司"股票行情和市值数据,发现在1986—2020年,数据驱动公司的价值增长速度快于其他在纳斯达克和纽交所上市的公司。

(2)产业数字化促进融合创新。在数据驱动下,传统产业实现数字化转型,但核心业务并不发生改变,数据要素从数据资源和数字技术两方面助力赋能产业数字化转型升级,并在这一过程中通过替代效应和协同融合效应促进数据资产价值和全产业价值融合的实现。一方面,数据要素能够在一定程度上替代传统生产要素。例如,智能设备与技术的应用可以对部分流程化程度高、重复性强的生产加工或服务环节实现人力替代。此外,在以往人力必不可缺的决策、监督环节,数据决策也能发挥出速度和准确率优势。通过数据应用赋能,数字技术为实现产业数字化转型提供技术条件,助力现代产业的目标实现。另一方面,数据资产协同企业其他资源共同发挥价值创造功能,将以往单一的供给导向、产品导向转向以客户为中心的产品＋服务方向,利用数据资产引导传统产业向智能化、柔性化生产过程转变。通过数据洞察和技术研发,培育更具个性化、智能化的新商业模式,实现创新发展。通过在产品全生命周期引入数据监测、聚合和分析提高服务附加值,进而推动企业价值链重构。

（3）数字资产改变组织边界。在工业化体系下,企业边界由于资源的独占性和静态性呈现相对确定状态,而在数字化体系下,数据成为企业战略资源,随着劳动、管理等其他资源数据化并进行虚拟聚合,产生大量组合的可能性,因此企业边界变动更加灵活且具备不确定性。新一代信息技术的衍生和更迭形成了大量异质性竞争者,跨界颠覆性创新促使竞争发生根本性变革。当企业自身拥有的数据与其他数据集结合时,数据的价值增加,这一过程也将企业之间的竞争关系转化为合作关系,即行业内和不同行业之间展开的数据分层和合作可以优先获得更多的机会,创造额外的价值来源,增加潜在价值创造机会。数据交互平台企业是一个典型的案例,作为平台应用程序编程接口（API）通常对最终用户不可见,是外部软件开发人员的基本工具,旨在开发可以与平台交互并使用其软件资源的应用程序。开发人员通常可以通过软件开发工具包（software development kit, SDK）进行访问,SDK 是重要的边界资源,通过为开发人员提供一组软件工具、代码示例和指南,促进和简化应用开发过程。当数字平台公司开放或公开 API 时,可以有效地与补充者分享如何将互补创新与平台联系起来的编纂技术指令,而这提高了补充者开发平台兼容创新的能力,也进一步扩展了企业边界。数字接口促进了平台和外部开发人员之间的双向数据交换,也有助于平台和应用程序用户之间的双向数据交换。在持续的反馈循环中,数字服务的用户不仅消费而且生成数据,这些数据又反馈给数字服务的生产者,他们处理数字服务并利用它来改进现有产品及服务。互联网、移动网络和信息交互设备等数字基础设施实现连接和共享数据,将消费行为和数据生成对象（个人和组织）联系在一起,进而使得数据资产（包括软件、数据分析和已获取用户数据）利用非竞争性在多个市场中创造价值,实现了经济范围内对价值进行跨界创造和捕获过程的重构,而数据生成、联通和聚合过程中的互补性有助于降低交易成本,数字资产在这一过程中影响了企业边界和价值流通架构。

第4章 数据资产评估框架

数据资产评估目前仍处于初步阶段,尚未形成标准的、可操作的计算方法与框架。总体上来说数据资产估值可分为三个基本步骤。第一步明确估值对象。企业需要做的是从估值的可行性和准确性角度出发,依据数据产品的基本特征和辅助特征筛选出明确数据、场景和算法的数据产品。第二步设计估值框架、指标和计算方法。实际上不同的数据产品其计算指标和逻辑仍然存在较大的差异,因此,可以综合采用层次分析法和专家打分法等方法进行多维度测算。第三步估值结果确认,涉及管理层、专家、数据生产/管理部门、业务部门等利益相关方。不论是从衡量数据对于业务发展的经济贡献度角度出发,还是从数据收益内部分配、外部交易角度出发,经由利益相关方确认都是很有必要的。本章提出一个将评估要素、评估流程、评估方法、评估模型、评估保障相结合的数据资产评估框架,辅以具体步骤与案例加以剖析,更为详尽易懂。

4.1 框架总述

资产评估属于价值判断的过程,是指使用专业的理论和方法对资产的价值进行定量的估计和判断的过程。现代资产评估业始于18世纪末,随经济社会的发展,评估对象从生活必需品到诸多领域甚至企业,从有形资产到无形资产,资产评估对提高交易质量、降低交易成本起到了积极作用。数据资产是由数据组成的,因此数据资产与数据一样,也具有物理属性、存在属性和信息属性。数据资产的物理属性是指占用物理空间,数据资产的存在属性是指可读取性,不可读取意味着资产不可见,价值就不会实现。数据资产的物理属性和存在属性决定了数据资产的物理存在,是有形的。数据资产的信息属性是其价值所在,但这个价值难以计量,需要通过评估确定,体现了数据资产的无形性特征。因此,数据资产兼有无形资产和有形资产的特征,是一种全新的资产类别。

根据数据资产的评估现状和问题分析,针对数据资产评估面临的系统框架缺乏、方法零散等问题[1],在充分借鉴成熟的资产评估体系、已有的数据资产框架,以及在中国资产评估协会发布的专家指引的基础上[2],构建了一套数据资产评估框架(见图 4-1),主要包括评

---

① 闫珊珊,杨琳,宋俊典. 一种数据资产评估的 CIME 模型设计与实现[J]. 计算机应用与软件,2020,37(9):27-34.

② 中国资产评估协会.资产评估专家指引第 9 号——数据资产评估[EB/OL].(2020-01-09)[2023-04-04].http://www.cas.org.cn/ggl/61936.htm.

估依据、评估流程、评估要素、评估方法、评估安全和评估保障。数据资产评估遵循法律法规、标准规范、权属、取价参考和环境因素等评估依据,通过评估准备、评估执行、出具报告和档案归集等评估流程,在技术、平台和制度保障下,采用数据质量评估方法,选用成本法、收益法、市场法和综合法等数据价值评估方法,实施质量要素、成本要素、应用要素和流通要素等要素的评估,并通过评估机构安全管理、数据安全管理和安全评估机制确保评估安全。

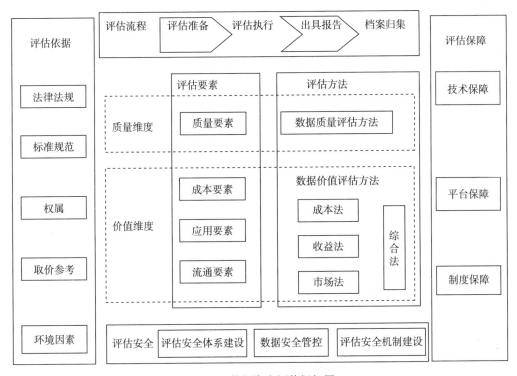

图 4-1　数据资产评估框架图

4.1.1　评估原则

在开展数据资产评估过程中应遵循一定的业务准则,为数据资产评估专业人员在执行资产评估业务过程中的专业判断提供技术依据。在具体的工作中应遵循供求原则、最高最佳原则、替代原则、预期收益原则、贡献原则、评估时点原则和外在性原则等。

(1) 供求原则:供求关系会影响数据资产价值。在数据资产定价时,均衡估值是需求和供给共同作用的结果,尽管数据资产定价随供求变化并不呈固定比例变化,但变化的方向带有规律性。

(2) 最高最佳原则:指法律上允许、技术上可能、经济上可行,经过充分合理论证,使数据资产的价值最大化的一种利用。强调应以最佳用途及利用方式实现其价值。

(3) 替代原则:价格最低的同质数据资产对其他同质数据资产具有替代性。

(4) 预期收益原则:应当基于数据资产对未来收益的预期加以确定。

（5）贡献原则：数据资产在作为资产组合的构成部分的情形下，其价值由对所在资产组合或完整资产整体价值的贡献来衡量。

（6）评估时点原则：确定评估基准日，为数据资产评估提供一个时间基准。此原则是对交易假设和公开市场假设的一个反映，数据资产评估是对随着市场条件变化的动态资产价格的现实静态反映，这种反映越准确，评估结果越合理。

（7）外在性原则：是外部因素对相关权利主体带来自身因素之外的额外收益或损失，从而影响数据资产价值。

4.1.2 评估主体

数据资产评估过程涉及评估人、评估委托人、数据资产持有人、报告使用人等主体，应明确其各自定位和作用。

1. 评估人

可委托评估机构及专业评估人员开展评估，也可组织内部评估。

2. 评估委托人

评估委托人即与评估机构签订委托合同或自行组织评估的民事主体。在现实层面，一般包括如下几类评估委托人：一是评估委托人即数据资产持有人或掌控人；二是为司法审判出具意见的评估，应由法院或法官委托，为当事人诉讼请求提供依据的评估，可以由诉讼举证方委托；三是对于涉及上市公司并购、收购或出让数据资产业务的评估，委托人应该是上市公司，由于上市公司是相关信息披露的义务人，因此一般情况下应该是评估业务委托人，或者由上市公司与其他当事人共同委托。

在评估委托人权利安排方面：一是评估委托人有权自主选择符合资产评估法的（专业）评估机构；二是评估委托人有权要求与相关当事人及评估对象有利害关系的评估专业人员回避；三是当评估委托人对评估报告结论、定价、评估程序等方面有不同意见时，可以要求评估机构解释；四是评估委托人认为评估机构或者评估专业人员违法开展业务的，可以向有关评估行政管理部门或者行业协会投诉、举报，有关评估行政管理部门或者行业协会应当及时调查处理，并答复评估委托人。

在评估委托人义务设定方面：一是应对其提供的权属证明、财务会计信息和其他资料的真实性、完整性和合法性负责；二是不得对评估行为和评估结果进行非法干预；三是在委托评估机构的情况下，应当按照合同约定向评估机构支付费用；四是应按照法律规定和评估报告载明的使用范围使用评估报告。除非法律法规有明确规定，评估委托人未经评估机构许可，不得将数据资产评估报告全部或部分内容披露于任何公开的媒体上。

3. 数据资产持有人

数据资产持有人是指评估对象的产权持有人。其既可能是委托人，也可能不是。目前，《中华人民共和国资产评估法》中没有单独规范数据资产持有人（或被评估单位）权利与义务的相关条款。作为签约主体的数据资产持有人的权利及义务可以在资产评估委托合同中直接约定,对不作为资产评估委托合同签订方的数据资产持有人配合资产评估的要求,一般通过对委托人的协调义务及责任加以实现。

4. 报告使用人

报告使用人是指法律法规明确规定的,或者评估委托合同中约定的有权使用数据资产评估报告或评估结论的当事人。报告使用人有权按照法律规定、数据资产评估委托合同约定和数据资产评估报告载明的适用范围和方式使用评估报告或评估结论。报告使用人未按照法律、法规或资产评估报告载明的使用范围和方式使用评估报告的,评估机构和评估专业人员将不承担责任。

4.1.3 价值类型及驱动因素

价值类型是指数据资产评估结果的价值属性及其表现形式。不同价值类型从不同角度反映数据资产评估价值的属性和特征。不同价值类型所代表的资产评估价值不仅在性质上是不同的,在数量上往往也存在较大差异。价值类型是影响和决定资产评估价值的重要因素。具体而言,一是价值类型在一定程度上决定了评估方法的选择;二是通过明确价值类型,可以更清楚地表达评估结果。价值类型的种类主要包括市场价值、投资价值和在用价值三种类型。

1. 价值类型

(1) 市场价值。市场价值是在适当的市场条件下,自愿买方和自愿卖方在各自理性行事且未受任何强迫的情况下,评估对象在评估基准日进行公平交易的价值估计数额。其中,自愿买方是有购买动机,能够根据现行市场真实状况和市场期望值购买数据资产的主体;自愿卖方是有能力期望在进行必要的市场营销之后,以公开市场所能达到的最高价出售数据资产的主体。市场价值是在公平市场交易中,以货币形式表示的为数据资产所支付的价格。市场价值主要受到交易标的和交易市场两个方面因素的影响,其中,交易标的因素是指不同数据资产预期可获得的收益不同,不同获利能力的数据资产会有不同的市场价值;交易市场因素是指该标的数据资产将要进行交易的市场,不同的市场可能存在不同的供求关系等因素,因而也会对交易标的市场价值产生影响。

(2) 投资价值。投资价值是评估对象对于具有明确投资目标的特定投资者或者某类投资者所具有的价值估计数额,也称为特定投资者价值。投资价值与市场价值相比,除受到交易标的因素和交易市场因素影响外,最为重要的差异是受到市场参与者个别因素的影响,也就是受到交易者个别因素的影响。只有把个别因素作为影响评估对象价值的因素考虑进去(通常也影响到了评估结果)的时候,如投资偏好、合并效应、产业链接等,这样的评估结论才能称为投资价值。

(3) 在用价值。在用价值是评估对象按其正在使用的方式和应用场景,对其服务的企业和组织所产生的经济价值。

影响价值类型的因素主要包括评估目的、市场条件和交易条件、评估对象自身条件(自身功能和使用方式)、与评估假设的相关性因素。其中,评估目的是数据资产评估价值的基础条件之一,能够直接或间接地影响评估过程及其运作条件。评估目的具体包括对评估对象的利用方式和使用状态的宏观约束,以及对数据资产评估市场条件的宏观限定。市场条件和交易条件是资产评估的外部环境,是影响资产评估结果的外部因素。在不同的市场条件下或交易环境中,即使是相同的资产也会有不同的交换价值和评估价值。评估对象自身条件是影响数据资产评估价值的内因,对评估价值具有决定性的影响。不同功能的数据资产会有不同的评估结果,使用方式和利用状态不同的相同资产也会有不同的评估结果。不同类型的资产,单独使用或作为局部资产使用将影响其效用的发挥,也就直接影响其评估价值和价值类型。总之,被评估数据资产的作用方式和作用空间不可以由评估人员随意设定。它是由资产评估的特定目的和评估范围限定的。被评估数据资产自身的功能、属性等也会对其作用方式和作用空间产生影响。

执行数据资产评估业务时,应当在考虑评估目的、市场条件、评估对象自身条件等因素的基础上,选择价值类型。例如,以交易支持、授权许可、企业间的交易与税赋为目的时,一般选择使用数据资产的市场价值;以评估侵权损失为目的时,一般选择使用数据资产的在用价值;以投资和企业并购为目的时,一般选择使用数据资产的投资价值和市场价值。

2. 价值驱动因素

从数据资产的加工过程及不同特性来看,不难发现数据的质量因素与数据的价值息息相关。在数据的整个发展阶段,其对应应用场景的经济性和多维性也在数据资产价值中起着至关重要的作用。同时,法律和道德因素也是数据资产是否存在价值的根本因素。

(1) 风险因素。

① 法律风险。合法合规是数据资产使用的基本前提,企业正面临日趋严苛的数据合规监管,一旦违法,企业的数据资产价值可能清零。合规合法则将为数据资产价值保驾护航。

② 道德风险。数据资产的使用还将面对舆论的监督,不合理的运作方式可能会引来舆论的谴责,丧失客户关系。

③ 其他风险。例如硬件风险、宏观经济风险、政治风险等。

(2) 数据质量。准确性和唯一性主要取决于数据的来源。真实准确不重复的数据必将能够转化为稳健可靠的商业化成果,提升数据资产的价值。完整性包括数据充分、完整、可持续利用程度高,可大大减少企业补充遗漏数据及后续年度循环重复使用的成本。时效性指及时获取高时效数据,对于企业各方面的运营都至关重要。

(3) 数据发展阶段。在初级阶段,数据资产仅仅为原始未加工数据的形式,尚未有具体匹配的商业化场景,价值可能仅限于其开发成本。经过一定的加工,数据资产在初步找寻到适用的商业化场景后,具有了一定的盈利模式,其价值显著增加,但仍存在不确定性。最终,经过多次尝试,数据资产的商业化场景确定,多数的不确定性消除,数据资产价值显著增加实现最大化。

(4) 应用场景。是否存在明确可界定的商业化应用场景决定了数据资产是否具有价值。在不同的商业场景下,数据资产也将发挥不同的作用,实现不同的价值。随着数字技术的发展,数据资产所适用的场景越多维,场景之间的兼容性越高,数据资产的价值越高。[①]

4.1.4　评估假设

数据资产评估假设是依据现有知识和有限事实,通过逻辑推理,对数据资产评估所依托的事实或前提条件做出的合乎情理的推断或假定。数据资产评估假设也是数据资产评估结论成立的前提条件。在评估过程中可以起到化繁为简和提高评估工作效率的作用。

数据资产评估假设的选择和应用应具有合理性、针对性和相关性。其中,合理性要求评估假设建立在一定依据、合理推断、逻辑推理的前提下,设定的假设存在发生的可能性,假设不可能发生的情形是不合理的假设。针对性要求评估假设应该针对某些特定问题,这些特定问题具有不确定性,评估人员可能无法合理计量这种不确定性,需要通过假设忽略其对评估的影响。相关性要求评估假设与评估项目实际情况相关,与评估结论形成过程相关。常见的评估假设有交易假设、公开市场假设、最佳使用假设、现状利用假设及其他假设等。

1. 交易假设

交易假设假定所有待评估数据资产已经处在交易过程中,评估师根据待评估数据资产的交易条件等模拟市场进行估价。交易假设一方面为资产评估得以进行创造了条件;另一方面它明确限定了资产评估的外部环境,即资产是被置于市场交易之中的,资产评估不能脱离市场条件而孤立地进行。

2. 公开市场假设

公开市场假设假定数据资产可以在充分竞争的市场上自由买卖,其价格高低取决于一定市场的供给状况下独立的买卖双方对数据资产的价值判断。公开市场假设旨在说明一种充分竞争的市场环境,在这种环境下,数据资产的交换价值受市场机制的制约并由市场行情决定。

3. 最佳使用假设

最佳使用假设是指一项数据资产在法律上允许、技术上可能、经济上可行,经过充分合理的论证,能使该项数据资产实现其最高价值的使用。

4. 现状利用假设

现状利用假设是指按照一项数据资产目前的利用状态及利用方式对其价值进行评估。当然,现状利用方式可能不是最佳使用方式。

[①]　普华永道.数据资产化前瞻性研究白皮书[R/OL].(2021-11-05)[2023-05-11].https://www.pwccn.com/zh/research-and-insights/white-paper-on-prospective-study-of-data-capitalisation-nov2021.html.

5. 其他假设

（1）持续使用假设。被评估的资产正处在使用状态，并假设这些处于使用状态的资产还将继续使用下去。

（2）被评估单位所处行业的法律法规和政策在预测期内无重大变化。

（3）社会经济环境在预测期内无重大变化。

（4）国家现行银行利率、外汇汇率的变动保持在合理范围内。

（5）被评估企业的经营模式、盈利模式没有重大变化。

（6）被评估单位提供的与评估相关的财务报表、会计凭证、资料清单及其他有关资料真实、完整。

（7）被评估单位的会计政策和核算方法在评估基准日后没有重大变化。

4.1.5　评估基准日与报告日

1. 评估基准日

数据资产评估基准日是数据资产评估结论对应的时间基准，评估委托人需要选择一个恰当的资产时点价值，有效地服务于评估目的。评估机构接受客户的评估委托之后，需要了解委托人，根据其评估目的及相关经济行为的需要确定评估时点，也就是委托人需要评估机构评估在什么时点上的价值，该时点就是评估基准日。数据资产评估基准日用以明确评估结论所对应的时点概念。

在评估基准日的选择与评估报告中引用其他报告基准日的匹配问题上，一是引用审计报告时，审计的截止日必须与评估基准日保持一致；二是引用其他评估机构出具的单项资产评估报告的结论时，应参照《资产评估执业准则——利用专家工作及相关报告》规定[①]，"资产评估专业人员应当关注拟引用单项资产评估报告的性质、评估目的、评估基准日、评估对象、评估依据、参数选取、假设前提、使用限制等是否满足资产评估报告的引用要求；不满足资产评估报告引用要求的，不得引用。"当数据资产评估报告需要引用其他专业报告的结论或数据时，评估专业人员应该与委托人充分沟通，必要时还应该在评估委托合同中明确约定引用方式及引用责任。

2. 评估报告日

数据资产评估报告日通常为评估结论形成的日期。如果被评估资产在评估基准日到评估报告日之间发生了重大变化，评估机构负有了解和披露这些变化及可能对评估结论产生影响的义务。评估报告日之后，评估机构不再负有对被评估数据资产重大变化进行了解和披露的义务。如果出现评估基准日之后的期后事项，首先评估机构和评估人员需要采用适当的方式对评估人员撤离评估现场后至评估报告日之间被评估数据资产所发生的相关

---

① 中国资产评估协会.资产评估执业准则——利用专家工作及相关报告[EB/OL].（2017-09-13）[2023-05-04]. http://www.cas.org.cn/fgzd/pgzc/55886.htm.

事项及市场条件发生的变化进行了解,并分析判断该事项和变化的重要性,对于较重大的事项应该在评估报告中进行披露,并提醒报告使用者注意该期后事项对评估结论可能产生的影响。如果期后发生的事项非常重大,足以对评估结论产生颠覆性影响,评估机构应当要求评估委托人更改评估基准日重新评估。

4.2 评估依据与评估要素

4.2.1 评估依据

1. 法律法规

法律法规包括数据资产相关的法律法规、资产评估相关的法律法规以及数据安全相关的法律法规。

2. 标准规范

标准规范包括数据资产管理、质量评价和价值评估等方面的标准规范以及数据资产评估的基本准则、规范指南、指导意见和技术指引等。

3. 权属

权属包括数据资产的所有权法律文件或同等效力证明资料以及数据资产的许可使用权法律文件或同等效力证明资料等。

4. 取价参考

取价参考包括委托方提供的有关数据资产成本、收益和交易历史等资料、金融机构的利率、汇率,股市价格指数等资料、专业机构发布的公共数据库文献资料以及评估组织和人员收集的市场询价和勘察记录等资料。

5. 环境因素

环境因素应考虑行业及地域特点以及风险因素,包括管理风险、流通风险、数据安全风险、权属风险和敏感性风险等。

4.2.2 评估要素

数据资产评估框架的设计,吸收借鉴了传统资产评估和无形资产评估的方法论体系,但有待结合数据的特性进行完善和优化,以更具备数据资产评估的场景适应性和目标实现性。因此,数据资产评估框架从梳理影响评估的关键因素出发,将评估要素的维度归纳为质量和价值两个维度,质量维度即数据质量要素,价值维度包括成本要素、流通要素和应用要素。评估要素从规划框架、评估内容、评估指标和备选参数等维度为评估方法的设计提供思路和依据。

1. 质量要素

质量要素是指数据资产在特定业务环境下符合和满足数据应用的程度。一般而言质量要素评价维度包括准确性、一致性、完整性、规范性、时效性和可访问性等。准确性是指数据资产和真实事物及事件之间的接近程度;一致性是指不同数据集之间描述同一个事物的相同程度;完整性是指数据资产应采集和实际采集到数据之间的比例;规范性是指数据资产符合国家或者行业数据标准的程度;时效性是指数据资产从产生到被应用之间的实际时长;可访问性是指数据资产可以被数据消费者清晰辨认并加以使用的便利程度。

质量要素的评估模型和测度方法可参考 GB/T 36344—2018、GB/T 25000.12—2017和 GB/T 25000.24—2017 等国家标准的规定。

2. 成本要素

成本要素是指数据资产从产生到评估基准日所发生的总成本,主要包括规划成本、建设成本、维护成本和其他成本等。

(1) 规划成本。规划成本是指数据生存周期整体规划所投入的整体成本,包含数据生存周期整体规划所投入的人员薪资及相关资源费用(人天工资/部门预算支出/规划项目费用)。

(2) 建设成本。建设成本是指在数据采集、数据存储、数据开发、数据应用等方面投入的成本。

① 数据采集费用:包括主动获取费用和被动获取费用两种方式。主动获取费用即向数据持有人购买数据的价款、注册费、手续费、服务费等,通过其他渠道获取数据时发生的市场调查、访谈、实验观察等费用,以及在数据采集阶段发生的人工工资、打印费、网络费等相关费用。被动获取费用即企业生产经营中获得的数据、相关部门开放并经确认的数据、企业相互合作共享的数据等所需要的费用,以及开发采集程序等相关费用。

② 数据存储费用:存储库的构建、优化等费用。

③ 数据开发费用:信息资源整理、清洗、挖掘、分析、重构和预评估等费用;知识提取、转化及检验评估费用;算法、模型和数据等开发费用。

④ 数据应用费用:开发、封装并提供数据应用和服务等产生的费用。

(3) 维护成本。维护成本是指数据维护投入的成本,包括:

① 数据质量评价费用,包括识别问题和敏感数据等费用。

② 数据优化费用,包括数据修正、补全、标注、更新、脱敏等费用。

③ 数据备份、数据冗余、数据迁移、应急处置等费用。

(4) 其他成本,包括与数据资产相关的软硬件采购或研发及维护费用、机房、场地等建设或租赁及维护费用以及水电、办公等分摊费用。

3. 流通要素

流通要素是指数据资产价值在市场流通过程中受到供求关系和历史交易情况影响。供求关系指稀缺性和市场规模,供求关系的变化影响数据的价格波动;历史交易情况是指数据集所在行业交易时点的居民消费价格指数,会影响数据资产的价值走向。

4. 应用要素

应用要素是指数据资产在使用过程中对数据价值产生影响的要素,包括使用范围、使用场景、预期收益、预期寿命、折现率和应用风险。

(1) 使用范围。数据资产的使用范围可以按照行业、领域、区域进行区分,包括数据可应用的行业;数据可应用的领域、应用场景等及数据可应用的区域,如行政区划等。

(2) 使用场景。使用场景是指使用方式、开放程度、使用频率、更新周期等,同样的数据在不同使用场景下的价值也会不同。

(3) 预期收益。预期收益是指数据在使用过程中产生的经济价值和社会价值,其中经济价值又分为直接经济价值和间接经济价值,社会价值是指通过数据服务于社会和组织进而创造的社会效益,数据的应用对社会、环境、公民等带来的积极作用和综合效益,对就业、增加经济财政收入、提高生活水平、改善环境等社会福利方面所作贡献的总称。社会价值可用于衡量使用范围为暂不允许获取经济收益的行业和领域的数据资产价值,如政务数据、公共数据、科研数据等。

(4) 预期寿命。预期寿命应综合考虑自然收益期和合规收益期。

① 自然收益期:在无任何风险和合规期限要求的假设下,待评估数据资产还能产生价值的剩余时间。

② 合规收益期:存在合规期限要求下,待评估数据资产还能产生价值的剩余时间。

(5) 折现率。折现率应综合考虑无风险收益率和风险收益率。

① 无风险收益率:把资金投资于没有任何风险的数据资产所能得到的收益率。一般会把这一收益率作为基本收益,再考虑可能出现的各种风险。

② 风险收益率:由拥有或控制数据资产的组织承担风险而额外要求的风险补偿率。

(6) 应用风险。应用风险包括管理风险、流通风险、数据安全风险、权属风险、敏感性风险和监管风险等。

① 管理风险:在数据应用过程中,因管理运作中信息不对称、管理不善、判断失误等影响应用的水平。

② 流通风险:数据开放共享、交换和交易等流通过程中的风险。

③ 数据安全风险:数据泄露、被篡改和损毁等风险。

④ 权属风险:因数据权属的不确定性对应用和价值发挥造成影响。

⑤ 敏感性风险:数据若使用不当而产生的损害国家安全、泄露商业秘密、侵犯个人隐私等风险。

⑥ 监管风险:法律法规、政策文件、行业监管等新发布或变更对应用产生的影响。

4.3 评 估 流 程

为规范数据资产评估机构及数据资产评估专业人员履行资产评估程序行为,保护资产评估当事人合法权益和公共利益,评估程序应关注流程设计、流程任务和流程管理等环节。通过流程设计明确评估工作包含的步骤,通过流程任务明确相关方在各步骤中的责、权、利,通过计划、组织、领导、控制等流程管理活动对流程进行整体监控,保障评估的顺利开展。

数据资产评估流程包括评估准备、评估执行、出具报告、档案归集等步骤。

4.3.1 评估准备

1. 明确业务基本事项

数据资产评估机构受理资产评估业务前,应明确评估业务基本事项,综合分析和评价自身专业能力、独立性和业务风险,从而决策评估开展与否。总体上来说,受理数据资产评估业务应满足专业能力、独立性和业务风险控制要求,否则不得受理。

2. 项目背景调查及订立业务委托合同

为对质量和价值评估所需工作量进行判断,并规范数据资产评估委托合同的订立、履行等行为,数据资产评估机构受理评估业务应与委托人依法订立资产评估委托合同,约定双方权利、义务、违约责任和争议解决等内容。应满足的具体要求如下。

(1)收集对质量和价值评估工作量进行判断所需要的基本信息。

(2)订立数据资产评估委托合同时未明确的内容,资产评估委托合同当事人可采取订立补充合同或法律允许的其他形式做出后续约定。

3. 编制评估计划

数据资产评估计划涵盖业务开展主要过程、时间进度、人员安排等主要内容。数据资产评估专业人员应根据资产评估业务具体情况编制资产评估计划,合理确定计划的繁简程度。

数据资产评估计划应主要包括以下内容。

(1)数据资产评估目的及相关管理部门对评估开展过程中的管理规定。

(2)评估业务风险、评估项目的规模和复杂程度。

(3)评估对象及其评估要素。

(4)评估项目所涉及数据资产的结构、类别、数量及分布状况。

(5)委托人及相关当事人的配合程度。

(6)相关资料收集状况。

（7）委托人、数据资产持有人（或被评估单位）过去委托资产评估的情况、诚信状况及其提供资料的可靠性、完整性和相关性。

（8）评估专业人员的专业能力、经验及人员配备情况。

（9）与其他中介机构的合作、配合情况等。

在评估工作推进过程中，由于前期资料收集不齐全、现场调查受到限制或委托人提供资料不真实，工作推进后发现需要进一步补充资料和增加现场工作时间，从而造成未能按计划完成进度，或在业务推进过程中发现未预料到的数据资产类型或者业务形态，导致原计划的评估技术思路无法满足需要，又或由于委托人经济行为涉及的评估对象、评估范围、评估基准日发生变化而导致的评估计划不能如期推进的，应尽快与委托人、其他相关当事人进行沟通、调整计划。调整计划要兼顾评估效率和工作质量的原则，充分利用已有的工作成果，评估计划调整可以使成本降低到最低水平。

4.3.2　评估执行

1. 进行评估现场勘察

进行评估现场勘察是指通过评估现场调查获取数据资产评估业务需要的资料，了解评估对象现状。应满足的具体要求如下。

（1）数据资产评估机构及其数据资产评估专业人员可根据需要进行实地勘察及在线评估勘察。

（2）现场调查手段包括询问、访谈、核对、监盘、勘察等。

（3）现场调查方式包括逐项调查、抽样调查，根据重要性原则进行选择。

2. 收集整理评估资料

收集整理评估资料是指数据资产评估专业人员根据资产评估业务具体情况收集数据资产评估资料，梳理数据资产的综合信息，为评定估算提供全面的信息支持。应满足的具体要求如下。

（1）应收集的资料包括委托人或其他相关当事人提供的涉及评估对象和评估范围等资料，以及从政府部门、各类专业机构和市场等渠道获取的其他资料。

（2）应要求委托人或其他相关当事人提供涉及评估对象和评估范围的必要资料并进行确认，确认方式包括签字、盖章和法律允许的其他方式，保证资料真实、完整、合法。

（3）应依法对评估活动中使用的资料进行核查验证，方法包括观察、询问、书面审查、实地调查、查询、函证、复核等。

（4）超出自身专业能力范畴的核查验证事项，应委托或要求委托人委托其他专业机构出具意见。

（5）因法律法规规定、客观条件限制无法实施核查验证的事项，应在工作底稿中予以说明，分析其对评估结论的影响程度并在评估报告中予以披露。如对评估结论产生重大影响，不得出具资产评估报告。

3. 确定评估方法

确定评估方法是指依据具体评估项目的目的、评估对象特征、选用价值类型、结合评估资料的可获得性、法律法规及评估规范的具体要求,确定适当的评估方法。

当满足不同评估方法的条件时,数据资产评估专业人员应当选择两种或者两种以上的评估方法,通过综合分析形成合理评估结论。

4. 评估测算及结果分析

评估测算及结果分析是指依据选用的评估方法,汇总整理分析评估资料,对评估结果进行测算,分析评估结果的合理性。应满足的具体要求如下。

(1) 应保证测算过程正确。

(2) 测算前后逻辑保持一致。

5. 内部审核确认

内部审核确认是指按照评估机构的质量控制制度,对评估报告进行审核确认。应满足的具体要求如下。

(1) 参与审核的人员具备相应的知识和技能。

(2) 涉及实质专业技术问题时要与项目技术人员沟通一致,必要时需要修改评估报告。

(3) 对评估报告的审核应注重审核的内容及效果,具体审核的内容主要包括:①评估程序履行情况;②评估资料完整性、客观性、适时性,评估方法、评估技术思路合理性;③评估目的、价值类型、评估假设、评估参数及评估结论在性质和逻辑上的一致性;④评估计算公式及计算过程的正确性及技术参数选取的合理性;⑤采用多种方法进行评估时,需审查各种评估方法所依据的假设前提、数据、参数可比性;⑥最终评估结论合理性;⑦评估报告合规性。

4.3.3 出具报告

1. 与被评估方交换意见

将评估报告初稿呈交委托方提出意见。对委托方提出意见的确认,应在不影响评估结论的情况下进行独立判断。

2. 出具评估报告

数据资产评估机构及其数据资产评估专业人员应就与委托方交换意见修改报告并重新履行内部审核程序,出具评估报告,并告知委托人或其他的评估报告使用人合理应用评估报告。应满足的具体要求如下。

(1) 在编制数据资产评估报告时,不得违法披露数据资产涉及的国家安全、商业秘密、个人隐私等数据。

（2）未经委托人书面许可，不得将数据资产评估报告的内容向第三方提供或者公开，报告内容不得被摘抄、引用或者披露于公开媒体，法律、行政法规规定及相关当事人另有约定的除外。

（3）应告知委托人或其他的评估报告使用人，按照法律、行政法规规定和资产评估报告载明的使用目的及用途使用数据资产评估报告。

（4）应明确评估结论的使用有效期。通常，只有当评估基准日与经济行为实现日相距不超过一年时，才可以使用数据资产评估报告。

4.3.4 档案归集

数据资产评估机构应对工作底稿、数据资产评估报告和其他相关资料进行整理，形成评估档案。

数据资产评估机构及其数据资产评估专业人员应满足的具体要求如下。

（1）按照法律、行政法规等相关规定，建立健全评估档案管理制度，严格执行保密制度，妥善、统一管理数据资产评估档案，保证评估档案安全和持续使用。

（2）记录评估程序履行情况，形成工作底稿。

（3）在资产评估报告日后一定时期（如 90 日）内将工作底稿、评估报告及其他相关资料归集形成评估档案，并在归档目录中注明文档介质形式。重大或者特殊项目的归档时限为评估结论使用有效期届满后 30 日内。

（4）工作底稿应真实完整、重点突出、记录清晰，反映资产评估程序实施情况、支持评估结论。

（5）不得对在法定保存期内的资产评估档案非法删改或者销毁。

4.4 评 估 安 全

下面从评估安全体系建设、数据安全管控和评估安全机制建设三个方面细化评估要求要点。

4.4.1 评估安全体系建设

数据资产评估安全体系面向资产评估申请、资产评估执行、资产归档与销毁等过程制定制度与规范，确保流程、操作的规范性和安全性，包括数据资产评估权限体系、数据资产评估审核审批体系、数据资产评估执行控制体系及数据资产评估监控体系。

1. 数据资产评估权限体系

数据资产评估权限体系针对评估任务申请方、评估任务勘察组织、评估任务认定组织、评估任务审批组织及评估任务执行等不同团队的权限体系,规范各团队、成员可接触、访问的数据资产任务及数据资产范围。

2. 数据资产评估审核审批体系

数据资产评估审核审批体系针对不同特性的数据资产评估任务,制定多条线的审核审批流程及流程执行规范,根据数据资产的行业性、评估需求差异、体量差异和勘察结果,执行相应的审核审批流程。

3. 数据资产评估执行控制体系

数据资产评估执行控制体系针对数据资产评估任务执行过程制定机制与规范,通过对访问权限、数据沙箱、安全策略、操作规范等方面的约束,确保评估任务执行的规范化和安全性。

4. 数据资产评估监控体系

数据资产评估监控体系针对资产评估的申请、勘察、审核、执行过程制定的多层次监控指标及规范,确保数据资产评估全流程的可控、可查、可追溯。

4.4.2　数据安全管控

随着企业业务的迅速扩展,企业的重要数据日积月累逐步庞大,如业务系统管理着大量客户信息、生产数据、运营数据。为保障数据资产评估过程中的数据安全,应对业务相关的敏感数据进行安全管理,确保数据的安全性。

1. 敏感数据识别管理

通过两种方式识别数据资产中的敏感数据:一是利用爬虫技术分析数据库、文件夹、文件中的数据,分析其中的敏感数据匹配度,以得到敏感数据资产;二是利用日志和流量分析技术,分析应用前台访问日志,进而识别敏感数据[1]。

2. 敏感数据模糊化处理

在数据资产评估过程中,按照模糊化规则对敏感信息数据的展现进行模糊化处理,确保低权限账号无法直接查看模糊化前的原始信息。就每个模糊化规则的设定来说,其主要过程包含敏感数据要素分解、关键位置标注及模糊规则定义等内容。

3. 敏感数据资产评估监控

正常数据资产评估监控主要包括前台敏感数据资产评估异常监控、后台敏感数据访问

---

[1]　胡能鹏,黄坤豪,郑磊.基于4A平台的数据安全管控体系的设计与实现[J].网络安全和信息化,2018(12):104-106.

异常监控等。监控方式主要采取阈值比对方法,将指定周期内对查询和导出等敏感数据访问操作行为的访问量与阈值进行比对,发现超出阈值的访问情况。

4. 敏感数据绕行监控

敏感数据绕行监控主要包括前台敏感数据绕行监控、后台敏感数据绕行监控等。

5. 敏感数据审计管理

审计系统对敏感数据访问日志进行采集,并通过相关字段进行关联定位自然人身份及泄露源,以便能够根据泄露内容对泄露事件进行溯源。

6. 敏感数据文件夹管控

评估人员维护敏感数据资源文件可通过单点登录管控文件夹的方式直接操作敏感数据源文件,达到敏感数据专人管理,不能随意修改、复制的目的。

数据安全管控的技术手段要求如下。

(1) 宜使用数据标记水印技术,实现在各种应用场景下的数据验证、数据权属等认定功能。

(2) 宜使用敏感数据脱敏技术,实现敏感数据自动分析与机器学习,具有敏感数据定义知识库、内置敏感数据检测与脱敏引擎、敏感信息分布管理与加密保护等功能。

(3) 宜使用区块链交易系统,实现业务安全、数据资产化、交易公证、数据流通管控策略等功能。

(4) 宜使用数据防护和数据回收技术,实现平台数据安全防护和数据安全回收。

 案例

大型国有银行数据的安全管控

金融行业一直走在信息化道路的第一线,各项业务与信息系统结合颇深,同时又较早实现了数据集中化管理,数据交互、调用类场景发生频繁。业务的多样化、服务的开放化等也使得应用越来越复杂,这也将导致出现技术脆弱性或者业务安全隐患的概率增大。尤其是由于金融数据的高价值、易变现等特性,数据安全问题尤为突出。

中国人民银行某支行作为区域中心银行,在数据的存储、访问管理、威胁防范上,有不可推卸的责任,保障数据的安全性、可用性和机密性是区域中心银行的应尽职责。

该银行后台数据库中储存着大量例如资金信息、国库信息等敏感数据,一旦发生数据泄露和损坏,不仅会造成银行直接经济损失,更重要的是将大幅影响当地金融稳定,破坏金融服务。如何保证生产数据安全已经成为必须面对的一个重要问题。

根据实际调研,该银行在数据安全上面临着以下问题。

(1) 数据库信息价值不断提升,数据库面对来自外部的安全风险大大增加,需要强有力的入侵防护手段阻断威胁。

(2) 内部存在违规越权操作等风险,事后却无法有效追溯和审计,需要采取严格的登录管理和访问控制措施,并能对所有行为留痕,完成事后审计。

(3)国家等级保护相关标准中要求等级保护在二级以上信息系统中的网络层面、主机层面和应用层面均进行安全审计和安全控制,同时也明确要求了审计和控制的范围、内容等,粒度要求到用户级、数据表、字段级。

(4)信息安全方面的标准或最佳实践要求对用户行为、系统、数据操作行为进行控制和审计。

针对上述实际需求,该银行经过考察,采用美创敏感数据安全防护系统,将系统部署在数据库前端,接管所有进出数据库的流量,实现数据库登录管理、数据库访问管理、对访问行为的有效响应以及入侵防护。通过部署美创敏感数据安全防护系统,可以实现以下功能。

(1)面对外部威胁,能够实现强有力的阻断。

① 假冒应用识别和拦截,防止非法人员利用假冒应用登录数据库、窃取数据。

② 虚拟补丁库,升级补丁无须下线服务器,种类和数量覆盖所有已公开漏洞。

③ SQL 注入防御,SQL 黑名单阻断防御,SQL 白名单优先放行,"黑+白"模式有效阻断防御外部注入攻击。

④ 业务 SQL 自动学习,应用端 SQL 合法语句自动加白,减轻配优人力成本。

(2)面对内部越权,实现准而精访问控制效果。

① 敏感数据分类分级,梳理重要数据,针对不同敏感度数据采取不同控制手段。

② 严格的登录管理,多要素身份管理实现精确准入,免密功能避免密码泄露,终端锁定防止密码爆破,软证书发放使登录过程无法抵赖。

③ 精确的访问控制,特权用户访问控制,敏感数据集合授权访问,高危行为的授权执行,执行过程的工单管理,保证所有数据库访问行为都合法执行,有据可查。

④ 访问行为的有效响应,针对运维对象的返回数据脱敏,审计结果的高级快速搜索,事件自动回溯分析,多种安全告警方式的组合订阅,多样安全报表组合输出。

目前,类似于美创这类软件开发和技术服务的科技公司已为银行、证券、保险、基金等各类金融客户提供产品服务。未来,它们将继续以专业的数据安全能力,护航金融数字化的变革,探索智慧金融的未来。

资料来源:美创资讯,https://author.baidu.com/home/1704355924923473.

4.4.3 评估安全机制建设

建立评估安全机制的具体要求如下。

(1)应遵循"谁主管、谁负责"的原则,分级管理、明确职责、各司其职。

(2)应明确评估管理方针,宜采用"预防为主,管理从严"的方针。

(3)应明确管理部门职责,包括制定安全评估机制、开展安全评估教育、落实安全评估措施、督查安全评估工作、发现隐患协调整改。

(4)应建立安全保密教育机制,落实组织、协调对评估安全等相关方面的宣传和教育活动。

(5) 应建立保密安全机制,加强评估人员管理,确保评估中接触的涉密测试数据、分析结论、阶段性成果和各种技术文件、设备得到严格管控,任何人不得擅自对外提供资料。

4.5　评　估　保　障

4.5.1　技术保障

当前,资产评估行业内存在信息、数据来源途径多样,缺乏统一标准的问题,随着信息化技术飞速发展,资产评估与信息化技术的联系越发紧密,对于数据资产评估更是建立在信息化技术的发展基础之上的,数据资产评估强有力的技术工具就是建立统一、专业的信息标准体系,构建专业数据库和信息系统,突破时间、地域限制,规范数据资产评估的信息获取、方法选择、参数修正等标准,并能整合行业内的数据资产评估信息资源,为数据资产评估具体工作提供方便、可靠的评估参考依据。

数据库建设就是为数据资产评估提供科学的信息判断,在其他资产评估中已经形成了如机电产品价格信息数据库、法律法规数据库等基础数据库,而数据资产本身具有数据化信息属性,在进行数据资产评估时数据库建设具有一定的优势。数据资产评估信息化系统就是利用数据库、信息处理、区块链等高新信息技术,结合数据资产评估方法,能够有效收集、处理及分析数据资产评估的数据,并能通过信息系统实现管理部门的有效监管职能。

随着云计算、移动互联网、物联网等新一代信息技术的创新和应用普及与社会信息化程度不断加深,各种统计数据、交互数据、传感数据等迅速被生成。据统计,互联网上的数据量每年增长 50% 以上,这也是近年来数据资产评估发展的现实条件和基础。所以,对于数据资产评估来说,传统的资产评估技术和工具已无法满足数据资产评估的需要,必须进行数据资产评估技术方法的革新及加入更高水平的信息化处理工具,才能使数据资产评估效率和水平得到提升。

1. 数据资产评估核心技术

(1) 算法模型。数据资产评估体系集成并提供多类数据资产评估算法,涵盖常见和基础的数据资产评估模型和算法,服务于数据资产评估应用,如基于重置成本的动态博弈法、基于回归算法的市场价值法、基于数据知识图谱的智能关联分析法等。通过适宜的数据资产评估模型对影响数据资产价值的主要因素进行量化处理,最终得到合理的评估值。

(2) 区块链。利用区块链技术对数据的来源、类别进行监测和分析,采用水印标记技术确定数据资产权属关系。建立数据资产安全防护系统,保证数据在收发、处理和评估的过程中,不受数据泄露、数据遗失、数据篡改等风险威胁,保证数据在可信、可监控的范围内进行评估,保证数据在安全的链上进行评估。通过引入数据标记与追踪、区块链与智能合约、加密与防复制、使用环境监测技术,确认数据资产评估报告的唯一性。

(3) 知识图谱。知识图谱本质上是语义网络,是一种基于图的数据结构,由节点

(point)和边(edge)组成。在知识图谱里,每个节点表示现实世界中存在的"实体",每条边为实体与实体之间的"关系"①。知识图谱是关系的最有效的表示,是把所有不同种类的信息(heterogeneous information)连接在一起而得到的一个关系网络。知识图谱系统的主要目的就是帮助用户从繁杂的文本、数字等信息中获取相关知识,自动化、智能化地构造与业务相关的各类概念、实体组成的知识网络。知识图谱作为一个相对较新的领域,通过业务数据的关联及全局校验等管理能力,在提高数据质量和数据服务效率方面价值巨大。同时,知识图谱通过业务知识的沉淀、表示、推理等能力,以更合乎人的交流习惯的语义查询方式实现数据智能化服务。知识图谱系统功能包括实体抽取、关系抽取、知识图谱存储、知识表达与推理等。

(4)自然语言处理。自然语言处理引擎对数据资产中的文本数据进行词嵌入处理,获取文本的向量特征,用于后续基于文本向量的计算和建模。自然语言处理引擎融合无监督分词、文章特征提取、权重计算、文本相似度计算、词语共现、观点提取、模式提取、语义消歧等技术,对文本深层语义进行处理和理解,从更精细的粒度来解析文本含义,提高数据资产的价值。

通过对海量评价数据的自动处理与分析,可得到翔实、可靠的评估打分、正/负面情感倾向。此过程中包含两项关键技术:一是直接针对评估文本的自然语言处理技术,如情感分析技术等;二是针对体现评估效果的数据(如点击率、打分分值)的数据挖掘技术。数据服务层提供自动评估处理服务接口,用户可以接入并对众包的评估数据进行自动处理,快速生成业务和服务的智能评估。

(5)机器学习。机器学习用于解决数据资产市场价值回归分析、数据集聚类及分类、数据集相关性评估等业务问题。机器学习对于各类业务数据中的数据特性,如维度、数量、分布等,选择适当的机器学习模型,更好地满足数据资产评估过程中涉及的查询、推荐、评估和辅助决策需求。

(6)其他人工智能应用。

① 对非结构化数据的采集和关键信息的提取。非结构化数据由于没有固定的数据范式,可从几个已知的属性来构建对标的物的描述,形成对标的物结构化的描述。随着自然语言处理、深度学习等人工智能技术的发展与成熟,目前有更多的工具和方法用来处理非结构化数据。

文本数据:如果某个特征可以获取的所有值是有限的(比如性别只有男女两种),就可以非常容易地转化为数值类数据。其他文本类数据可借助自然语言处理相关技术进行获取。

图片数据:目前的深度学习技术相对成熟,包括图片的分类、图片的特征提取等,精度已达到产品可用的成熟度。

音频数据:可通过语音识别转换为文字,最终归结为文本数据的处理。

视频数据:可通过抽帧转换为图片数据来处理。

② 维护元数据,帮助实现元数据的整合。在元数据的迁移和整合过程中,管理好元数

---

① 周丽娜,马志强. 基于知识图谱的网络信息体系智能参考架构设计[J]. 中国电子科学研究院学报,2018,13(4):378-383.

据的质量也至关重要。人工智能在元数据质量维护的过程中不是一个"管理者"的角色,而是一个轻量又关键的"技术者"的角色,它将消除在元数据存储或数据字典中重复、不一致的元数据,并通过元数据质量规则设定,提出可靠的质疑阈值。

元数据的整合是在组织范围或在组织外部,采集相关的技术元数据和业务元数据,并将其存储进元数据存储库的过程。此过程在定义存储方式和跟踪机制的基础上,若能通过自动化方式实现将节约更多的人力成本,人工智能在自动化过程中承担关键节点和优化节点的作用,可以解决诸如质量控制和语义筛选方面的问题。

③ 定义数据质量评估规则,提取数据质量评估维度。数据质量改善贯穿整个数据生命周期的工作过程,从数据源头剔除有问题数据难度较大,其一是因为数据源众多且难以控制数据源的数据质量;其二是因为直接从数据源头达标付出的成本过大。因此,根据业务期望值,应针对性地提升各个业务线上数据流的数据质量。机器学习(如分类学习、函数学习、回归)将通过提取有效的数据质量评估指标,最大化地实现该指标下的数据质量的提升。同时,监督学习和深度学习也将实现对数据清洗和数据质量的效果评估,改善转换规则和数据质量评估维度,并随着数据量和业务期望值的逐渐变化,使数据质量提升方案动态更新。

2. 数据资产评估相关技术

(1)基于数据目录和血缘追溯的数据资产管理技术。在数据资产交易的过程中,数据资产会被重复使用,分析结果也会被再利用。当某个数据资产发生变化(如失效、禁用、权限变更、隐私泄露等)时,会涉及一系列的查找和追溯问题,通过交易日志追溯是一个复杂和漫长的过程,且识别困难、容易发生遗漏。而通过研发数据资产目录构建、数据资产交易指纹、数据资产血缘图谱等关键技术,可提供一种快速便捷、无遗漏的数据管理与追踪方式,实现对数据资产交易的管理。

(2)可配置的数据质量修复融合技术。针对单一指标的质量修复方法难以解决数据交易及交易过程中数据来源多样化和应用需求多元化的问题,通过研究可配置的数据质量修复融合方法,在数据质量评估结果的基础上,统一定义数据质量修复策略,针对不同的质量问题,可自适应、动态组合多种质量修复方法,对数据质量进行综合修复。

(3)数据脱敏技术。数据脱敏是对各类数据所包含的自然人身份标识、用户基本资料等敏感信息进行模糊化、加扰、加密或转换后(如对身份证号码进行不可逆置换,但仍保持相应格式)形成的无法识别、推算演绎(含逆向推算、枚举推算等)。关联分析不出原始用户身份标识等的新数据,这样就可以在数据资产评估环境中安全地使用脱敏后的真实数据集。借助数据脱敏技术,屏蔽敏感信息,并使屏蔽的信息保留其原始数据格式和属性,以确保应用程序在使用脱敏数据的过程中是安全的。

数据脱敏方式包括可恢复与不可恢复两类。可恢复类是指脱敏后的数据可以通过一定的方式,恢复成原来的敏感数据,此类脱敏规则主要是指各类加解密算法规则。不可恢复类是指脱敏后的数据被脱敏的部分使用任何方式都不能恢复,一般可分为替换算法和生成算法两类[①]。

① 黎元,杨先建,杨晓峰,等.人民防空数据脱敏的研究与实现[J].标准科学,2018(7):78-82.

脱敏方案包括静态数据脱敏和动态数据脱敏,区别是:是否在使用敏感数据当时进行脱敏[①]。静态数据脱敏是指对原始数据进行一次脱敏后,结果数据可以多次使用,适合于使用场景比较单一的场合。动态数据脱敏是指在敏感数据显示时,针对不同用户需求,对显示数据进行屏蔽处理的数据脱敏方式,要求系统有安全措施确保用户不能够绕过数据脱敏层次直接接触敏感数据。

① 静态数据脱敏。静态数据脱敏(static data masking,SDM)是保护静态数据中特定数据元素的主要方法,这些"元素"通常包括敏感的数据库列或字段。静态数据脱敏通常用于非生产环境和对数据及时性无要求的应用场景,如软件开发测试过程中,需要将数据从一个生产数据库复制到一个非生产数据库,在涉及客户安全数据或者一些商业性敏感数据的情况下,为了防止这些敏感数据泄露,在不违反系统规则的条件下,对真实数据进行改造并提供测试使用。身份证号、手机号、卡号、客户号等个人信息都需要进行数据脱敏处理。

静态数据脱敏(见图 4-2)通常是在数据从物理文件加载到测试数据库表时进行的,在敏感数据从生产环境脱敏完毕,再在非生产环境中使用。

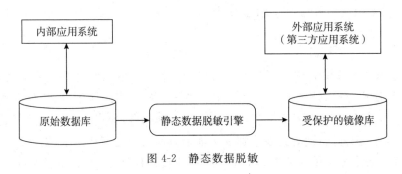

图 4-2　静态数据脱敏

静态数据脱敏为传统的数据脱敏模式,系统需要一次性地从原数据库中导出数据,对这些数据进行脱敏操作,得到脱敏后的数据,脱敏后的数据可以从数据库导出文件,也可以存放于镜像库中,用于测试开发或者对外发布。

静态数据脱敏技术通常维护两份数据:一份数据为原始数据,另一份数据为脱敏后的数据。原始数据用于内部系统的访问,脱敏后的数据可提供给外部应用系统访问。静态数据脱敏的特点是一次性导出计算。在进行脱敏的时候就能够访问所有待脱敏的数据,根据这些数据的数量及其他特点制定最优的脱敏策略,可以达到最小信息损失和最优的脱敏效果。

② 动态数据脱敏。动态数据脱敏(dynamic data masking,DDM)是指对数据进行动态的实时的脱敏。动态数据脱敏通常用于生产环境,它在用户查询到敏感数据时,在不对原始数据做任何改变的前提下,实时地对敏感数据进行脱敏,并将脱敏后的数据返回给用户。相对而言,动态数据脱敏是更加常见的一种脱敏方式。

动态数据脱敏(见图 4-3)是在用户或应用程序实时访问数据的过程中,依据用户角色、职责和其他 IT 定义规则,对敏感数据进行屏蔽、加密、隐藏、审计和封锁敏感数据,确保业

---

① 臧昊,赵强,卞水荣.基于 XML 的电子病历隐私数据脱敏技术的研究与设计[J].信息技术与信息化,2017(3):111-114.

务用户、合作伙伴等各角色用户安全访问和使用数据,避免潜在的隐私数据泄露导致的安全风险。

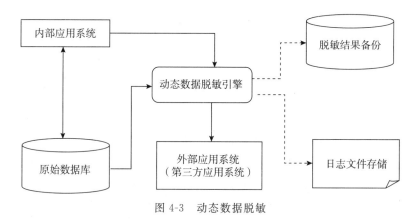

图 4-3　动态数据脱敏

在动态数据脱敏模式下,系统并不存储脱敏后的数据,而是根据数据访问需求与访问者的身份实时地对数据进行脱敏操作。动态数据脱敏模式需要对不同的数据类型设置脱敏规则和脱敏策略,并且也可以根据不同访问者身份设置不同的脱敏粒度,实现对敏感数据的访问权限控制。

动态数据脱敏所使用的数据可以来自内部应用系统,也可以来自原数据库,动态数据脱敏引擎根据外部应用系统的访问需求实时地获取数据并进行脱敏操作,将脱敏后的数据提供给外部应用系统使用。动态数据脱敏通常有两种部署模式,即代理模式和主动服务模式。在代理模式下,外部应用系统按照原有的方式访问企业内部数据,数据脱敏引擎自动地进行脱敏操作,此操作对用户透明,适合部署于现有的脱敏引擎提供数据服务,用户需要适配对应的接口获取数据,相对于代理模式,主动服务模式开发难度较低。

案例:
**AI 时代,如何
让数据资产
更"智能"**

4.5.2　平台保障

平台保障应将数据资产评估框架和评估方法、流程等通过软件系统来固化、落地和验证,为评估工作的申请与执行提供规范、可靠、智能的工具和环境支持[①]。平台保障具体要求如下。

(1) 应支撑数据资产登记工作包括对数据资产登记申请、受理、审核、登簿、发证等登记工作的流程管理,相关操作的自动化辅助,工作协同支持和日志管理等。

(2) 应支撑数据资产评估工作具备数据资产评估流程监管、数据资产质量评估监管、数据资产价值评估监管、数据资产评估沙箱监管、数据资产评估监控与审计监管和数据资产评估报告监管能力。

---

① 闭珊珊,杨琳,宋俊典. 一种数据资产评估的 CIME 模型设计与实现[J]. 计算机应用与软件,2020,37(9):27-34.

1. 数据资产评估流程监管

数据资产评估流程监管贯穿于资产拥有方发起评估申请,评估机构进行可行性认定、多层级评估任务执行,以及分派评估团队等过程,应当提供在线的审核审批能力,支持数据资产评估任务申请、多因素多层次审批的监管。

2. 数据资产质量评估监管

数据资产质量评估监管是指对数据完整性、准确性、有效性、时效性、一致性等数据质量维度的评估监管,需具备监管在线质量评估工具、控件化。

参数可配置、量化评估结果等能力,支持多任务并行处理与可视化监管能力;需指定质量评估量化评判与处理的规范,并依据数据资产质量的差异,执行不同的处理。

(1)数据资产质量极差:不具备流通、开放的价值,暂停数据资产评估任务,由资产拥有方优化后再度评估。

(2)数据资产质量较差及一般:可进行流通、开放使用,评估结果作为资产价值评估的依据。

(3)数据资产质量较优:具有较高的商业及研究价值,推荐对外流通、开放,评估结果作为资产价值评估的依据。

3. 数据资产价值评估监管

数据资产价值评估是指针对数据资产的基本信息,包括行业领域、数据体量、鲜活度、稀缺度、数据质量等特性,通过成本法、收益法、市场法等数据资产价值评估模型,进行资产商业价值和研究价值的量化过程。数据资产价值评估需参考价值评估模型,并具备数据定价能力。

(1)数据资产价值评估模型:应当集成成本法、收益法、市场法等通用数据资产价值评估模型,提供可视化前台配置、执行能力,并提供在线管理、调度能力,用于在线进行数据资产价值评估,提升数据资产评估效率。

(2)数据资产评估定价:应当建立数据资产价值评估策略与规范,围绕数据体量、数据结构、鲜活度、稀缺度等,量化资产价值,并提供在线价值量化工具。

4. 数据资产评估沙箱监管

数据资产评估沙箱是指针对每一例数据资产评估任务,提供独立的数据资产评估沙箱空间,支持对数据资产评估模型、质量评估、价值评估等工具的调用,一方面保障数据资产评估任务的独立性、隐私性;另一方面通过对沙箱权限的监管,保障数据资产评估过程中的数据安全性。

5. 数据资产评估监控与审计监管

数据资产评估过程是指对评估任务过程的监控、分析,应当具备对人员动态、数据动态的多维度监控分析能力,用于加强评估任务规范化、安全性管理。

6. 数据资产评估报告监管

数据资产评估机构在执行资产评估任务后,需出具具有行业权威性的报告,详细描述数据资产的质量、价值及分析依据,并对资产商业价值提出定价建议及依据。

4.5.3　制度保障

制度保障应对数据资产评估的制度规范、技术保障和认证体系进行完善,规范数据资产流通行为,防范数据滥用。制度保障具体要求如下。

(1) 应建立评估的管理制度,并持续改进。

(2) 应明确评估流程、标准及规范。

(3) 应明确评估专业人员的能力要求,并建立能力考核机制。

(4) 应明确评估成果的范围、内容和形式。

第5章 数据资产价值评估指标与方法

数据资产化是实现数据价值的核心,只有资产化,数据价值才能得以核算,才可能被纳入会计报表。数据资产化过程的完成依赖于数据资产的价值评估,但目前数据资产价值评估尚处于起步阶段。在实践层面,目前对数据资产价值评估的研究可分为三类:一是借鉴无形资产价值评估方法的传统评估方法,即采用成本法、收益法或修正市场法以及运用实物期权法中的 B-S 模型评估数据资产的价值;二是影响因素评估,利用层次分析法并结合传统资产评估方法进行估值,并运用博弈论研究数据资产评估方法;三是构建新型模型,如张弛基于数据粒度、活动性、相关性、多维度和尺度五个维度建立了数据资产价值评估模型。然而由于数据资产具有无限共享及多场景使用的特性,使得数据资产和无形资产的界限越来越清晰,不能简单套用传统无形资产的估值方法。与此同时,数据资产价值和应用场景紧密相关,在不同应用场景中影响价值的因素不同,价值也就不同。

5.1 数据资产估值评价指标体系

数据资产价值评估是对数据资产的使用价值进行度量,与数据资产是否被交易无关。在一定的时间周期内,数据资产的价值是固定的,因此数据资产价值评估是一个静态行为。在数据资产价值管理过程中,数据资产价值评估在前,数据资产定价在后。同时,数据资产价值评估和数据资产定价有着不可分割的内在联系。数据资产定价是在数据资产价值评估的基础上,考虑数据资产的供求关系和数据资产可以多次交易且交易行为不会造成价值减损的特性进行的。

5.1.1 数据资产价值的影响因素

数据资产价值的影响因素主要包括数据资产的完整性、准确性、层次性、协调性和异质性等。首先,数据要素的完整性和准确性与数据资产价值成正比。完整性是指数据要尽可能涵盖被记录对象的属性,包括数据体量、数据采集时间连贯、数据关系完备等。准确性表示数据被记录的精准程度,是数据质量的核心指标。数据量与数据价值成正比,数据集包含的信息量通过信息熵衡量。但是,一旦信息量没有达到或者超过某个最佳点,决策绩效就会下降。其次,数据产品的层次性包含技术含量、稀缺性和数据维度。数据产品和服务的技术含量越高,其价值也越高。稀缺性表示数据被所有者独占的程度,如果某类数据仅由一个机构掌握,其所蕴含的商业信息价值很高。此外,数据维度越多,适用的范围也越广,应用价值就越高。基于数据质量多维度以及多维度之间的相互作用可建立数据定价双层编程模型。当处于同一维度的数据质量标准提升时,另一维度的数据质量标准下降,数据卖方对数据处理上的投入增加时,会将此作为约束条件纳入数据产品定价模型。所以,考虑数据质量的多维度、多版本策略能够实现更好的市场细分。再次,数据要素具有协调性或协同性。不同类型的数据、数据集或数据产品的组合会产生不同的增量价值。最后,异质性源于数据结构不同、采集主体不同、价值高度依赖使用场景、市场分割以及买方异质性等,很难给出统一的定价公式。然而,数据质量指标之间的复杂互动也会影响数据质量。比如,提高一个特定数据集的准确性可能会以牺牲其完整性为代价。

要有效评估数据资产价值,必须充分考虑影响其价值的各项因素。数据的种类多样,数据资产价值的评估维度也是多元的。与传统资产相比,数据种类多样、价值易变,具有更加丰富的潜在应用场景,其资产化后的价值评估也需要综合考虑更多方面的因素。中国资产评估协会(2019)认为,数据资产的价值影响因素包括技术因素、数据容量、数据价值密度、数据应用的商业模式和其他因素。[①] 有学者认为数据资产的价值应该由数据质量和数据分析能力组成。阿里和德勤(2019)则是将数据资产价值影响因素分为质量、应用和风险维度。综合来看,数据资产的价值体现在其应用能够对组织带来收益或潜在收益,因此数据资产的价值影响因素可以分为数量、质量、应用和风险四个维度(详见表 5-1)。

表 5-1　数据资产价值影响因素

数量维度	质量维度	应用维度	风险维度
数据量	真实性	稀缺性	法律限制
广泛性	完整性	时效性	道德约束
	准确性	有效性	安全风险
	获得成本	经济性	

数据资产的数量和质量是其价值的基础。数据的数量维度包含数据量和广泛性两个方面。数据量是指数据的数量大小,广泛性是指数据覆盖范围的广泛性。数据的质量维度包括数据的真实性、完整性、准确性以及获得成本。数据的真实性表示数据的真实程度,来源和记录过程是否可靠;完整性表示数据的完整程度,即被记录对象的相关指标记录是否完备;准确性表示数据被记录的准确性;获得成本表示获取数据所花费的人力和物力成本,获取数据时的成本是数据价格的重要考虑因素。

数据的价值很大程度体现在具体应用上,相同的数据资产在不同的应用领域中会展现出不同的价值,应用维度包括数据的稀缺性、时效性、有效性以及应用经济性。稀缺性表示数据资产是否稀缺,代表了所有者对该数据资产的独占程度;时效性表示数据资产的使用时限,由于数据具有更新速度快的特性,数据仅在一定时限内具有较高价值,并且价值随时间推移损耗较快;有效性表示数据资产在应用中所能达到的效果;应用经济性表示在不同

---

① 中国资产评估协会. 资产评估专家指引第 9 号——数据资产评估[EB/OL]. (2020-01-09)[2023-04-04]. http://www.cas.org.cn/ggl/61936.htm.

的应用领域中,数据的价值应有所不同。

数据价值体现为可获得收益,因此风险维度是不可忽视的重要部分,数据资产应用面临的风险很多,既有来自法律层面的限制,又有来自道德层面的限制,也有在数据存储、使用等方面的安全风险限制。来自法律、道德和安全方面的风险限制越小,数据资产的相对价值越高。数据资产的法律限制是指法律在一定程度上限制了数据的使用和交易;道德约束是指数据资产受到社会道德层面的约束,使用和交易存在一定道德风险;安全风险表示数据在储存、应用、交易等过程中存在被窃取和破坏的风险。

5.1.2　数据资产价值评估指标体系

构建标准化的数据要素价值评估指标体系,有助于消除数据应用价值的"不确定性"和"异质性",推动交易主体达成"价值"共识。数据资产价值评估是对其使用价值和价值的静态度量,是数据产品价格发现和形成的基础。根据指标体系的适用对象,数据资产价值评估指标体系的构建大致有以下两种思路。

一是普适性的数据要素估值指标体系。学者们普遍认为,数据要素价值主要受自身质量、成本和应用场景的影响,并从质量、应用、成本、风险等维度构建数据要素估值体系。不同估值体系中各维度的衡量指标不完全相同。比如从数据成本和数据应用两个维度构建估值体系:成本维度包括建设费用和运维费用;应用维度包括资产类别、使用次数、使用对象和使用效果评价。上海德勤资产评估有限公司、阿里研究院从质量、应用和风险三个维度构建估值体系:质量维度包括完整性、真实性等;应用维度包括时效性、场景经济性等;风险维度包括法律限制和道德约束。

二是针对特定领域和行业的数据资产估值体系。互联网、金融、通信等领域的数据体量大、应用场景多,这些领域的数据资产估值体系具有一定的指导和示范效应。比如,2021 年8 月,瞭望智库和光大银行以货币度量估值方式,探索性地构建了商业银行数据资产的估值体系。以算法模型类数据资产为例,基于业务应用场景的估值体系由直接收益模型和全领域通用模型两部分构成,直接收益模型又包括营销类、运营类和风险管理类。

总之,数据资产价值的多维定价可以兼顾卖方、买方和数据资产本身的核心关注点。数据资产价值的评估要素主要应考虑数据成本、数据质量、数据产品的层次和协同性、买方的异质性等。中关村数海数据资产评估中心提出的数据资产价值包括 6 个维度,如图 5-1 所示。

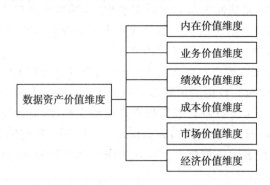

图 5-1　中关村数海数据资产评估中心提出的数据资产价值维度

资料来源:尹传儒,金涛,张鹏,等. 数据资产价值评估与定价:研究综述和展望[J]. 大数据,2021(7):14-27.

上海德勤资产评估有限公司与阿里研究院增加了风险维度,其构造的数据资产价值评价指标体系如图 5-2 所示。

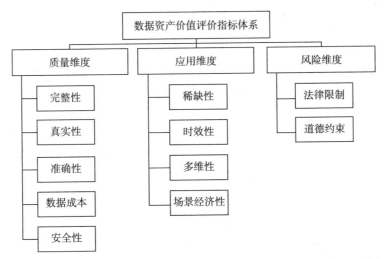

图 5-2　上海德勤资产评估有限公司与阿里研究院构造的数据资产价值评价指标体系

《电子商务数据资产评价指标体系》(GB/T 37550—2019)是我国数据资产领域的首个国家标准,其中提出的数据资产价值评价指标体系如图 5-3 所示。

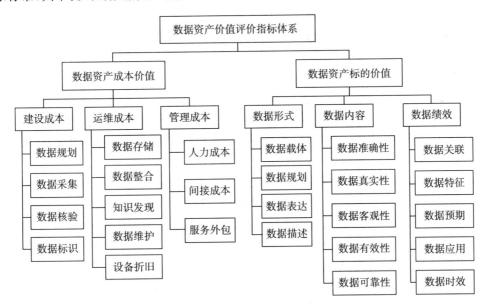

图 5-3　《电子商务数据资产评价指标体系》中的数据资产价值评价指标体系

中关村数海数据资产评估中心携手 Gartner 提出的价值评估指标体系涵盖数据的内在价值、业务价值、绩效价值、成本价值、市场价值以及经济价值,包含数据的数量、范围、质量、颗粒度、关联性、时效性、来源、稀缺性、行业性质、权益性质、交易性质、预期效益等12 个影响因素,如图 5-4 所示。

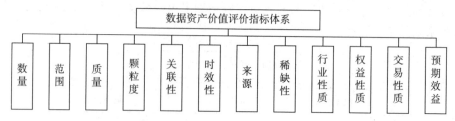

图 5-4 中关村数海数据资产评估中心与 Gartner 构造的数据资产价值评价指标体系

构建数据资产价值评估指标体系,是建立数据资产价值评估模型的基础,在确定指标体系之后,通常结合模糊综合评价法进行指标量化,即运用层次分析法,请专家针对数据的各评价指标进行打分,然后根据打分情况计算出每个影响因素的权重,将定性评价转化为定量指标。而且在不同使用场景,各指标的权重不同或对指标有所取舍。

总之,针对数据的现值、成本、数据本身的特征和质量等多个维度的重要性和价值展开定量评级,再结合群组决策和价值矩阵等定性分析方法,得到数据在每个维度的价值,最后得到综合价值。同时,可以结合价格价值、竞争价值、情感价值、功能价值和社会价值等多维度,设计客户感知价值定价模型。另外,可以借助人工智能提高大规模数据产品定价的计算效率。[①]

5.2 数据资产价值评估基本方法

关于数据资产这种新型资产,目前学术界和实际工作部门尚未形成成熟的价值测度方法。从会计核算角度看,数据资产属于无形资产,数据资产价值测度可以借鉴无形资产的测度方法,在评估实践中,结合具体行业和场景的评估需求,采用适当的量化方法来处理评估对象的评估要素,从而获得合理的评估值。

选择评估方法时应考虑的要素主要包括评估目的和价值类型、评估对象评估方法的适用条件、评估方法应用所依据数据的质量和数量、其他因素。当满足采用不同评估方法的条件时,数据资产评估专业人员应当选择两种或者两种以上的评估方法,通过综合分析形成合理评估结论。当存在下列情形时,数据资产评估专业人员可采用一种评估方法,并在评估报告中进行分析、说明和披露。

(1)基于相关法律、行政法规和财政部门规章的规定可以采用一种评估方法。

(2)由于评估对象仅满足一种评估方法的适用条件而采用一种评估方法。

(3)因资产评估行业通常的执业方式普遍无法排除的操作条件限制而采用一种评估方法。

① 熊巧琴,汤珂. 数据要素的界权、交易和定价研究进展[J]. 经济学动态,2021(2):143-158.

5.2.1　成本法

成本法主要是指通过加总数据生产过程中的各项成本来测度数据资产价值,包括数据价值链增值过程中的劳动成本、中间投入以及使用的资本服务成本。成本法衡量数据价值创造所需要的成本,即将数据对经济贡献的价值纳入国民经济核算体系中。绝大多数数据的价值体现在其他商品和服务的产出中,而传统国民经济统计方法只能捕捉到处理数据的成本,且主要是人工成本,而非生成数据的成本。因此,扩大传统统计范畴,将企业对有用数据的创造视为对数据资产的投资,并将创造有用数据的成本视为数据资产的价值,该方法的局限性在于数据的价值可能远超过生成数据的成本。[①]

德勤、阿里研究院则提出了另一种思路,将数据的价值视为重置成本和贬值因素的差值(即数据的价值=重置成本−贬值因素)。对于企业内部生成的数据,重置成本指的是收集、存储、处理数据所需的人力和设备成本(如本地储存硬件的维护成本或云储存服务器的租用成本),以及数据服务业务所需的研发和人力成本,而贬值因素指的是由于数据的时效性或准确性降低引发的贬值。该方法的局限性在数据分析与生成数据资产的成本难以切割,如搜索网站可用于收集数据,但对网站的维护成本能否纳入对生成数据的投资还有待商榷。

从国民经济核算国际标准看,2008 年国民账户体系(system of national accounts,SNA)建议采用生产成本总和(即“成本法”)对为自身最终使用的产出进行估值,且该方法已经成为经典的无形资产价值测度方法,在无形资产资本测度及其对经济增长影响的宏观经济分析研究中应用广泛。从实际操作规范看,《知识产权产品资本测度手册》作为知识产权产品测度的实践指导,建议在实际核算中采用成本法对自给型软件、数据库和研发等知识产权产品进行估值(organization for economic co-coperation and development,OECD,2010)。中国资产评估协会,作为全国性的行业性、非营利性社会组织,于 2020 年 1 月制定并印发《资产评估专家指引第 9 号——数据资产评估》,以指导资产评估机构及其资产评估专业人员开展数据资产评估业务,在阐述了市场法、收益法和成本法各自的优劣和适用性之后,文件第二十九条明确提出:“可以考虑使用成本法,而收益法和市场法通常适用于交易性和收益性较好的数据资产评估。”

从资料获取来源和方式看,会计记录和统计调查资料能直接提供数据生产活动相关的成本费用数据,且考虑到数据资产有别于一般无形资产或知识产权产品的独有特征,成本费用会计资料和统计调查数据,也能为基于生产成本的调整改良模型提供相对客观的参考依据。综上所述,相对于其他方法,成本法更具客观性、可靠性和较强可行性。[②]

1. 成本法的核算原则

遵循国民经济核算框架,使用成本法进行数据资产价值测度,还应遵循以下基本核算

①　方元欣,郭骁然. 数据要素价值评估方法研究[J]. 信息通信技术与政策,2020(12):46-51.
②　许宪春,张钟文,胡亚茹. 数据资产统计与核算问题研究[J]. 管理世界,2022,38(2):16-30,32.

原则。

一是以投入成本为基准对成本法进行调整。首先,结合前文数据资产的确认条件可知,数据最终是否被应用于具体场景,是判定其能否成为资产的必要条件和关键步骤。若数据没有被投入使用,即使前期投入大量收集、存储、维护以及管理等生产成本,也仍旧没有价值,数据资产价值为零。其次,数据的非竞争性使得数据的价值随着被使用次数的增加而增加,应考虑数据资产使用者的数量和使用次数等价值加成因素对总成本进行价值调整,来反映数据资产的共享性和价值累积性。此外,数据的准确性、真实性和完整性是影响数据资产价值的质量因素,但不同类型数据及其使用场景对数据质量的要求不同,目前缺乏标准化度量。

二是仅考虑数据资产原件的估值。鉴于实践中数据交易市场处于初步探索发展阶段,绝大多数数据资产是自给型,对于自给型的数据资产只涉及原件的估值。对于可能出现的数据复制品,通常有两种情形:一种是由于数据的非竞争性使得数据可以以很低的边际成本或者零边际成本被复制,但是并没有特定的使用场景,从而没有产生价值;另一种是复制品通过使用许可或复制许可的方式发生了市场交易,此时复制品是有价值的,但目前交易的情况仍属少数。数据固定资本形成总额核算的重点聚焦于如何利用成本法测算数据资产原件的价值。

三是不考虑"重估效应"。实践中,数据价值与特定应用场景及潜在新用途密切相关,存在"重估效应"。一方面,对于某份没有投入特定应用场景且未曾被认定为资产的数据,即便没有投入更多的生产活动,但因发现或预估其有新用途而被首次认定为资产,即发生了"经济出现",该数据资产的估值可能会发生大幅增加;另一方面,数据新用途通常特定于不同应用场景,可以从根本上改变数据作为生产要素的价值创造过程,而应用场景的多样化和非标准化,使得潜在新用途带来的经济价值具有极大不确定性。对于第一种情形下的数据资产价值,指数据在某一时期内因发现其新用途带来的"经济出现",使得该数据首次被记录为资产而导致总资产物量的增加,则该数据资产价值应在资产负债表的资产物量其他变化账户中体现,而成本法只衡量生产活动创造的数据固定资本形成总额的价值;对于第二种情形下的数据资产重估价值,使用成本法估价理应做出相应调整,以反映多样化应用场景对数据资产估值的影响,但这需要获得直接可观察到较完善的数据要素市场估价信息。

2. 成本法的具体估计方法

1) 成本法的理论构成项目

成本法是指通过加总数据生产活动中的各项成本投入来测度数据资产的价值,数据生产活动的成本具体包括劳动者报酬、中间投入、固定资本消耗、资本净收益和其他生产税净额等几项。结合上述 2008 年国民账户体系关于成本法的核算原则以及数据支出资本化核算的基本分类,对于不同类型数据的使用场景,市场生产者和非市场生产者的成本法具体构成项目有所不同。对于非市场生产者而言,因数据的生产不以营利为目的,数据资产价值只包括劳动者报酬、中间投入、固定资本消耗和其他生产税净额,不包括资本净收益;而对于市场生产者而言,数据的生产以营利为目的,数据资产价值还应加上资本净收益。

（1）劳动者报酬是指支付给直接从事数据收集、数据存储、数据分析和数据应用的人员以及直接提供数据生产相关服务的人员的劳务费用，包括工资、薪金以及所有相关福利和费用，如奖金、假日津贴、养老金缴纳费用和其他社会保障支付费用、工资税等。

（2）中间投入包括数据生产活动中直接投入的非资产性的材料、物资费用，通过经营租赁方式租入的设备租赁费用，以及用于数据生产活动的设备运营费用和咨询服务、行政费用等。

（3）固定资本消耗是指从事数据生产活动所使用的固定资产折旧，固定资产包括仪器与设备、建筑物、计算机软件等。

（4）资本净收益是指用于数据生产活动的固定资产的资本净收益。

（5）其他生产税净额是指其他生产税与其补贴之差。其他生产税是指除了产品税之外，企业从事数据生产活动而应缴纳的所有税收，包括数据生产活动所使用的土地、建筑物、其他资产等的所有权或因使用而征收的税收，或是针对雇佣劳动力或支付劳动者报酬而征收的税收。其他生产补贴是指产品补贴以外的，因从事数据生产活动所应得的补贴，主要包括对工资或劳动力的补贴。

同时，类似于研发支出资本化，数据支出资本化也应基于 GDP 核算框架，这就需进一步考察数据支出资本化核算的重复计算问题。一方面，从概念及特征来看，数据作为一种新型资产属于知识产权产品范畴；另一方面，从生产活动的性质和内容来看，虽然基于数据价值链全流程的数据生产活动与 2008 年 SNA 定义的计算机软件和数据库、研发活动存在某些重合部分，但因活动内容各有侧重和不同，不能从属于计算机软件和数据库、研发活动中的任何一类。因此，应单独识别数据生产活动，并将数据作为独立的知识产权产品类别。

2）成本法的具体操作及调整方法

在市场交易信息不充分的情况下，在国民经济核算实践中，自给型和交易型数据资产原件均可采用成本法估价，借鉴自产自用知识产权产品价值核算思路开展基于成本法的数据资产的价值核算，也具有较强的可操作性。《知识产权产品资本测度手册》（OECD，2010）及《弗拉斯蒂手册：研究与试验发展调查实施标准》（OECD，2015）提供了使用成本法推算自给型知识产权产品的固定资本形成总额的指导准则和调查实践经验，视不同资料来源及其完备性，建议具体结合使用"需求法"和"供给法"对总成本进行推算，然后比较两种结果，以互相验证校准。其中，"需求法"是指基于法人单位的统计调查，获取调查单位从事数据生产活动的详细成本费用信息，进而得到数据资产的成本估计值。"供给法"是指利用数据生产活动中的劳动人员数和生产时间比例推导得出劳动投入量，然后用劳动投入量乘以工资率，加上其他非劳动成本，即可间接推算专门从事数据生产活动的总成本。两种方法的信息来源不同，但所指的成本类型和内容是一致的，没有孰优孰劣之分，若能分别使用两种方法并进行比较调整，无疑是最好的选择。

结合使用需求法和供给法。具体来说，一方面，采用需求法，可选取数据密集型法人单位作为样本试点，有针对性地设计基层法人单位数据生产活动的成本费用专项调查，直接收集得到详细的、准确性较高的数据生产活动相关人员劳务费用、直接投入费用、固定资产使用等数据，并进一步通过口径调整和数据转换，得到符合国民经济核算原则的生产成本构成；另一方面，结合供给法，在剩余待估样本法人单位中仅开展劳动成本调查，并利用上述样本单位调查数据推算出数据生产活动成本构成中的相关资本服务成本、中间投入成本与劳动成本的比率,用于推算非调查单位的资本服务成本以及中间投入成本,进而得到非调查单位的数据生产活动总成本。此时,基于供给法的数据资产价值估算公式如下:

$$
\begin{aligned}
\text{成本法数据} \atop \text{资产价值} &= \frac{\text{直接从事数据生产活动的工作时间}}{\text{占其实际工作时间的平均比例}} \times \frac{\text{相关职业类型}}{\text{人员总数}} \times \frac{\text{职工平均}}{\text{工资}} \\
&+ \frac{\text{用于数据生产活动的}}{\text{中间投入成本}} + \frac{\text{与数据生产活动}}{\text{相关的资本服务成本}} + \frac{\text{其他生产税}}{\text{减补贴}}
\end{aligned}
$$

应结合前述成本法的具体核算原则,对上述以总成本为基准的数据资产价值进行调整,充分反映数据资产因有别于一般知识产权产品的独有特征对数据资产价值的影响。鉴于统计与核算的客观性和可操作性,不考虑诸如应用场景模式、准确性、真实性和完整性等目前难以标准化或量化的主观特征,仅考虑其中可被统计调查和衡量的客观特征:①数据最终是否被应用于具体场景。没有投入应用场景的数据只发生了成本,没有带来价值,则数据资产价值为零。②数据资产使用者数量和使用次数应乘以数据资产总成本。当数据资产第一次被使用时,它的价值即以总成本来衡量,后续使用人次的增加将增加数据资产的价值,以反映数据价值的累积性。利用这些特征对基于成本法的数据资产价值估算方法进行调整,有助于突出哪些信息最有价值(使用频率最高),哪些信息的投资回报率(价值与成本之比)最高,可以进行有效的数据管理和资产定价。由此,对基于成本法的数据资产估计方法进行以下调整,最终得到基于“调整的成本法”数据资产价值的估算公式:

$$
\text{调整的成本法} \atop \text{数据资产价值} = \frac{\text{数据资产的}}{\text{总成本}} \times \frac{\text{是否被应用于具体场景}}{(\text{“是”则取值“1”;“否”则取值“0”})} \times \frac{\text{使用者}}{\text{数量}} \times \frac{\text{使用}}{\text{次数}}
$$

3) 改良成本法

中国信息通信研究院(2020)提出了改良的市场法、收益法和成本法的数据资产价值评估模型,鉴于数据应用实际情况,认为应优先采用成本法,并指出考虑了数量、质量、应用和风险四个维度的数据资产价值影响因素之后的改良成本法,能够更为合理、有效地评估数据资产价值,减少价值低估误差。

根据数据资产形成过程中所花费的成本对其价值进行评估。数据资产、知识产权等成本度量具有一定难度和不完整性,且价值和成本常具有相对较弱的对应性,但是在市场价格相对缺失,预期收益不定时,成本法不失为对数据资产的一种相对合理的估测方法。

根据成本法的基本计算公式为

$$\text{资产价值} = \text{重置成本} - \text{资产贬值因素}$$

加入数据资产价值影响因素并更新后的表达式为

$$V = \text{TC}[1 + \text{Pre}(q_1, q_2, u, r)] - \text{资产贬值因素} \tag{5-1}$$

式(5-1)中 TC 是数据资产总成本,具体包括数据从获得到应用所消耗的所有成本,主要包括建设成本、运营成本和管理成本。对于外部购入及内部研发数据资产,总成本能够较为明确地计量。内部伴生数据资产的成本计量较为复杂,在数据获得、确认、预处理过程中产生的费用,根据当前准则无法计入成本,建议能够明确与其他业务活动分离,且能够获取有效历史相关费用数据的,可以计入总成本,无法有效剥离的则不计入或是按最低比例原则计入,数据分析、挖掘、应用等过程中符合资本化条件的支出则全部计入总成本。Pre 代表数据资产溢价,是影响数据价值因素的综合评估数值,$\mathrm{Pre}(q_1,q_2,u,r)$的具体形式不定,可根据不同行业,不同类型,不同应用数据资产进行调整;q_1代表数据资产价值评估数量维度,包括数据量和广泛性维度;q_2代表数据资产价值评估质量维度,包括真实性、完整性、准确性等维度;u代表数据资产价值评估应用维度,包括稀缺性,时效性以及应用经济性;r代表数据资产价值评估风险维度,包括法律限制、道德约束以及安全风险。

5.2.2　市场法

市场法主要是指数据资产在交易市场上的价格或数据密集型企业的市场溢价。一方面,通过直接观察某一类数据集的市场定价来估算特定数据资产的价值。Wayman 和 Hunerlach 认为这种方法具有"自上而下"的特点,具体而言,先假定数据的价值建立在其量的大小、内容、性质、可用性、成熟度、唯一性和质量等多项内在要素的基础上,再通过观察到的市场定价来"向下"推出数据各要素的价值,进而估算同等可比数据资产的价值。例如,2018 年美国制药巨头 GSK 为研发新药和治疗方法,花费 3 亿美元从加利福尼亚一家 DNA 测试公司购买了对 500 万人基因组数据库的独家访问权,由此可估算个人遗传数据的市场价值为 60 美元。该方法的优势在于数据直接来源于市场交易,具有一定的可靠性和市场敏锐性;局限性在于,由于数据交易的合法性有待商榷,数据交易市场存在复杂性和不透明性,直接观察特定数据资产买卖价格存在困难。

另一方面,通过股票市场估值来间接衡量数据的价值。研究发现,同一行业内数据驱动型企业的市场估值往往高于其他企业的估值,其市场溢价应被视为数据资产的价值。例如,2011 年 Facebook 上市时的资产价值仅为 66 亿美元,但其市值超过 1 000 亿美元。在不考虑其他因素的前提下,Facebook 隐形的"数据资产",即 8.45 亿的月活跃用户量,市场价值超过 900 亿美元。2012 年,Facebook 宣布以 10 亿美元收购 Instagram。收购时后者拥有活跃用户数量超过 4 000 万,注册用户数突破 1 亿。2016 年,微软以 262 亿美元收购资产价值仅为 30 亿美元的职场社交平台领英,后者拥有 4 亿用户职场信息,市场溢价为 232 亿美元。该方法的局限性在于较难确定市场在评估这类数据密集型企业时是否同时考虑其他重要因素,如企业自身的数据分析能力和其他技术条件。

市场法是指在具有公开并活跃的交易市场的前提下,选取近期或往期成交的类似参照系价格作为参考,并修正有特异性、个性化的因素,得到估值的方法。[①]

1. 使用前提

数据资产评估专业人员选择和使用市场法时应考虑的前提条件如下。
(1) 评估对象的可比参照物具有公开的市场,以及活跃的交易。
(2) 有关交易的必要信息可以获得,如交易价格、交易时间、交易条件等。

2. 要求

市场法通常分为筛选和调整两个步骤。

---

① 闭珊珊,杨琳,宋俊典. 一种数据资产评估的 CIME 模型设计与实现[J]. 计算机应用与软件,2020,37(9):27-34.

（1）筛选是指在市场上寻找与评估对象相同或相似的参考数据资产或对标交易活动，评估要素为筛选环节提供了对比的维度和依据。数据资产评估专业人员应根据评估对象的特点，选择与评估对象相同或者可比的维度，如交易市场、数量、价值影响因素、交易时间（与评估基准日接近）、交易类型（与评估目的相适合）等，选择正常或可修正为正常交易价格的参照物。

（2）调整是指通过比较评估对象和参考数据资产或对标交易活动来确定调整系数，对价值影响因素和交易条件存在的差异做出合理修正，以取得准价值。成熟、参照物丰富、交易活动多样的数据市场，有益于数据资产的精益估值。

3. 市场法模型

市场法实现模型的公式如下：

$$P = \sum_{i=1}^{n} \frac{\hat{P}_i \times f(X_{i,1}) \times g(X_{i,2}) \times X_{i,3} \times X_{i,4}}{n} \tag{5-2}$$

式（5-2）中，P 为待评估数据资产的价值；$\hat{P}_i$ 为每个参照数据集的价格；n 为数据集的个数；$f(X_{i,1})$ 为每个数据集的质量调整系数的经验函数，包括行业经验、应用场景经验等；$g(X_{i,2})$ 为每个数据集的供求调整系数的经验函数，包括行业经验、应用场景经验等；$X_{i,3}$ 为每个数据集的时点调整系数；$X_{i,4}$ 为每个数据集的数量调整系数。

$X_{i,1}$ 的计算公式如下：

$$X_{i,1} = \frac{q_i}{\hat{q}_i} \tag{5-3}$$

式（5-3）中，q_i 为每个待评估数据集的数据质量评估结果；$\hat{q}_i$ 为每个参照数据集的数据质量评估结果。

$X_{i,2}$ 的计算公式如下：

$$X_{i,2} = \frac{s_i}{\hat{s}_i} \tag{5-4}$$

式（5-4）中，s_i 为每个待评估数据集的供求指标，由该数据集的两个流通要素相乘获得，即市场规模×稀缺性；$\hat{s}_i$ 为每个参照数据集的供求指标，由该数据集的两个流通要素相乘获得。

$X_{i,3}$ 的计算公式如下：

$$X_{i,3} = \frac{t_i}{\hat{t}_i} \tag{5-5}$$

式（5-5）中，t_i 为每个待评估数据集所在行业交易时点的居民消费价格指数；$\hat{t}_i$ 为每个参照数据集所在行业交易时点的居民消费价格指数。

$X_{i,4}$ 的计算公式如下：

$$X_{i,4} = \frac{Q_i}{\hat{Q}_i} \tag{5-6}$$

式（5-6）中，Q_i 为每个待评估数据集的数量，即该数据集的元素数由字段数×记录数获得；

$\hat{Q}_i$ 为每个参照数据集的数量。

5.2.3　收益法

收益法是基于数据资产的未来预期应用场景,对数据资产预期产生的经济收益折现得出数据资产的合理价值。理论上讲,收益法能恰当地反映数据资产"拥有明确的使用场景并能够为其经济所有者带来收益"这一必要条件,也能较直观地反映数据资产的经济价值。然而,因数据的用途多样,其作为资产的使用期限也充满未知,为其经济所有者带来的潜在未来收益流更是具有极大不确定性,收益法在实践中难以实现。

收益法主要指计算价值链上因数据资产产生的增量现金流,即收入增量、成本降量或两者兼而有之。以电子商务平台为例,作为一个循环链,数据价值链包括三个主体和四个价值创造/变现环节:消费者为平台贡献了消费数据和用户信息;平台以其庞大的数据库和数据分析能力为第三方卖家提供更加准确的需求预测、咨询和管理服务、数据定制服务;第三方卖家为平台贡献了佣金、广告收入和其他数据定制服务收入;平台为消费者提供更加物美价廉的商品和更优质的服务。在数据价值链上,衡量数据价值最直接的方法是观察第3个环节,即平台通过变现用户流量而获得的佣金、广告收入、其他定制化数据服务收入。

具体而言,平台通过收集、处理、分析用户数据,为第三方商家提供用户画像精准营销服务和其他服务,从而赚取相关费用。例如,2020 年第一季度,Facebook 营收达到 177.37 亿美元,其中广告收入为 174.4 亿美元,占比高达 98.3％。该方法的局限性在于无法捕捉到数据价值链上其他三个环节数据创造的价值,如平台利用数据对搜索引擎算法做出改进,进而提升的用户体验。

收益法是指预计评估对象的预期寿命、选取合理的折现率、将其预期收益折现以确定现值的方法。收益法的假设是数据在未来具备盈利能力、具有内在的固有价值。

1. 使用前提

数据资产评估专业人员选择和使用收益法时应考虑的前提条件如下。

(1) 评估对象的未来收益可合理预期并用货币计量。

(2) 预期收益所对应的风险(体现为折现率)能够度量。

(3) 预期寿命能够确定或合理预期。

综上所述,收益法的使用应具备评估对象的预期收益、折现率和预期寿命三个参数。

2. 要求

数据资产评估专业人员在确定预期收益时应重点关注以下几点。

(1) 预期收益类型与口径。例如,收入、利润、股利或者现金流量,以及整体资产或者部分权益的收益、税前或者税后收益、名义或者实际收益等。名义收益包括预期的通货膨胀水平,实际收益则会剔除通货膨胀的影响。又如,对于其价值无法通过经济收益衡量的数据资产类型或场景,如公共数据资产,可从社会价值角度评估其价值。

(2) 应对收益预测所利用的财务信息和其他相关信息、假设和对评估目的的恰当性进行分析评价。

（3）确定预期获利年限时，应综合自然收益期和合规收益期，考虑评估对象的预期寿命、法律法规和相关合同等子因素，详细预测期的选择应当考虑使评估对象达到稳定收益的期限、周期性等。

（4）折现率不仅要反映资金的时间价值，还应体现与收益类型和评估对象未来经营相关的风险，与所选择的收益类型与口径相匹配。确定折现率时，可综合考虑风险报酬率和无风险报酬率，风险报酬率宜参考相关风险因素。

（5）数据资产的预期经济收益是因数据资产的使用而额外带来的收益，数据资产收益现金流是指全部收益扣除其他资产的贡献后归属于数据资产的现金流。目前，确定数据资产现金流的方法有增量收益、收益分成或者超额收益等方式。确定预期经济收益时，应注意区分并剔除与委托评估的数据资产无关的业务产生的收益，并关注数据资产产品或者服务所属行业的市场规模、市场地位及相关企业的经营情况。

3. 估值模型

收益法实现模型的公式如下：

$$P = \sum_{t=1}^{m} \left[\sum_{t=1}^{n_i} \frac{R_{it}}{(1+r_i)^t} \right] \tag{5-7}$$

式(5-7)中，P 为待评估数据资产的价值；R_{it} 为第 i 种应用第 t 年的预期收益；n_i 为第 i 种应用的预期寿命，指待评估数据资产还能产生价值的剩余时间，取自然收益期和合规收益期的最小值；r_i 为折现率，将预计未来收益折算成现值的比率，体现数据资产的财务成本。

1）R_{it} 的估算模型

（1）基于数据的服务或数据产品交易计算。当商业模式为基于数据的服务或数据产品交易时（如按次收费的图片自动识别、按次收费的数据查询、直接授权第三方使用数据等），数据资产与产权持有人所提供的服务与商品直接相关。此时宜使用超额收益模型估算预期收益。可使用直接估算法或差额法确定预期收益。

直接估算法实现模型的公式如下：

$$R_{it} = \left[(P_2 Q_2 - C_2 Q_2) - (P_1 Q_1 - C_1 Q_1) \right] \times (1 - T) \tag{5-8}$$

式(5-8)中，R_{it} 为第 i 种应用第 t 年的预期收益；P_1 为使用数据资产前的产品价格；P_2 为使用数据资产后的产品价格；Q_1 为使用数据资产前的销售数量；Q_2 为使用数据资产后的销售数量；C_1 为使用数据资产前的单位成本；C_2 为使用数据资产后的单位成本；T 为产权持有人适用所得税税率。

差额法实现模型的公式如下：

$$R_{it} = \text{EBIT} \times (I - T) - A \times \text{ROA} \tag{5-9}$$

式(5-9)中，R_{it} 为第 i 种应用第 t 年的预期收益；$\text{EBIT} \times (I - T)$ 为产权持有人的息前税后利润；A 为产权持有人的资产总额；ROA 为行业平均资产回报率。

在预测产权持有人的利润时，可采用自上而下与自下而上结合的方法，根据行业周期、竞争环境、政策导向、组织地位、经营历史合理预测财务报表各科目数值，再由各科目数值计算出利润。

（2）利用数据改善自身产品或服务计算。当产权持有人利用数据资产改善自身产品或服务时,数据资产和专利的作用无异,因此宜采用评估专利的分成率法确定预期收益。分成率法可分为销售分成率法和利润分成率法,分别对应数据资产对销售的促进关系和对利润的促进关系。应根据行业特点、历史经验选择与数据资产关系较为稳定的收益计算口径。

2）WACC 倒算法计算

当有可比上市公司时,可参照无形资产折现率计算方式,采用 WACC 倒算法计算数据资产折现率,公式如下:

$$r_i = \frac{WACC - W_c \times R_c - W_f \times R_f}{W_i} \tag{5-10}$$

式(5-10)中,r_i 为折现率;WACC 为加权平均资本成本;W_c 为流动资产权重;R_c 为流动资产投资回报率;W_f 为固定资产权重;R_f 为固定资产投资回报率;W_i 为无形资产权重。

评估过程如下。

（1）选取可比上市公司。一般来讲,选取标准包括:至少三年上市历史。近三年盈利,所从事主营业务与评估目的相符,上市公司股价波动与市场指数具有相关性。上市公司数一般选择五家。

（2）确定 WACC,公式如下:

$$WACC = [R_f + \beta(R_m - R_f) + R_s]\frac{E}{E+D} + R_d(1-T)\frac{D}{E+D} \tag{5-11}$$

式(5-11)中,WACC 为加权平均资本成本;R_m 为市场收益率;R_f 为无风险利率;β 为风险系数;R_s 为产权持有人特殊风险调整;$R_f + \beta(R_m - R_f) + R_s$ 为股权投资回报率;T 为适用税率;E 为可比公司的股权价值;D 为可比公司的付息债务的价值。

采用资本资产定价模型确定股权投资回报率。无风险利率采用最新发行的,到期剩余期限超过十年的国债,根据其票面利率计算其到期收益率;市场收益率根据上市公司所在市场选择沪深 300 指数或标普 500 指数最近十年的几何平均值。公司特殊风险调整只选择规模因素,可根据经验值或回归值计算。

（3）确定无形资产回报率。流动资产数额采用运营资金;固定资产数额采用固定资产账面净值和长期投资账面净值;流动资产投资回报率采取一年期银行平均贷款利率;固定资产投资回报率采取银行五年以上平均贷款利率。

（4）缺乏流动性折扣估算。可采取经验值或使用实物期权法计算可比上市公司流动性折扣后取平均值。

3）累加法计算

当无法使用可比上市公司倒算无形资产折现率时,应使用累加法计算数据资产的折现率,公式如下:

$$r_i = r_0 + r_{ki} \tag{5-12}$$

式(5-12)中,r_0 为无风险收益率;r_{ki} 为第 i 种应用的风险收益率。

风险收益率应考虑技术风险、市场风险、竞争风险和管理风险。一般使用层次分析法逐项确定风险。

5.2.4 综合法

综合法是由用成本法、市场法和收益法计量的数据资产价值加权获得数据资产价值的方法。

1. 要求

选取成本法、市场法和收益法计量数据资产价值的权重系数时,宜综合考虑市场要素和环境要素的影响。

2. 模型

综合法实现模型的公式如下:

$$P = a_1 P_1 + a_2 P_2 + a_3 P_3 \tag{5-13}$$

式(5-13)中,P 为待评估数据资产的价值;P_1 为用成本法计量的数据资产价值;P_2 为用市场法计量的数据资产价值;P_3 为用收益法计量的数据资产价值;a_1 为成本法计量数据资产价值的权重系数;a_2 为用市场法计量数据资产价值的权重系数;a_3 为用收益法计量数据资产价值的权重系数。

5.2.5 传统估值方法的局限性

目前实践中尚未出现适用于新型数据资产的价值评估方法,根据前述分析,数据资产与传统资产的界定、特征存在联系和差异,传统资产评估方法及基本原理为数据资产价值核算提供了试验路径参考,如果使用传统资产评估原理进行分析并非完全不可行,但局限性同样不容忽视。[①]

成本法使用意味着投资者不会付出比重新购置这项资产更高的成本来购置资产。成本法的计算较为简单、直观,比较适合买方差异较小、市场价格公开的数据产品,避免买方异质性带来的价值差异。同时,针对数据资产的适用场景十分有限,数据资产的时效性和场景特殊性决定了对于一些数据来说根本就不存在重新购置的可能或重新购置的成本十分昂贵。成本法的局限性有以下三个方面。

(1)与数据资产相应的直接生产成本较难区分。因为数据资产是信息生产业务中的派生产品,对部分数据资产而言,由于缺乏相应的直接生产成本,其对间接成本的分摊也无法估算。如客户通过互联网搜索引擎所产生的查询信息等数据资产,其内容收集成本中包含了网络构建成本、互联网搜索引擎市场推广费用和管理、操作管理人员薪酬等,而上述的成本费用中又有多少应属于"数据资产",这一分摊程度难以估计。

(2)数据资产的贬值原因不易预测,导致各类数据资产价值下跌的原因多种多样。比如道上交通数据的有效性,以及驾驶员行车信号的正确性,这些对贬值因素的价值影响都

---

① 刘悦欣,夏杰长. 数据资产价值创造、估值挑战与应对策略[J]. 江西社会科学,2022,42(3):76-86.

很难衡量。

（3）无法反映数据资产可能形成的合理利润，尽管在成本费用的归集中需根据成本相加的方法再考虑相应的合理收益。传统资产评估的利润可参照实际利润，比如房产建造的利润，但对于数据资产业务的实际利润却不是按照业界通识或习惯，也没法简单地选择一种合理利润，从而使得成本法更难于反映数据资产应用时所创造的实际价值。

收益法的典型应用场景包括基于项目数量和用户数量制定比例租赁费用的订阅方式，根据买方的质询、模型训练实现精准定价。在前提满足的情况下，市场法能够真实地反映资产市场情况，并且由于各项指标参数直接来源于现时市场，相比于其他方法更为真实。虽然目前全国贵州、江苏、北京、上海等多地陆续成立了数据交易所，东湖、数据堂等数据交易平台不断涌现，但目前来看交易模式尚不成熟，相应的入场标准、资产标准认定、交易制度规范等都处于试运行阶段，且覆盖数据类型有限、高价值数据偏少，尚不能提供大量完整、公开的数据交易信息。

传统资产评估方法在数据资产价值评估过程中受到了或多或少的限制，数据资产相比其他资产而言，活跃程度、灵活性和时效性明显更强，在实际应用中需要对数据要素和数据资产的特殊性进行全面评估，对传统估值方法进行灵活创新，才能真实反映数据资产的经济价值。数据资产估值主要方法对比如表 5-2 所示。

表 5-2　数据资产估值主要方法对比

估值方法	核心思路	优势	劣势
成本法	通过重新制造数据资产的成本加上合理利润并减去贬值，得到数据价值	数据指标相对客观且便于财务管理，能衡量数据资产建设的成本	无法体现数据资产可以产生的收益，不符合数据资产能够增值的特征
收益法	估计未来数据资产产生的业务收益，并考虑资金的时间价值，将各期收益加总获得数据价值	能比较准确地反映数据资产的价值，体现数据盈利能力	收益额较难准确预测，会受到主观判断影响
市场法	根据市场已有数据交易价格，以数据特征的差异作为修正评估数据价值	能够反映资产目前的市场情况，较为客观，在数据交易中更容易被交易双方接受	评估可行性受可比交易可获得性影响，即市场上需要有可见的可比交易，对市场要求严格

5.3　数据资产价值评估案例分析

5.3.1　基于多期超额收益法的数据资产价值评估

1. 案例选取

生物医药作为战略性新兴产业之一，数字化技术为整个产业注入了新的活力，有助于推动经济的高质量发展。天士力医药集团股份有限公司（简称"天士力"）作为生物医药上市公司的代表,率先意识到数字化技术的重要性,积极探寻数字化转型道路。2014年,天士力成立数字创新事业部门,开启了数字资产应用的新篇章;2016年,天士力投资1.5亿元启动"现代中药智能制造"项目,将"数字化、智能化、集成式"作为该项目的核心内容;2019年,天士力开启数字化元年,以数字科技为驱动,积极推动企业数字化转型。随着数字化进程的推进,天士力拥有了大量的数据资产,如何评估数据资产价值,发挥数据资产的最大效用成为企业亟须解决的难题。本节以天士力作为评估案例,对该企业的数据资产价值进行评估,助力企业的数字化转型。[①]

2. 数据及预测

通过分析发现,天士力从2014年开始进行数字化转型,数字资产也从这一年开始创造超额收益。但由于数据获取限制,本案例将评估基准日确定为2019年12月31日。又因数据资产具有极强的时效性,为保证数据资产价值评估的精准性,案例将数据资产的收益期限设置为2020—2024年五年。为简化计算过程,案例在预测方面并未涉及复杂的理论公式,选择以最小二乘法进行一元线性回归对过去六年历史收入进行拟合,由此预测未来五年的收入,其他各变量的预测皆以过去六年占收入之比例的平均值作为预测基础。

1)自由现金流量预测

以RESSET金融研究数据库为基础,获取天士力2014—2019年的营业收入等基本财务报表数据。运用最小二乘法对天士力2014—2019年的收入数据进行一元线性回归,通过拟合函数预测天士力2020—2024年的营业收入,得到各年的营业收入预测值分别为2 033 019万元、2 171 902.72万元、2 310 786.44万元、2 449 670.16万元、2 588 553.88万元。然后取各项目占营业收入之比例的平均值作为预测基础对未来五年的数据进行预测。天士力属于高新技术企业,可享受税收减免政策,企业所得税税率为15%。由此可得天士力未来五年自由现金流量,如表5-3所示。

表5-3 天士力2020—2024年自由现金流量预测　　　　　　金额单位:万元

项　　目	2020年	2021年	2022年	2023年	2024年
营业收入	2 033 019.00	2 171 902.72	2 310 786.44	2 449 670.16	2 588 553.88
营业成本	1 299 505.74	1 388 280.22	1 477 054.69	1 565 829.17	1 654 603.64
营业税金及附加	19 313.68	20 633.08	21 952.47	23 271.87	24 591.26
销售费用	312 678.32	334 038.64	355 398.95	376 759.27	398 119.59
管理费用	100 431.14	107 291.99	114 152.85	121 013.71	127 874.56
EBIT	301 090.12	321 658.79	342 227.48	362 796.14	383 364.83
税率	15%	15%	15%	15%	15%
税后利润	255 926.60	273 409.97	290 893.36	308 376.72	325 860.11
资本性支出	90 469.35	96 649.67	102 830.00	109 010.32	115 190.65

① 陈芳,余谦. 数据资产价值评估模型构建——基于多期超额收益法[J]. 财会月刊,2021(23):21-27.

项　　目	2020 年	2021 年	2022 年	2023 年	2024 年
营运资金增加额	58 144.34	62 116.42	66 088.49	70 060.57	74 032.64
固定资产折旧	38 220.76	40 831.77	43 442.79	46 053.80	48 664.81
无形资产摊销	4 472.64	4 778.19	5 083.73	5 389.27	5 694.82
自由现金流	154 072.35	164 597.65	175 122.96	185 648.24	196 173.56

2）各资产贡献值预测

为预测各资产创造的收益值,从 RESSET 金融研究数据库中获取天士力 2014—2019 年的总资产、应付职工薪酬等财务报表数据。

（1）流动资产贡献值预测。以流动资产占总资产比例的平均值 66.55% 作为预测基础,根据总资产的增加额占营业收入比例的平均值 15.45%,可得到流动资产增加额占营业收入的比例为 10.28%,以此为基础预测天士力未来五年的流动资产。流动资产的投资回报率取一年期银行贷款利率 4.35%,可得到天士力未来五年流动资产贡献值,如表 5-4 所示。

表 5-4　天士力 2020—2024 年流动资产贡献值预测　　金额单位:万元

项　　目	2020 年	2021 年	2022 年	2023 年	2024 年
营业收入	2 033 019.00	2 171 902.72	2 310 786.44	2 449 670.16	2 588 553.88
期初流动资产	1 654 172.77	1 863 167.12	2 086 438.72	2 323 987.57	2 575 813.66
流动资产增加额	208 994.35	223 271.60	237 548.85	251 826.09	266 103.34
期末流动资产	1 863 167.12	2 086 438.72	2 323 987.57	2 575 813.66	2 841 917.00
平均余额	1 758 669.95	1 974 802.92	2 205 213.15	2 449 900.62	2 708 865.33
回报率	4.35%	4.35%	4.35%	4.35%	4.35%
贡献值	76 502.14	85 903.93	95 926.77	106 570.68	117 835.64

（2）固定资产贡献值预测。根据天士力 2014—2019 年的财务报表数据,可得到资本性支出占营业收入比重的平均值 4.45%,以及固定资产资本支出占资本性支出的比例均值 32.65%,以此为基础预测天士力未来五年的固定资产资本支出。固定资产的投资回报率取五年期以上银行贷款利率 4.90%,可得到天士力未来五年固定资产贡献值,如表 5-5 所示。

表 5-5　天士力 2020—2024 年固定资产贡献值预测　　金额单位:万元

项　　目	2020 年	2021 年	2022 年	2023 年	2024 年
期初固定资产	339 633.55	330 951.03	321 675.38	311 806.58	301 344.65
固定资产折旧	38 220.76	40 831.77	43 442.79	46 053.80	48 664.81
资本性支出	90 469.35	96 649.67	102 830.00	109 010.32	115 190.65
固定资产资本支出	29 538.24	31 556.12	33 573.99	35 591.87	37 609.75

项　　目	2020 年	2021 年	2022 年	2023 年	2024 年
期末固定资产	330 951.03	321 675.38	311 806.58	301 344.65	290 289.59
平均余额	335 292.29	326 313.21	316 740.98	306 575.62	295 817.12
回报率	4.90%	4.90%	4.90%	4.90%	4.90%
投资回报	16 429.32	15 989.35	15 520.31	15 022.21	14 495.04
贡献值	54 650.08	56 821.12	58 963.10	61 076.01	63 159.85

（3）无形资产贡献值预测。同理，可得到 2014—2019 年的表内无形资产资本支出约占资本性支出的 0.81%，表内无形资产的投资回报率取五年期以上银行贷款利率 4.90%，可得到天士力未来五年无形资产贡献值，如表 5-6 所示。

表 5-6　天士力 2020—2024 年无形资产贡献值预测　　　　金额单位：万元

项　　目	2020 年	2021 年	2022 年	2023 年	2024 年
期初无形资产	40 845.32	37 512.08	33 951.13	30 162.48	26 146.12
无形资产摊销	4 066.04	4 343.81	4 621.57	4 899.34	5 177.11
表内无形资产资本支出	732.80	782.86	832.92	882.98	933.04
期末无形资产	37 512.08	33 951.13	30 162.48	26 146.12	21 902.05
平均余额	39 178.70	35 731.61	32 056.81	28 154.30	24 024.09
回报率	4.90%	4.90%	4.90%	4.90%	4.90%
投资回报	1 919.76	1 750.85	1 570.78	1 379.56	1 177.18
补偿回报	4 066.04	4 343.81	4 621.57	4 899.34	5 177.11
贡献值	5 985.80	6 094.66	6 192.35	6 278.90	6 354.29

对于表外无形资产，本文仅考虑数据资产和人力资本两种。这里将天士力财务报表中"应付职工薪酬"作为人力资本投入数据，分析其历史劳动力投入情况，发现人力资本投入约占营业收入的 0.93%。现有文献通过构造经济增长中人才贡献率的模型，发现 1978—2015 年间人才对中国经济增长的平均贡献率为 24.49%。案例将 24.49% 作为劳动力贡献率，预测天士力未来五年人力资本贡献值，结果如表 5-7 所示。

表 5-7　天士力 2020—2024 年人力资本贡献值预测　　　　金额单位：万元

项　　目	2020 年	2021 年	2022 年	2023 年	2024 年
人力资本投入	18 907.08	20 198.70	21 490.31	22 781.93	24 073.55
回报率	24.49%	24.49%	24.49%	24.49%	24.49%
贡献值	4 630.34	4 946.66	5 262.98	5 579.29	5 895.61

3）折现率

本文的无风险回报率 R_f 取评估基准日的五年期短期国债利率 4.27%；市场平均收益

率 R_m 取 Choice 金融终端中沪深 300 指数历年年平均收益率,经计算 R_m = 12.83%;β 指数同样来自 Choice 金融终端;债权回报率 R_d 根据评估基准日产比例的平均值 66.55% 作为预测基础,根据总资产的五年期银行贷款利率 4.75% 来确定;所有者权益合计 E、负债合计 D 及企业所得税税率 T 均可通过查阅企业年报获得。将上述参数代入加权资本成本公式(5-11),可得到与被评估企业相似的企业的加权资本成本,结果如表 5-8 所示。

表 5-8　天士力与相似企业的加权资本成本

公司名称	R_f	R_m	β	R_e	R_d	$E/(E+D)$	$D/(E+D)$	T	WACC
天士力	4.27%	12.83%	0.849 2	11.54%	4.75%	49.40%	50.60%	15%	7.74%
华润三九	4.27%	12.83%	0.988 2	12.73%	4.75%	64.08%	35.92%	15%	9.61%
白云山	4.27%	12.83%	1.053 2	13.29%	4.75%	45.68%	54.32%	15%	8.26%
步长制药	4.27%	12.83%	0.943 0	12.34%	4.75%	65.08%	34.92%	15%	9.27%

流动资产投资回报率为一年期银行贷款利率 4.35%,固定资产投资回报率为五年期以上银行贷款利率 4.90%。将各参数代入式 $i_j = \dfrac{\text{WACC} - W_e \times i_e - W_f \times i_f}{W_j}$,其中 W_j、W_e、W_f 分别表示无形资产、流动资产、固定资产占总资产的比重;i_j、i_e、i_f 分别表示无形资产、流动资产、固定资产的投资回报率。进而倒挤出相似企业的无形资产回报率,如表 5-9 所示。

表 5-9　相似企业的无形资产回报率预测

公司名称	WACC	流动资产比重	流动资产回报率	固定资产比重	固定资产回报率	无形资产比重	无形资产回报率
华润三九	9.61%	51.20%	4.35%	16.02%	4.90%	32.78%	20.13%
白云山	8.26%	80.82%	4.35%	5.14%	4.90%	14.04%	31.98%
步长制药	9.27%	33.14%	4.35%	8.90%	4.90%	57.96%	12.75%

为得到天士力的数据资产回报率,再次运用回报率拆分法,将医药行业无形资产回报率的平均值 21.63% 代入式 $i_d = \dfrac{\text{WACC} - W_e \times i_e - W_f \times i_f - W_j \times i_j}{W_d}$,其中 W_d 为数据资产占总资产的比重;i_d 为数据资产的投资回报率,最终得到天士力的数据资产回报率,如表 5-10 所示。

表 5-10　天士力的数据资产回报率预测

公司名称	WACC	流动资产比重	流动资产回报率	固定资产比重	固定资产回报率	无形资产比重	无形资产回报率	数据资产比重	数据资产回报率
天士力	7.74%	68.89%	4.35%	14.14%	4.90%	1.70%	21.62%	15.27%	24.12%

由此得到天士力的数据资产回报率为 24.12%,比无形资产平均回报率 21.63% 高 2.49%,验证了数据资产特有的权属风险、数据安全风险等导致其风险比整体无形资产风险更高这一推测,表明了该数据资产折现率的合理性。

3. 数据资产价值评估

结果将预测的天士力未来自由现金流减去上述各资产贡献值,即得到未来数据资产的超额收益。天士力数据资产的价值评估结果如表 5-11 所示。

表 5-11 天士力数据资产价值评估结果 金额单位:万元

项 目	2020 年	2021 年	2022 年	2023 年	2024 年
自由现金流	154 072.35	164 597.65	175 122.96	185 648.24	196 173.56
流动资产贡献值	76 502.14	85 903.93	95 926.77	106 570.68	117 835.64
固定资产贡献值	54 650.08	56 821.12	58 963.10	61 076.01	63 159.85
无形资产贡献值	5 985.80	6 094.66	6 192.35	6 278.90	6 354.29
人力资本贡献值	4 630.34	4 946.66	5 262.98	5 579.29	5 895.61
数据资产超额收益	12 303.99	10 831.28	8 777.76	6 143.36	2 928.17
折现率	24.12%	24.12%	24.12%	24.12%	24.12%
折现系数	0.81	0.65	0.52	0.42	0.34
现值	9 966.23	7 040.33	4 564.44	2 580.21	995.58
合 计	25 146.79				

由表 5-11 可知,天士力在 2019 年年底时数据资产的价值为 25 146.79 万元,而且数据资产所产生的超额收益是逐年递减的,这符合数据资产时效性强的特征。企业所产生的数据如果不能在恰当的时间进行开发利用,其使用价值就可能随时间的流逝而减少,甚至完全失去价值。

基于剩余法的多期超额收益模型为核心对数据资产进行评估,体现了数据资产的超额收益性,但该方法仍存在一定的局限性。首先,评估所需的预测数据会有偏差。案例通过预测的方法来确定使用数据资产可能获得的收益,预测时未考虑实际影响因素的变动,所以会导致预测有偏差。其次,折现率的选择不够精准。虽将数据资产的折现率区别于无形资产平均折现率,但由于在计算无形资产平均折现率时并未排除与被评估企业相似的企业存在数据资产的情况,所以得到的无形资产平均折现率可能本身已经包含了数据资产的折现率部分,导致被评估企业的数据资产折现率不够精准。最重要的是,该模型未考虑数据资产的价值易变性,数据资产的价值可能会随使用方式及时间的推移而不断变化。

5.3.2 不同应用场景下数据资产价值评估实例

1. 案例背景

北京市某网约车公司 A,在行业内率先使用数据资产进行经营管理,并对外销售相关数据产品。企业日常经营的数据经过处理形成可供使用的数据资产,分别用于精准营销和对外出售。根据企业的信息披露可以看出,该企业从提出数字化转型到数据资产能够创造价值存在一个过渡期,该期间数据资产创造价值不是本案例所研究范围,故本案例将评估基准日定为 2021 年 11 月 16 日。目前已有较多企业利用数据资产创造价值,但对于数据资产的披露还不充分,相关数据资产数据无法准确获取。案例其他相关假设为:该企业用户人数为 100 万人,平台活跃系数为 0.03,溢价率系数为 0.3,单个用户的价值为 6 元,网络节点数约为 90。日常数据整理、分析等工作需要的成本为 20 万元,用于数据维护更新分析的费用是 30 万元/年,行业内数据资产的平均生命周期为 5 年。行业内平均收益率为 25%。根据相关法律法规,企业每年用于该数据资产的法律诉讼费大约为 20 万元。并选取国泰安数据库中 2010 年 1 月—2020 年 1 月十年期国债利率的平均值 2.17% 作为无风险利率,由于数据资产风险较高,故年收益波动率为 0.24,查阅相关资料可得出租车行业折现率为 16%。

2. 非交易场景下数据资产价值评估

除市场交易外,非交易场景下的数据也能实现潜在价值变现。部分无法或没有进行市场交易的数据也具有价值,比如,作为战略资产的存量价值、预期的未来价值等。非交易场景下的数据可视为一种广义上的资产,其定价本质上属于潜在价值评估。比如,在并购、申请破产、收购等过程中,存量数据会产生预期收益。

数据资产的最大特性是不确定性,该不确定性与大多数资产的不确定性不能混为一谈,更应被看成一种获利的潜在可能性,这种未来创造价值的潜在性可以看作是一种看涨期权。借鉴 B-S 期权定价模型思路进行无交易场景的数据资产价值评估。

首先,B-S 期权做出如下基本假设:第一,数据资产变化率服从正态分布,且漂移项和波动率为常数;第二,在市场上可以固定价格无限地买入和卖出数据资产;第三,市场上数据资产买卖不存在交易费用和税收问题;第四,数据市场是风险中性的市场,不存在无风险套利机会;第五,该企业会持续生产数据资产。其次,根据 B-S 期权定价模型,得到数据资产的价值:

$$V_c = SN(d_1) - \tilde{K}N(d_2) \tag{5-14}$$

其中,$d_1 = \dfrac{\ln\left(\dfrac{S}{K}\right) + \left(r + \dfrac{\sigma^2}{2}\right)}{\sigma\sqrt{t}}$;$d_2 = d_1 - \sigma\sqrt{t}$;$N(d_1) = \dfrac{1}{\sqrt{2\pi}}\displaystyle\int_{-\infty}^{d_1} e^{-\frac{y^2}{2}}\mathrm{d}y$;$S$ 表示初始价值;$\tilde{K}$ 表示执行价格现值;r 表示无风险利率;σ 表示波动率(平均波动率);t 表示数据资产生命周期;V_c 表示数据资产价值;$N(d_1)$ 表示愿意为拥有数据资产而支付初始成本的概率;$N(d_2)$ 表示愿意维护数据资产而支付数据分析、维护费的概率。

(1) 初始价值 S。数据资产化过程第一阶段,原始数据经过数据处理、清理、挖掘、输出等过程形成数据资产,数据资产的初始价值 S 主要来源于数据存储、管理、更新、分析的费用。数据资产价值产生的收益受到平台活跃程度、数据的价值系数、平台用户人数和网络节点的距离四个因素影响,案例根据公式 $S = \lambda \times d \times K \dfrac{N^2}{R^2}$ 进行数据资产初始价值的计算。其中,λ 是平台的活跃系数;d 是每个用户的价值;K 是溢价率系数;N 是该平台的用户人数;R 是网络节点的距离。

（2）执行价格现值 $\widetilde{K}$。数据资产化过程第二阶段,形成数据资产的数据开始为企业创造价值。数据资产执行价格就是数据分析、维护费,即愿意持续拥有数据资产,并支付一定的数据分析、维护费。

（3）无风险利率 r。一般选取同期的国债利率。

（4）波动率 σ。因为无交易场景下用于精准营销的数据资产类似于一种广义的无形资产,因此可以参考类似的无形资产波动率进行计算。

（5）数据资产生命周期 t。数据资产化的三阶段即数据资产的整个生命周期,可以结合所处理数据集的容量大小、数据分析的难度以及数据资产应用场景等因素,根据法律保护期限、数据资产时效性、相关合同约定时间等确定。

综上所述,本案例假设:波动率 $\sigma=0.24$;无风险利率 $r=2.17\%$;数据资产收益期限 $t=5$ 年。

A 公司用户人数 N 为 100 万人,平台活跃系数 λ 为 0.03,溢价率系数 K 为 0.3,单个用户的价值 d 为 6 元,网络节点数 R 约为 90。

$$S=\lambda \times d \times K \frac{N^2}{R^2}=0.03 \times 6 \times 0.3 \times \frac{1\ 000\ 000^2}{90^2} \approx 6\ 666\ 666.67(元)$$

执行价格现值:
$$\widetilde{K}=25.863+22.296+19.221+16.569+13.728=97.677(万元)$$

具体测算见表 5-12。

表 5-12　数据资产执行价格现值测算

项　目	2021 年	2022 年	2023 年	2024 年	2025 年
数据资产执行价格/万元	30	30	30	30	30
折现率	16%	16%	16%	16%	16%
折现系数	0.862 1	0.743 2	0.640 7	0.552 3	0.457 6
现值/万元	25.863	22.296	19.221	16.569	13.728

将上述参数输入到统计软件中,运用式(5-1)计算可得数据资产价值 $V_c=568.93$ 万元。

3. 有交易场景下数据资产价值评估

邀请 15 位专家进行评分。运用 AHP 法确定的权重 W_1、W_2、W_3 分别为 13%、85%、2%。

各指标具体测算如下。

（1）成本价值 B。A 公司进行数据整理、分析等需要的成本为 20 万元,用于日常数据维护更新分析的费用是 30 万元/年,行业内数据资产的平均生命周期为 5 年。因此,可得数据资产成本 $B=20+30 \times 5=170$（万元）。

（2）应用价值 C。首先根据历史数据进行 A 企业各年收益的预测,然后计算各年收益现值,最后估算数据资产的应用价值。

2016—2020 年 A 企业营业收入、出租车行业的平均收入与出租车的行驶里程如表 5-13 所示。

表 5-13　2016—2020 年出租车行业与 A 企业相关数据

项　　　目	2016 年	2017 年	2018 年	2019 年	2020 年
行驶里程 x/万公里	43.24	50.25	61.33	75.82	80.41
出租车行业平均营业收入 y_1/万元	225	235	245.9	254.2	266.5
A 企业营业收入 y_2/万元	270	288	295.5	300.5	307

通过分析,A 企业营运收入、出租车行业的平均收入与出租车的行驶里程具有线性相关性,故采用最小二乘法进行一元线性回归分析。行驶里程与出租车行业平均营业收入、A 企业营业收入的线性相关系数分别为 0.982 和 0.936,相关系数高,可以进行拟合。行驶里程与出租车行业平均收入和 A 企业营业收入的拟合函数分别为 $y_1 = 0.99x + 183.44$;$y_2 = 0.83x + 240.32$。根据拟合函数求得 2021—2025 年出租车行业平均收入和 A 企业年收入的预测值如表 5-14 所示。

表 5-14　2021—2025 年出租车行业与 A 企业收入预测数据

项　　　目	2021 年	2022 年	2023 年	2024 年	2025 年
行驶里程 x/万公里	83.24	88.25	92.33	98.97	105.64
出租车行业平均营业收入 y_1/万元	265.85	270.81	274.85	281.42	288.02
A 企业营业收入 y_2/万元	309.41	313.57	316.95	322.47	328.00

根据分成率、折现率计算出 A 企业数据资产各年收入的现值如表 5-15 所示。

表 5-15　数据资产应用价值测算

项　　　目	2021 年	2022 年	2023 年	2024 年	2025 年
主营收入/万元	309.41	313.57	316.95	322.47	328
分成率	57.41%	58.33%	55.90%	57.05%	60.11%
数据资产收入/万元	177.63	182.91	177.18	183.97	197.16
折现率	16%	16%	16%	16%	16%
折现系数	0.862 1	0.743 2	0.640 7	0.552 3	0.457 6
现值/万元	153.13	135.94	113.52	101.61	90.22

将各年数据资产收益现值代入如下计算公式:

$$C = \sum_{K=1}^{n} \frac{超额收益}{(1+i)^k} \qquad (5-15)$$

计算得到

$$C = 153.13 + 135.94 + 113.52 + 101.61 + 90.22 = 594.42(万元)$$

（3）风险价值 D。企业每年用于该数据资产的法律诉讼费大约为 20 万元/年,故 $D = 20$ 万元。

4. 数据资产价值计算

$$V = B \times W_1 + C \times W_2 - D \times W_3 = 170 \times 13\% + 594.42 \times 85\% - 20 \times 2\% = 526.96(万元)$$

103

　　总之,案例从界定数据资产含义出发,按应用场景将数字资产划分为无交易和有交易两种情况进行估值。无交易场景下的数据资产可以看成一种广义的无形资产,可将其收益的不确定性确定为期权,适合利用 B-S 期权定价模型进行估值;有交易场景下的数据资产价值包括数据资产的成本价值、应用价值和风险价值三个部分,通过分析各部分的影响因素,并利用 AHP 法等结合超额收益法进行估值比较合适。

第6章　数据要素定价

数据定价是数据要素市场化配置的关键环节,2020 年 4 月,《关于构建更加完善的要素市场化配置体制机制的意见》中强调,"丰富数据产品""健全生产要素由市场评价贡献、按贡献决定报酬的机制""完善要素交易规则和服务"。此后,相关部门落实党中央和国务院的部署。2022 年 1 月,国务院印发的《"十四五"数字经济发展规划》进一步明确提出,鼓励市场主体探索数据资产定价机制,逐步完善数据定价体系。地方政府也积极探索建立数据要素定价机制,比如,《广东省数据要素市场化配置改革行动方案》提出健全数据市场定价机制;《上海市数据条例》提出,市场主体可以依法自主定价,但要求相关主管部门组织相关行业协会等制定数据交易价格评估导则,构建交易价格评估指标。由此可见,政府对建立数据要素定价机制尚处于探索阶段。

数据要素定价机制是数据要素市场建设的重要内容,是买卖双方在制度、场景和技术等约束条件下进行数据要素交易价格确定的制度安排。本章首先在明确数据要素定价的客体是具备生产要素属性的数据产品和服务的基础上,探讨了影响数据要素定价的成本、价值和场景等因素,归纳了数据要素定价的一般性原则和特定性原则。其中,制度设计是数据要素定价的关键,场景对数据要素定价影响很大。

6.1　数据资产估值与定价

价格并不等同于价值,价格是价值的表现形式,价值是决定价格的基础。使用价值是指物品的有用性或效用,即物品能够满足人们的某种需要。在完全竞争条件下,商品的价格主要取决于使用价值和供求关系。在不完全竞争条件下,如存在垄断时,价值与价格的关系就会出现分离,因为定价权被独占。价格的差异与边际效用的差别有关。

在一定时间周期,数据资产价值是静态的,而数据资产定价是动态的,数据资产的价格围绕其价值上下波动,且会受到自身特征的较大影响。数据资产估值与定价属于两个阶段、两种技术和两大模块。估值是定价的基础,估值是基于数据资产生产者或者初级所有者的角度,根据数据资产的本身价值特点进行价值评估,为数据资产的进一步价格发现提供参照基准,其技术属性偏资产评估,是数据资产本身使用价值的一种数据化再现;定价是在估值存在的基础上,基于数据资产购买者对该数据资产的效用评估和心理可接受价格的较量,利用可交易市场中的价格发现功能进行竞价匹配,最终达成供需平衡状态下的市场出清价格,是对估值的一种调整,比如拍卖竞价原理。借鉴当前传统资产的估值定价机制,数据资产估值定价机制也可以细分为一级市场和二级市场,一级市场用于估值,二级市场进行定价。

1. 数据资产一级市场估值

数据资产一级市场的主要作用是对数据资产进行估值。通过专业的数据资产评估机构或先进的数字化评估系统,对相关市场主体的数据资产进行价值评估,同时根据数据治理方法,在保障数据资产安全的前提下,对数据资产的质量和安全性进行评估考核,从而有利于数据资产的二次处理。在估值主体上,结合当前对无形资产的估值方法,数据资产的估值仍旧需要依靠专业的评估机构进行人工评估。随着数据资产的规模不断增加,对数据处理的时效性要求不断提升,未来其价值环节必将转向数字化、自动化和智能化的处理模式。在具体的估值内容方面,既要对数据资产的整体进行估值,也要根据数据资产的生产过程以及加工过程所投入的工作量进行一定的考量和侧重,特别是对于由多个资产单元合成的数据资产更是如此,这将与后续的数据资产生产成本分摊和利益分配挂钩,也是形成数据资产市场激励机制的基础。

数据资产在一级市场的所有权并不发生转移,少量的所有权转让必须在数据资产交易所或交易市场的严格监管下进行。一级市场的主要功能在于价值评估和标准审核,由于数据资产可复制性的特征,复制转让的边际成本几乎为零,从而在使用权转让过程中容易滋生非法套利,对数据资产市场基础造成巨大破坏。此外,当前大部分数据资产都掌握在头部科技巨头公司手中,极易形成数据垄断,导致数据资产市场的萎缩,有悖于促进数据资产流通循环的初衷,并加剧数字经济时代大资本对社会财富的掠夺和贫富差距的扩大。为了数据资产市场的良性循环和可持续发展,可以通过将定价环节集中于二级市场,促使数据资产有序流通。

2. 数据资产二级市场定价

经过一级市场的估值和上市条件标准化操作,数据资产可在二级市场流通交易,其流通交易的标的是数据资产的阶段性使用权。在二级市场的流通交易过程中,数据资产的市场价格将取决于供需均衡。基于套利交易逻辑和拍卖竞价原理,数据资产二级市场的流通交易机制将发挥价格发现功能,从而使得二级市场的定价机制得以在这个环节实现。数据资产使用权购买者根据自身的数据需求在数据资产市场中寻求合适的资产标的,在把握心理价格预期和资产效用评估的基础上,依据数据资产的估值标价和市场竞争者的报价决定自身可以接受的价格水平,最终在市场交易匹配撮合机制下购买到所需数据资产的使用权。由于不同市场主体对同一数据资产的效用评估存在差异性,因此市场需求也在不断变化,数据资产的价格也处于动态调整的模式,这为数据资产估值提供了参考,在提高估值水平的同时也引导数据资产生产质量的改善。在数据资产二级市场的运行设施建设和定价机制设计的过程中,要充分考虑数据资产市场的数字化特征,积极采用数字化、智能化的技术和标准打造可以适应未来大规模数据交易的系统。

数据资产二级市场交易可以采用使用权交易的模式。由于数据资产是一个价值创造的阶段性载体,拥有阶段性的使用权即可满足价值创造所需的要素投入要求。二级市场上市的数据资产处于持续的更新过程之中,同一数据资产的内容形态和价值含量在不断变化,购买瞬时形态的数据资产所有权的价值意义不大。而采用使用权交易模式,可以较大程度上避免所有权交易带来的潜在不稳定因素。[①]

6.2 数据要素定价的原则与策略

6.2.1 数据要素定价原则[②]

数据要素定价的基本原则是选择定价方法和模型的重要依据。数据定价遵循真实性、收益最大化、避免套利、公平性、保护隐私和高效匹配等原则,在不同的使用场景和定价模型中有所取舍。本章将数据要素定价的原则分为一般性原则和特定性原则两类。其中,一般性原则与产品的定价原则相仿,但具体内涵有所不同;在数据要素特定的交易场景和定价模型中,重视坚持真实性、避免套利和保护隐私等特定性原则。

(1)一般性原则。数据要素定价也遵循商品定价的基本原则,比如,以价值为依据、成本为基础、市场竞争为导向。收益最大化、公平性和高效匹配被认为是数据产品定价的一般性原则。因为数据产品的复制成本很低,数据定价模型普遍遵循收入最大化而非利润最大的原则。比如在拍卖模型中,卖方以收入最大化为原则确定拍卖的数量,基于查询的数据定价追求无套利和收入最大化目标,据此建立定价算法。

公平性原则不仅指买卖双方的公平定价,还需要考虑利益相关者的公平分配。公平分配应具备平衡性、对称性、零要素和可加性四个条件。由于数据产品的复制成本低、再生产边际成本接近零,卖方可以低成本复制相同的数据产品,从而获得不合理的收益。这对数据要素市场的实际公平提出了挑战。

高效匹配原则指定价模型必须以适当的价格来匹配买卖双方,提高计算效率实现高效匹配。数据产品价值因应用场景而异,有效地计算众多交易参与者的市场报价是对数据交易平台的基本要求。如果计算效率过低,则会影响数据价值和交易效率。

(2)特定性原则。真实性是市场有效的保障,可以促使卖家提供真实效用价值最大化的数据产品。真实性原则是拍卖机制的核心原则,买家只愿意支付真实效用价值最大化的价格。无套利性是指参与者无法通过不同市场的价格差异获利,是基于查询的数据定价的核心原则,可以分解为无信息套利和无捆绑套利。在对个人敏感数据交易提供查询服务时,卖方必须接受一些套利的风险,以便制定合理的价格。保护隐私原则在隐私含量高的数据交易场景中被重点考虑。网络平台用户的个人信息、数据提供方的经营信息以及第三方交易平台的信息很容易在交易中泄漏。例如,训练机器学习模型的样本通常来自存储在

① 陆岷峰,欧阳文杰. 数据要素市场化与数据资产估值与定价的体制机制研究[J]. 新疆社会科学,2021(1):43-53,168.

② 欧阳日辉,杜青青. 数据要素定价机制研究进展[J]. 经济学动态,2022(2):124-141.

云服务器上的用户内容,在提取过程中存在隐私泄露风险。因此,理论界应积极探索保护数据产品隐私的方法,包括不得出售未经脱敏的原始数据,建立去中心化和可信的数据交易平台,使用区块链技术保护隐私,采取买卖双方直接交易方式等。

6.2.2 数据要素定价策略

现有的数据要素定价策略主要参考传统信息商品中的定价策略,可以被划分为六类,即预定价、固定定价、拍卖定价、实时定价、协议定价和免费增值;此外,还有根据价格是否可变动划分为动态价格策略和静态价格策略;以及市场透明程度划分为完全信息和非对称信息的策略。

1. 协议定价

协议定价是指在产品购买期间,买卖双方轮流出价试探对方底线,直到出现双方都能接受的合理价格之前的行为,企业对企业(business-to-business,B2B)交易时常采取该形式。而在企业对客户(business-to-consumer,B2C)的交易中,卖方则通常会对交易商品设置一个固定定价,即"一口价",并在平台上挂牌出售。如果买方不愿意接受这个"一口价",但又对数据有兴趣,则买方可以通过联系平台上的客服或销售,从而转化成协议定价、组合价或者套餐价。

2. 拍卖定价

拍卖是用公开竞价的形式把商品交给最高应价者的买卖方式,集合竞价则是在一定时间内一次性集中撮合的竞价方式。将拍卖式定价引入到数据交易中主要是针对非常优质的数据源,并面向 B2B 交易。在密封递价的情况下进行竞争性拍卖会使得利润最大化。同时,数据由于具有可无限复制的属性,对于完全一致的数据在拍卖场中的拍卖份数是促成交易极重要的不确定因素。

3. 使用量定价

按次收费或者订阅收费模式都属于按照使用量定价的策略,套餐价、组合价也属于这种形式。按使用量收费在定价策略中是使顾客处于持续性消费状态的策略,在其过程中刺激顾客多次消费的潜力是巨大的。此外,也有按份数出售的定价方式。例如,某公司以40 美元出售某房地产公司的分析报告。在这种定价策略下,消费者没有获得产品所有权,数据提供商为数据产品的生命周期问题负责。

4. 免费增值定价

免费增值定价策略的第一部分是免费的,第二部分增量部分则需要收费。在使用 API 方式进行数据交易的平台中尤为常见。通常,一些数据平台会提供每天 100 次的免费 API 调用,当用户的调用次数超过规定次数,就需要进行付费。付费形式可以是按照次数付费,也可以是按照功能付费。免费增值定价策略通过一定程度的免费服务来提高顾客的服务体验和对产品的质量满意度,从而达到购买增量部分的目的。

5. 动态定价

动态定价是将时间纳入考量的定价方式,它根据当前市场的环境为产品设定上下限浮动的价格区间,卖方要在短时间内考虑众多因素并生成价格。动态定价针对细分市场和个体水平差异而有所不同,易受环境的影响。卖家可以设置一个商品映射价格的任意复杂的表,模拟消费者需求模型和价格计划;当需求频繁变动时,多参数的动态定价方案往往有利可图。常见的数据要素定价策略如表 6-1 所示。

表 6-1　常见的数据要素定价策略

定价策略	含　义
固定定价	固定定价是指数据卖方和交易平台根据数据商品的成本和效用,结合市场供需情况,设定一个固定价格在交易平台上出售,最终成交价即该固定价格
动态定价	价格会随着时效和需求的变化而变化
差别定价	差别定价是指以反映成本费用差异的不同价格来销售一种数据产品或服务。这种差别定价是基于不同的消费者获取数据的愿望不同而实现的
拉姆齐价格	拉姆齐价格是一种高于边际成本的定价,此价格下净收益与净损失的差值最大。这种定价策略主要针对公共数据服务,这些服务经济效益不高却极具社会效益,设置拉姆齐价格有利于提高效率
自动计价	自动计价是指交易所针对每一个数据品种设计自动计价计算式,卖方和买方在交易系统的自动撮合下成交
协商定价	协商定价是指买方和卖方直接通过协商来达成对数据商品价值的一致认可
拍卖定价	拍卖定价属于需求导向定价,适用于一个卖方和多个买方交易的情形
免费增值	免费增值由免费和增值付费两部分组成。在免费期间提升客户满意度和顾客黏性,增强客户的依赖性,潜在客户数量最庞大。不少开源社区采取该策略,十分有效地吸引了用户
使用量定价	价格会随着时效和需求的变化而变化,主要适用于批量的、廉价的数据

6.3　数据要素定价机制

一般而言,市场价格机制包括“市场决定价格”的价格形成机制和“市场在资源配置中起决定性作用”的价格作用机制。基于价值和市场评价贡献的数据要素定价机制,是“价值形成—价格发现—竞价成交”的过程。数据产品依托基于场景的定价激励机制,在市场竞价中形成均衡价格。区别于期货市场以竞价方式发现价格,数据要素的“价格发现”更侧重于评估与调节,既能通过估值模型和定价方法,量化数据要素价值,发现数据产品价格;也能基于场景和“市场评价贡献”,反映和影响供求关系。“价格发现”搭建起数据要素内在价值外化为数据产品价格的桥梁,促进数据要素的有效配置。

6.3.1 数据要素价格的形成机制[①]

数据经过加工将资源价值转移到数据产品,数据产品是数据资源价值化的主要载体。数据要素价值的形成机制主要包括两部分:一部分是数据价值主要取决于其包含的数据质量和数据量,原始数据依托数据价值链,完成从数据资源要素化到数据商品化的价值增值过程;另一部分是数据要素的价值体现在使用者手里,数据产品不能直接创造经济和社会价值,而是基于应用场景通过优化资源配置、影响经营决策、倍增要素价值等方式间接创造价值,实现从数据商品化到数据资产化的价值变现。企业自有的数据要素和购买的数据产品是企业的数据资产。

1. 数据资产化实现数据产品价值

数据从资源化到商品化,再到资产化,是数据产品的价值实现过程。数据产品在使用和流动过程中创造价值,并为企业和社会带来预期经济和社会收益,实现了数据产品价值。数据产品本身不能独立地创造价值,数据商品化之后,在生产、分配、流通和消费环节,与算法、算力、劳动、资本和土地结合,通过替代、渗透和协同机制赋能创造价值。在生产环节,数据产品可以替代和深度赋能传统生产要素,以挖掘有效信息、协同企业创新和改善产品质量等方式提升企业生产效率,低成本、高质量地实现要素价值倍增。在分配环节,数据链联结创新链、激活资金链、培育人才链,有效突破地域、产业和企业的边界限制,促进产业链不同环节、不同企业间的数据融合、业务融合和价值融合,推动社会资源配置从局部最优向全局最优演进。在流通环节,数据交易平台打通数据产品供给、存储、权益分配、交易结算和交割的链接通道,拓展物与物、物与人、人与人联结的广度与深度,建立新型信任机制,促进数据要素供需双方精准高效匹配。在消费环节,企业利用数据产品,基于算法模型和大数据分析技术,精准洞悉用户需求,利用"用户画像"实施精准营销,创新生产模式和商业模式,实现从规模经济向范围经济转型。此外,企业积淀了大量业务数据,其虽然不能直接用于交易,但作为生产要素不仅能在企业经营中发挥价值,而且可以在企业之间的数据交换共享、兼并收购或战略合作中体现价值,是企业的重要资产。

2. 数据产品价值变现必须结合场景

数据产品价值在应用和交易中变现,需要基于场景。数据产品的价值取决于经济主体的业务需求,而业务需求与应用场景密切相关。不同应用场景下影响价值的因素不完全相同,数据产品价值也会不同。商业价值创造与场景相互依赖、相互促进,价值实现方式也与应用场景密切相关。因此,数据要素创造价值和数据产品价值实现都必须依托场景。在数据要素价值形成的过程中,场景是指在价值创造和价值实现过程中涉及的、涵盖行为情境、空间环境和情感情境的一系列元素集合,分为业务应用场景和交易场景。

数据产品在业务应用场景中形成独特使用价值和价值,在(非)交易场景中实现(潜在)

---

① 欧阳日辉,龚伟. 基于价值和市场评价贡献的数据要素定价机制[J]. 改革,2022(3):39-54.

价值。数据成为生产要素是一个渐进的过程,数据产品价值是在生产和交易中不断融合培育出来的。数据产品价值基于场景的多元变现路径包括三部分:一是数据产品在业务应用场景中融合业务应用实现价值变现。数据要素异质性明显,其价值高度依赖于应用场景,脱离具体业务应用场景来谈数据产品价值毫无意义;二是数据产品在交易场景中变现价值。交易是进行价格确定和价值核算的关键环节,数据产品在特定场景和时间节点上呈现极高的稀缺性和排他性,且价值差异明显,这是作为商品参与市场交易的数据产品核心特征;三是非交易场景下的价值变现。公共数据开放、并购、申请破产、收购和诉讼等非交易场景下的数据,虽然没有在市场中交易,但蕴含着丰富的潜在价值。

3. 非交易场景下的数据要素估值定价

除市场交易外,非交易场景下的数据也能实现潜在价值变现。部分无法或没有进行市场交易的数据也具有价值,比如,作为战略资产的存量价值、预期的未来价值等。非交易场景下的数据可视为一种广义上的资产,其定价本质上属于潜在价值评估。比如,在并购、申请破产、收购等过程中,存量数据会产生预期收益,可以通过实物期权法评估其未来价值。诉讼场景下的数据可以参考成本法、市场法、收益法等无形资产的估值定价方法来评估其价值。数据共享通常发生在行业或产业生态圈内部,共享对象是数据的限制性使用权。该场景下数据的价值较难评估,可以尝试用所有共享主体应用数据引致的价值增值总和来衡量。

公共开放数据具有外部性、普惠性和独特性,常规的数据资产估值方法并不完全适用,其估值在全球范围仍停留在理论探讨层面。2021 年 7 月,上海数据交易中心和普华永道会计师事务所探索性提出“数据势能”的概念,并建立了公共开放数据估值逻辑。具体公式为:公共开放数据价值＝公共数据开发价值(准确性、完整性、及时性、时效性、唯一性)×潜在社会价值(公共开放数据实际累计下载量)×潜在经济价值(应用场景的数目、涉及的行业)。“数据势能”模型测算出我国 18 个省份的公共开放数据资产潜在价值超过 1 000 亿元,潜在社会价值占总值的 65%,潜在经济价值占 35%。北京市、上海市、广东省、浙江省、四川省、山东省的公共开放数据实际下载量和应用场景多样性均领先于其他省市。当前,基础设施、民生、金融、医疗、教育领域的公共开放数据最具潜力,完善公共数据估值有利于促进开放。

6.3.2　数据要素价格的发现机制

不同于期货市场通过公开竞价发现价格,数据要素的价格发现首先是基于场景对数据产品供求关系的反映,引导和调节数据产品价格。数据要素价格发现机制可以分解为四部分(见图 6-1):一是基于场景的数据产品定价,探讨业务应用场景和交易场景对数据产品价格发现的影响;二是基于市场供求关系的价格发现机制,探讨成本、市场结构和数字技术对数据产品价格发现的影响;三是主流的数据产品定价方法和策略,发现数据产品价格;四是建立标准化的数据要素价值评估指标体系,量化数据要素价值。

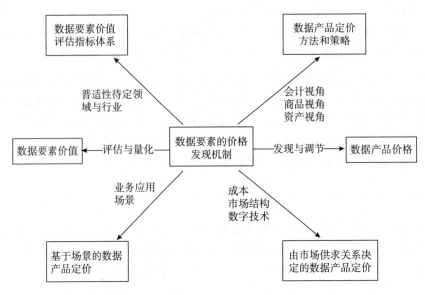

图 6-1　数据要素的价格发现机制

1. 由市场供求关系决定的数据产品价格

标准化的数据产品可作为商品进行流通交易,除自身价值外,成本和市场结构也是影响价格发现的重要因素。其中,成本通常作为数据产品定价的下限;市场结构主要由供求关系决定,与交易模式密切相关,对价格发现产生影响;同时,数字技术的运用不仅能影响市场结构,而且能降低数据产品价格发现的成本。

2. 基于客户感知价值的定价模型是一种可行的价格发现方法

数据产品消费是一个因人而异的主观体验过程,需求者在比较购买数据产品带来的综合效用和付出的所有成本后,形成对该数据产品的主观价值评价。需求者的意愿支付价格是数据产品市场价值、特殊使用价值和服务价值的"客户感知价值"的综合体现,具体包括数据产品的市场价格、需求方的偏好程度和满意度、供给方或中介平台的服务水平等。比如,熊励等人(2018)基于"客户感知价值"的五个维度(价格价值、功能价值、竞争价值、情感价值和社会价值),提出了数据交易平台与供应方协同议价、需求方与供给方博弈定价的数据产品定价机制。与此同时,随着消费模式的个性化、定制化和多元化,以及生产方式的柔性化、数智化和敏捷化,客户感知价值在卖家定价策略中的权重越来越大。

3. 双边和多边市场结构会影响数据产品的价格发现

数据交易中介是双边或多边市场结构中的核心和供需匹配"桥梁",如数据经纪人、数据交易所。数据交易中介基于交叉的网络外部性和非中性的价格结构,促进数据买卖双方精准高效匹配,以及数据买家、数据提供商、数据交易中介之间的相互合作与竞争博弈,最终形成合理的数据产品价格发现方法。若市场结构不同,交易模式和价格发现方法也会不同。基于具体的市场结构,数据买卖双方(多方)可以采取通过数据交易中介进行集中间接交易,或者直接以"点对点"交易模式发现、调节数据产品价格。比如,对于交易频次高、交易人数多的双边或多边市场,数据交易平台充分发挥市场决定价格作用,采取买卖双方自由定价、协议定价等价格发现方法;对于"N 对 N"的多边市场,博弈竞价和拍卖则是较好的价格发现方法。"点对点"交易模式效率低,适用于非标准化、成交量小且分散的数据产品交易;集中交易模式则适用于标准化程度高的数据产品。

4. 数字技术深度赋能数据产品价格发现

价格发现是市场机制的基本功能,但目前常规的数据产品价格发现手段成本高、准确度和精准度低。人工智能和区块链等数字技术为更优的价格发现方法提供了底层技术支撑。人工智能技术是驱动数据在计算机软件中流动、运算和价值形成的内在动力,有助于开拓应用场景、优化定价模型,运用智能合约发现价格。区块链技术为建立买卖双方间的信任机制和"链上交易"机制提供底层技术支撑,基于联盟链的新型大数据交易模式平台可以分别实现数据使用权的交易定价和数据所有权的交易定价。

6.3.3　数据产品的竞价机制

与股票市场和期货市场类似,数据要素市场应该建立竞价机制,但数据产品的竞价机制是基于不同场景的定价激励机制。在竞价交易机制中,数据产品的初始价格由集中撮合形成,随后的交易价格在交易主体竞价中形成。竞价机制最主要的功能是公平、公开、公正地确定数据产品的价格。高效的交易平台、合理的竞价模式和有效的竞价监管是保障竞价机制有效运行的主要因素。其中,交易平台是载体,竞价模式是手段,竞价监管是保障(见图 6-2)。

1. 多层次的数据产品交易平台

数据产品定价必须在交易中完成,交易平台是激励相容的竞价机制的"中心枢纽"。在数据交易市场中,参与交易的买卖双方之间通常存在信息不对称和利益冲突。一方面,数据卖方不完全了解买方的需求、购买能力和风险偏好,但希望以尽可能高的价格出售数据产品;另一方面,数据买方也无法掌握被交易数据产品的质量、效用和真实价值,但倾向于以不超过其估值的价格购买数据产品。由于存在潜在的收益损失,买卖双方都不会主动披露自己真实价格信息的动机。交易平台在政策、数据、技术等方面具有优势,可以基于具体场景采取相应的激励措施和具有约束力的合作协议,如提高买卖双方合作时与贡献率相符的收益分成,鼓励买卖双方积极参与到数据交易中,并激励双方提供真实信息。同时,交易平台也可以通过建立有效的联结机制和信任机制,提供公正、透明、高效、安全的竞价场所,保障定价激励机制顺利实施。典型的激励相容的竞价模式包括博弈竞价和拍卖竞价。根据业务内容的不同,国外数据产品交易平台大致可分为两大类:第三方中介平台和综合数据服务平台。第三方中介平台撮合交易,提供 API、数据包等数据产品,对交易全流程进行监管,但自身不采集、处理、分析和存储数据。比如,BDEX、Azure、Data plaza 等。综合数据服务平台不仅撮合买卖双方进行交易,更基于场景和用户需求,以数据经纪人的身份通过数据价值链形成综合解决方案,提供可视化数据分析报告和定制化数据服务等。比如,Factual、Infochimps 等。

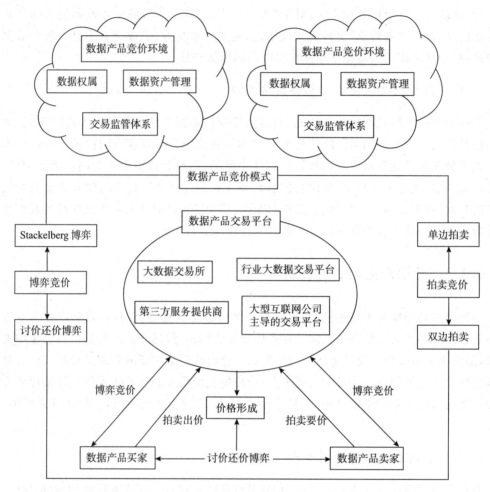

图 6-2　数据产品的竞价机制

资料来源:欧阳日辉,龚伟. 基于价值和市场评价贡献的数据要素定价机制[J]. 改革,2022(3):39-54.

我国数据产品交易平台主要包括大数据交易所(中心)、行业大数据交易平台、大型互联网公司主导创办的数据交易平台、第三方数据服务提供商。大数据交易所(中心)是匹配数据供需双方和交易竞价的重要场所。据不完全统计,截至 2021 年 8 月,我国已设立 21 家数据交易所(中心)。这些平台大多采用会员制,主要服务方式为撮合数据交易和提供数据增值服务,主要采用捆绑定价、协议定价、实时定价、可信第三方定价、自由竞价等定价方法。比如,贵阳大数据交易所主要采用可信第三方定价、实时定价和协议定价方式。上海数据交易中心根据历史数据、相关模型给出官方指导价格区间,并为供需双方提供线上竞价平台来形成价格。行业大数据交易平台是为特定行业领域提供数据撮合竞价服务的载体。比如,山东工业大数据交易平台,为山东省能源、化工、冶金、制造等特色工业产业的数据登记、流通、交易提供专业可靠的数据服务。

由于具体行业领域可用于交易的高质量数据体量小,行业大数据交易平台的发展规模往往不大。大型互联网公司主导创办的数据交易平台,拥有海量的业务沉淀数据、先进的大数据平台搭建技术和数据处理、分析技术,不仅可以智能匹配供需和撮合交易,还能提供数据云服务、解决方案、应用程序接口服务等初级和高级数据产品。第三方数据服务提供商主要为数据服务类企业,强调数据产品的商业价值,倾向于聚焦特定领域和具体应用场景来提供数据服务和技术支撑的阶段性使用权。比如,数据堂收录了超过 1.8 亿家社会实体信息、90 个维度实时数据信息,专注于人工智能数据服务。

2. 基于博弈论的数据产品竞价模式

博弈竞价是有效的激励相容的定价模式。当买卖双方之间存在信息不对称,且对数据产品估值不一致时,交易平台通过设计某种特定的博弈规则,让交易参与者进行协议定价,激励他们从所有可行的方案中作出最有利于自己的选择,达到纳什均衡,并形成最终的数据产品价格。适合于数据产品定价的博弈类型包括 Stackelberg 博弈和讨价还价博弈。其中,Stackelberg 博弈适用于寡头垄断的市场结构,通常发生在卖家之间或卖家、交易平台、买家之间;讨价还价博弈则适用于双边或多边市场结构,博弈主体为参与数据交易的买家和卖家。

博弈竞价模式可以推动数据产品价格形成。在 Stackelberg 竞价博弈中,作为领导者的核心卖家利用市场优势地位优先制定数据产品的定价策略,通常能获得更大的收益;作为追随者的普通卖家需要根据领导者的定价策略再来确定自己最优的定价策略,也能实现自身利益最大化。

典型的如两阶段的 Stackelberg 博弈模型,中介机构掌握数据供需双方的信息,在第一阶段竞价博弈中,中介机构作为领导者,数据供给者作为追随者,共同为数据需求者提供数据定价信息。在第二阶段竞价博弈中,基于已有的数据定价策略,数据需求者作为追随者确定自身的购买策略。最后,中介机构完成数据产品的供需匹配和撮合定价。该竞价模式中数据需求者处于较为被动的地位,数据产品的交易效率低下,实际操作难度大。在讨价还价竞价博弈中,买卖双方就待交易的数据产品分别提供自身的最优定价策略,并进行反复协商议价,最终就成交价格达成一致意见。比如,基于数据交易平台的第二阶段或第三阶段讨价还价博弈模型(阶段数表示买卖双方讨价还价的最高次数)。买家与卖家讨价还价的目的是减少数据产品价值波动带来的潜在损失。该博弈竞价模式虽然让买方掌握了一部分定价权,增加了买卖双方沟通交流的机会,但买方的信息弱势地位可能导致数据产品价格与实际价值相差较大,且交易双方反复协商与试探通常耗时费力,会极大降低交易效率。

3. 拍卖的数据产品竞价模式

数据使用权的交易往往采用协商定价的方式进行,数据所有权的交易则往往采用拍卖的方式进行。相较于传统商品的拍卖机制,数据产品的拍卖竞价模式具有独特性。首先,数据产品通常能被多个买家同时使用,采用"限制性使用权多次拍卖、而非所有权的一次性交易转移"的拍卖模式,更能实现数据要素资源的有效配置。其次,数据产品的拍卖价值与信息独占性密切相关,拍卖收益不一定正相关于拍卖份数或次数。数据交易平台如何将不同的数据产品以不同的价格提供给不同的买家,是评判拍卖机制设计好坏的重要标准。最后,部分数据交易平台具有卖家和中介的双重身份,统筹考虑买家和卖家的信息不对称问题,激励买卖双方都报告真实的私有信息,是数据产品拍卖机制设计的核心。

拍卖竞价公开透明、交易效率高,是信息不对称情况下有效的数据产品定价方式。第三方拍卖商通常采用激励方式,鼓励买卖双方积极参与并通过相互竞价获得数据产品的限制性使用权或所有权,最终形成一致的结算价格。根据拍卖参与者的相对力量,拍卖竞价可分为单边拍卖和双边拍卖。在单边拍卖中,如第一价格密封拍卖、维克里(Vickrey)拍卖、VCG(Vickrey-Clarke-Groves)拍卖等,卖方通常具有资源优势,买方则是交易的被动接受者。该类拍卖机制虽然能实现激励相容,但也会产生"赢者诅咒"、交易不公平等问题,适用于卖家少、数据产品交易频次低的市场。双边拍卖的核心思想是买卖双方同时出价和报价后,基于"价格优先、时间优先、数量优先"的原则高效批量地自动形成价格。该模式容易泄漏拍卖者隐私和数据信息,适合于标准化程度高的数据产品,以及偏好多样化、利益关系复杂的双(多)边市场结构。比如,基于智能算法的集中竞价模式,对所有数据产品的买卖申报进行集中撮合和智能排序,并自动生成相应的成交价格。计算机系统能够实时收集价格信息,动态监控价格波动,及时进行定价调整,提高市场价格信息的利用效率,缩短交易时间,是讨价还价博弈竞价模式的优化。同时,智能交易平台将不同应用场景下的数据产品以合适的价格出售给不同类型的买家,实现了智能匹配。

4. 公开、公平、公正的数据产品竞价环境

数据要素价值增值与实现取决于数据合规使用的机制安排,数据市场交易、数据产品定价与竞价监管密不可分。营造公开、公平、公正的数据产品竞价环境,需要明晰的数据权属、科学的数据资产管理和完善的数据产品交易监管体系,在兼顾各利益相关方权益的前提下,有序推进数据产品在交易中完善竞价机制。

明晰的数据权属是数据产品竞价必须优先解决的难题。根据新制度经济学理论,只要初始产权明晰,且交易成本为零或极低,最终的资源配置就是有效率的。数据要素具有虚拟性,数据产品的交易成本极低。界定数据权属是数据要素市场化配置以及数据产品交易、竞价、收益分配的前提。数据权属主要包括所有权、使用权、收益权和处置权,数据全生命周期涉及数据提供者、数据采集者、数据加工者和数据应用者等利益相关主体,这几类主体理应拥有按贡献参与收益分配的权利。目前,数据参与利益分配的路径仍在不断摸索中。比如,数据采集者和数据加工者是数据产品的关键生产者,他们可以通过工资、利润分红、技术入股等方式按照贡献获取收益。总之,数据交易和利用必须注重利益相关者的数据权益保护。

科学的数据资产管理体系是数据产品竞价的重要基础。数据资产管理强调依托数字平台和数字技术对数据要素化、商品化、资产化的全生命周期进行统筹管理,重点聚焦数据源管理、数据价值管理、数据风险管理等环节。首先,数仓构建和数据采集是数据要素价值形成的源头,有效的数据源业务系统管理可以显著提高原始数据质量。其次,数据要素内在价值管理是数据产品价值形成与实现的关键,基于场景的个性化、多层次的数据管理方案可以提升数据产品的业务价值、经济价值和市场价值。最后,风险管理是数据产品竞价

有序的保障。区块链、人工智能、隐私计算等数字技术的应用,可以有效识别、监管、防范数据产品交易中的潜在风险,实现数据"可用不可见""可算不可识"与"可控可计量"。

　　健全的数据产品交易监管体系是公平竞价的制度保障。数据产品交易监管体系是基于包容审慎监管原则的"政府—平台—行业"多主体联合监管模式。一方面,对于数据产品交易的新技术新业态新模式,监管部门需要坚持包容审慎的监管原则;另一方面,要规范和培育数据市场交易主体,形成多方主体协同发力、共建共治共享的数据交易市场。基于"场景性公正"原则,数据交易平台中数据产品交易的管理者、中介商和主要参与者,肩负交易资格审核、交易行为监管和个人隐私保护等重要职责。市场运营体系提供数据产权界定、价格评估、资产评估、登记结算、流转交易、交易撮合、争议仲裁等服务。行业协会是自律公约和自律标准的主要制定者,通过强化自律管理来营造和维护合理有序、公平竞争的数据流通交易环境。政府部门是数据产品交易监管主体,负责制定数据交易管理制度,维护数据交易市场秩序。

6.4　基于场景的数据要素定价机制

6.4.1　数据要素定价主要应用场景

　　数据产品的价值取决于经济主体的业务需求,业务需求与应用场景密切相关。不同应用场景下影响价值的因素不完全相同,数据产品价值也会不同。商业价值创造与场景相互依赖、相互促进,价值实现方式也与应用场景密切相关。因此,数据要素创造价值和数据产品价值实现都必须依托场景。在数据要素价值形成的过程中,场景是指在价值创造和价值实现过程中涉及的、涵盖行为情境、空间环境和情感情境的一系列元素集合,可分为业务应用场景和交易场景。数据产品在业务应用场景中形成独特使用价值和价值,在(非)交易场景中实现(潜在)价值。

　　数据要素定价的应用场景涉及多个行业和领域,常见场景如下。

　　(1) 金融:历史利润信息,股票证券的历史数据被证明具有价值相关性。数据定价涉及金融产业的债券数据、基金数据、沪深数据和三板数据等内容,购买的目的大多为预测价格。

　　(2) 房地产:两种常见的形式,一种是针对房地产商进行分析的数据,以评估报告的形式出现;另一种是房地产商的历史成交价格、房屋户型和每平方米价格等,辅助房地产商进行业务决策和精准化的营销,提高房屋购买率。

　　(3) 地理测绘:不少国家或者商业化的测绘机构都在网上出售测绘地理数据集,这些数据集包括大地测量、摄影测量与遥感类数据集、海洋测绘与江湖水下测量数据集以及专题地图或者特殊区域定制化服务等。

　　(4) 政府数据开发:《美国大数据白皮书》根据敏感性将数据再分为完全开放数据、不完全开放数据和绝不开放数据。政府数据的采集开放是有一定成本的,具有收费的合理性。此类数据包括政府部门的公示公告、其他政府部门的信息报送、与自然环境交互的科学数据和各类信息化共享的数据。

（5）社交网络：社交媒体希望细分市场，实现精准用户画像，部分用户群体也愿意提供他们的私人数据，如个人信息、上网信息和其他信息等，通过下载 App 等手段直接评估出售。有专门收购个人信息的数据经纪人，数据经纪人向个体用户购买私人数据再出售给第三方。

（6）物联网：物联网是未来互联网的新范式，无线传感器网络（wireless sensor networks，WSN）是其重要的组成部分，能够产生海量的数据源。WSN 参与了从环境收集数据到利用数据传输进行服务的全过程，该过程中也涉及数据定价，用来解决物联网中的数据管理。

6.4.2 基于场景中数据产品的定价机制[①]

各行业不同应用场景下的数据产品属性、功能、价值存在差异，与之匹配的度量方法也会有所差异，进而影响数据产品量化定价。场景与交易机制相匹配、相关联，对数据产品定价影响显著。与数据产品价值变现相对应，数据产品基于场景定价的实现路径包括两部分：一是业务应用场景下的数据产品定价，即"场景化"定价；二是交易场景下的数据产品定价，即交易机制设计。

数据要素市场交易的数据产品，因企业业务类型、使用能力和应用场景的差异，会在数据业务化中产生不同的价值。第一，数据产品类型决定应用场景，进而形成相适应的估值定价方法。比如，证券公司发布的行业研究报告一般采取订阅定价或固定定价；贵阳大数据交易所提供的定制化数据服务，部分采用基于查询的定价模型。第二，基于具体业务应用场景，卖家可以根据买家需求、购买能力和风险偏好，制定"个性化"数据产品定价策略，形成有效的版本划分、群体区分与买家自选择机制。典型的价格歧视定价策略，如基于产品版本划分的二级价格歧视定价，以及基于买方群体差异化的三级价格歧视定价。第三，具体交易场景下的数据产品定价主要取决于产品类型、市场结构、卖方策略和信息对称情况等，本质上是一种根据买家异质性和产品差异化的定价方法，如算法模型、博弈论模型、招标式拍卖、联邦学习定价、模糊综合评价法等。比如，银行业根据业务价值的关联程度，将算法模型类资产分为直接收益模型和全领域通用模型两大类型。

数据产品广泛应用于零售、金融、制造业、物流业、农业种植等行业，深度渗透到企业的精准营销、智能制造、风险规避和广告推送等应用场景。比如，金融行业运用数据产品进行用户画像、根据风险指数的曲线（即风控模型）构建信用等级、发展数字信贷、防范金融诈骗等。制造业利用工业大数据进行产品故障诊断、改进生产工艺流程等。零售业运用可视化的数据产品实现供需匹配、消费预测和广告投放等。业务应用场景作为重要元素被嵌入数据产品定价策略。根据数据产品功能、性能、时效上的差异，买卖双方或专业的数据价值评估机构设定不同的度量方法和定价模型。

---

① 欧阳日辉，龚伟. 基于价值和市场评价贡献的数据要素定价机制[J]. 改革，2022(3)：39-54.

根据数据产品加工的精细程度,数据交易分为直接交易和间接交易。直接交易模式是指卖家直接提供经初步加工后形成的初级数据产品。直接交易的数据产品可辨认、价值可预期,如脱敏处理后的数据集等,可以采用捆绑销售、订阅租赁以及各种拍卖方式定价。在数据匿名化和标准化的基础上,卖方对数据产品按"盒"或"条"等方法估值,然后计件定价。间接交易模式的交易对象为高级数据产品和部分初级数据产品。数据交易中心和数据类企业通常采取间接交易模式,把高级数据产品交易作为核心业务之一,其中数据类企业往往以出售自有数据或数据结果为主。比如,数字平台企业向商业银行出售数据应用系统与软件,在消费金融、场景营销等领域开展合作。间接交易模式可以较好地实现数据产品与应用场景结合。交易平台根据特定业务以 API(application programming interface,应用程序编程接口)接口形式交易并按调用量收费,买卖双方也可以通过数据交易中心对接后按照应用场景中所需的数据产品进行估价和交易。直接和间接交易的数据产品都可以采取基于版本划分和群体区分的价格歧视定价方法,如两部定价法(固定费用和从量使用费用相结合)、拍卖定价法等。

6.5　数字化技术对数据资产定价的影响

数据资产内嵌着大数据的基因,生产、分配、流通、消费的全循环链条都需要数字化技术的支撑,作为其市场交易关键环节的估值定价系统,必须选择全面数字化的发展路径,如此才能与数据资产市场的未来发展需求对接。数据资产生产的原料就是大量的数据和数据集,与传统意义上的有形资产和无形资产均有所不同,其使用价值和价值很难人工判断,数据资产交易又具有海量高频的特点,人工的评估测度难以满足其交易需求。对于数据资产需求方来说,数据挖掘分析与价值评估天然一体,分析挖掘出的信息是否满足企业需要决定了企业对标的数据资产的心理预期定价和最终可接受的底价,评估数据资产价值进而给出报价也需要数字化技术的支持。数字化技术在数据资产供需两个层面决定了其估值定价的多重因素,需要用数字化的思维和技术手段去构建数据资产估值定价体系。[①]

如图 6-3 所示,在数据资产估值定价体制机制的数字化构建中,大数据是整个体系最底层的基础资源,云计算是数字化的基础设施,人工智能依托于大数据和云计算的功能协作进行智能化分析与决策,区块链则为估值定价的基础架构和交易机制变革提供穿透式的底层技术,而整个机制运行全程需要高效的计算分析能力和专业人员的算法规则的支持。在估值定价的功能实现层面,区块链和人工智能的技术应用至关重要:区块链的分布式共享记账机制,具有去中心化、不可篡改和可追溯等特征,这与数据资产交易的机制需求高度契合,通过区块链的底层穿透,数据资产的生产、分配、流通、消费以及估值和定价全部在链上完成,为评估调查、交易流通、支付结算和监督管理等提供条件;人工智能基于深度的机

---

①　陆岷峰,欧阳文杰. 数据要素市场化与数据资产估值与定价的体制机制研究[J]. 新疆社会科学,2021(1):43-53,168.

器学习和智能分析,将在数据处理、信息捕捉和风险识别等方面发挥巨大作用,并最终致力于对估值定价结果做出智能化的分析与呈现。

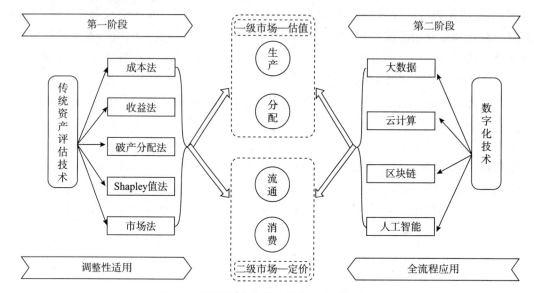

图 6-3　数据资产估值定价的技术手段应用

资料来源:陆岷峰,欧阳文杰. 数据要素市场化与数据资产估值与定价的体制机制研究[J]. 新疆社会科学,2021(1):43-53,168.

第7章 数据要素市场

在云计算、大数据、物联网、人工智能等新一代信息技术支持下，数据要素已经成为中国经济高质量发展的新动能。交易与市场相连，繁荣数据要素交易、规范数据要素定价都要依托完善的数据要素市场。根据国家工业信息安全发展研究中心测算，2020年我国数据要素市场规模约为545亿元，"十四五"期间有望突破1 700亿元，进入高速发展阶段。为持续推动数字经济的发展，实现数字经济与实体经济的深度融合，进一步激发数据要素价值，从中央到地方兴起了数据要素市场建设热潮。2021年11月，工业和信息化部印发《"十四五"大数据产业发展规划》，2022年4月10日，中共中央、国务院印发《关于加快建设全国统一大市场的意见》，随后，北京、上海、深圳、重庆、合肥等地或即时筹建数据交易中心或制订发展规划。本章首先给出数据要素市场定义、数据要素市场建设意义和数据要素市场建设的基础条件，进而介绍我国从中央到地方不同层次关于建设数据要素市场的政策和规划。介绍并对比国外数据市场发展情况和我国数据要素市场发展情况，提出我国数据要素市场发展瓶颈，给出促进数据要素市场发展的建议。

7.1 数据要素市场的定义与政策指引

7.1.1 数据要素市场的定义

进入信息时代后，最重要的生产资料是用"比特"来描述的数字化信息，人类的生产活动正逐渐由物理世界深度转向比特世界，越来越多的生产环节需要在赛博空间中独立完成。数据对生产的贡献越来越突出，同时也显著提升了其他生产要素在生产中的利用效率，因此，数据已成为当今经济活动中不可或缺的生产资料。数据作为生产要素参与生产，需要进行市场化配置，形成生产要素价格及其体系。数据要素价格体系的建立，是建立在数据所有制基础上的。因此谁掌握数据资产，在一定程度上就可以影响体系建立。数据要素市场就是将尚未完全由市场配置的数据要素转向由市场配置的动态过程，其目的是形成以市场为根本调配机制，实现数据流动的价值或者数据在流动中产生价值。数据要素市场化配置是一种结果，而不是手段。数据要素市场化配置是建立在明确的数据产权、交易机制、定价机制、分配机制、监管机制、法律范围等保障制度的基础上。未来数据要素市场的发展，需要不断动态调整以上保障制度，最终形成数据要素的市场化配置。如图7-1所示，数据要素市场可分为数据采集、数据存储、数据加工、数据流通、数据分析、数据应用和生态保障七大模块,覆盖数据要素从产生到发生要素作用的全过程。其中数据采集、数据存储、数据加工、数据流通、数据分析、生态保障六大模块,主要是数据作为劳动对象,被挖掘出价值和使用价值的阶段;而数据应用模块,主要是指数据作为劳动工具,发挥带动作用的阶段。

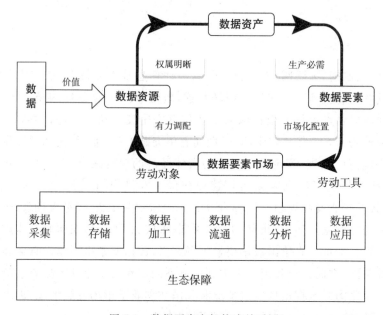

图 7-1　数据要素市场构成关系图

资料来源:国家工业信息安全发展研究中心发布的《中国数据要素市场发展报告(2020—2021)》.

并非所有的数据都是生产要素,或者都应当被视为生产要素。能够成为生产要素应当专指支撑数据智能、机器学习等智能分析工具的可机读原始数据。将数据进行要素化处理使之成为数据要素,将数据要素进行预处理并使之成为可以不断重用的数据要素产品,才具有无限的计算价值,可以不断产生洞见和预测,支撑精准决策和智慧行动。只有满足要素化和市场化的数据才能真正支撑数据要素市场的构建,实现数据经济的加速创新和增长,并提高生产率和竞争力(见图 7-2)。

保障数据要素市场化配置这一结果,不同产业链环节均被赋予了独特使命。数据采集环节,关注数据采集的准确度和全面性;数据存储环节,关注数据存储安全性和调用实时性;数据加工环节,关注数据加工精度;数据流通环节是数据要素市场的核心环节,关注在保障所有者权利的前提下,进行合理合规流通;数据分析环节,关注数据深度分析、挖掘;数据应用环节,关注数据作为要素在合理、充分应用中产生价值,降低生产要素获取成本及提升其赋能水平。其中,数据流通作为数据要素市场的核心环节,需要针对不同类型数据,提出不同的解决方案。国家工业信息安全发展研究中心认为,需要针对不同数据分级分类进行数据要素市场化配置,并提出了"数据流通金字塔模型"(见图 7-3)。该模型将数据分为公开数据、低敏感度数据、中敏感度数据和高度机密数据四种,提出针对不同数据类型,应用不同的数据流通技术和服务模式。

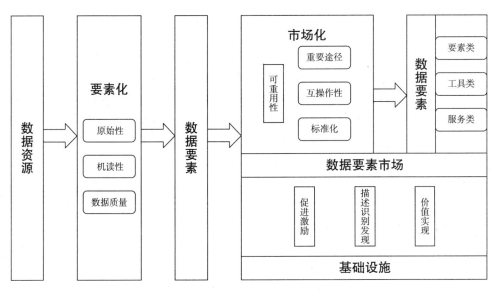

图 7-2　数据要素市场形成的理论框架

资料来源:高富平,冉高苒.数据要素市场形成论——一种数据要素治理的机制框架[J].上海经济研究,2022(9):70-86.

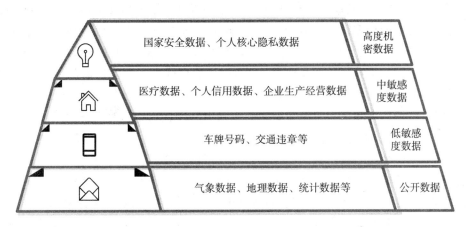

图 7-3　数据流通金字塔模型

资料来源:国家工业信息安全发展研究中心发布的《中国数据要素市场发展报告(2020—2021)》。

7.1.2　数据要素市场建设意义

数据要素的市场化将有利于发挥不同经济主体的积极性,充分挖掘和利用数据的各种作用。但数据要素的产生背景、特性、使用价值的作用机制以及它作为社会生产与再生产过程所产生的客观记录的实质,决定了不能单纯从数据要素利用的技术视角出发来看待数据要素市场的培育问题[①]。

---

① 李直,吴越.数据要素市场培育与数字经济发展——基于政治经济学的视角[J].学术研究,2021(7):114-120.

1. 培育数据要素市场实现算力与算法有机融合

数据流动调配计算机算力,驱动算法体系搭建的平台运行,构成了数字经济的核心内涵。数字经济与传统经济形态的根本不同,就在于计算机算法算力体系利用数据进行决策,解放和发展了人的有目的劳动和思维活动,极大地拓展了人类改造自然世界和协调人类社会的能力。在数字经济中,人们借助各类数字平台进行的生产与交换行为、社会交往行为、公共治理行为会产生大量数据。此外,政府和企业在处理人们的原始数据请求时也将产生新的数据。所有这些数据被长时间存储和积淀下来,就构成了数据资源池。在对数据资源池进行利用的过程中,需要大量的算力配合适当的算法体系来进行运算分析。随着计算机智能水平和算力规模的不断发展,数据越来越成为驱动数字经济运行的核心要素。正如马克思所言:"不同要素之间存在着相互作用。每一个有机整体都是这样。"数据要素市场、算法体系和算力系统之间也是互为条件、相互制约的,这三者所构成的有机整体就是数字经济的核心。

数据要素市场培育和算法体系的发展之间相互制约。一方面,只有越来越多的经济活动在各类算法平台上以数字化的形式进行,才能产生更丰富和高维的社会数据资源池,更加细致地反映社会生产与再生产活动的运行状况。随着算法体系的不断发展和突破,价值未明、亟待开发的数据才能被充分开发利用,数据要素利用过程的安全性才能得到保障,实现效率与隐私之间的权衡。另一方面,只有数据要素充分参与市场化流动,才能形成持续的内生数据处理需求,为不同主体提供充足的训练数据集,推动算法体系的不断迭代和创新。随着人工智能基本算法的逐步完善和开源,目前训练人工智能所需的原始数据集,已成为人工智能应用能力落地的重要瓶颈。

数据要素市场培育和算力系统发展之间也互为条件。社会算力提升到一定程度,海量半结构化和非结构化的数据才能得到充分处理。据国际数据公司(IDC)估计,2018年我国每年生产和复制的数据总量已达 7.6ZB(1ZB$\approx1\times10^{12}$GB),占全球年增量的 23.4%。由于目前我国数据处理能力远远低于数据存量以及数据新增速度,大量数据处于尚未被利用、价值未明的状态。有对海量数据进行加工利用的充足需求,算力的增长才有动力和意义。正如近年来消费互联网的发展导致了云计算和数据中心产业的诞生,数据要素市场的培育也将把社会算力水平推向一个新的飞跃式发展阶段。

2. 培育数据要素市场推动数字经济进一步发展

近年来,我国互联网消费飞速发展,数字经济规模已达到 35.8 万亿元,占到 GDP 的 36.2%,但仍然存在核心硬件和软件自主制造研发能力严重不足、数字经济与实体经济融合亟待推进的问题。要推动数字经济迈向高质量发展阶段,必须加快构建数据要素市场,从技术和社会层面为之提供条件。

首先,数据要素是数字经济运行和进一步创新发展的燃料。加快培育数据要素市场,有利于为算法体系发展提供基础训练数据集,也有利于牵引数据处理需求,推动数字经济核心硬件和软件自主化和赶超发展。"人工智能是引领这一轮科技革命和产业变革的战略性技术,具有溢出带动性很强的'头雁'效应",必须充分发挥我国海量数据优势,撬动巨大市场应用规模潜能发挥,加快发展新一代人工智能,助力我国赢得全球科技竞争主动权。这是数据—算法—算力的相互制约关系所决定的。

其次,新产业的创生和新技术在新行业的广泛应用,仅仅是一次宏大技术革命浪潮的开始阶段。只有当新技术扩散到新部门之外的广泛领域,深入改造足够多的传统部门生产体系,新技术范式所蕴含的生产力潜力才能真正得以释放,新技术对社会生产方式的全面变革才能实现。目前,我国数字经济发展仅处于展开初期,数字经济对社会生产方式的变革仍集中在新型行业。加快培育数据要素市场,有利于充分激发传统产业数字化转型以采集数据、利用数据的积极性,推动数字经济与实体经济深度融合,开启数字经济发展的新阶段,推动我国产业优化升级和生产力整体跃升。

最后,在数字经济发展的国际竞争中,我国必须及时抢占数据开发利用的技术高点和先机。习近平总书记 2013 年 7 月视察中国科学院时指出,"大数据是工业社会的'自由'资源,谁掌握了数据,谁就掌握了主动权。"世界各国正在抢先开发利用本国乃至世界范围内的数据资源。美国于 2012 年实施《大数据的研究和发展计划》,欧盟委员会也于 2020 年 2 月发布《欧洲数据战略》,推动数字资源的解锁利用,甚至统一数据市场的建设。要加快发展数据要素市场和数据治理体系,积极保护和开发数据资源,保障我国数字经济发展空间,保证数据资源开发利用带来的增长红利为我所用。

3. 培育数据要素市场改善数据要素市场的供给

根据有关研究测算,中国数字经济核心产业增加值从 2012 年 35 825.4 亿元增长到 2020 年 79 637.9 亿元,年均增速 10.50%;"十四五"期间年均增速将达 12.06%。研究显示,我国数字经济的快速发展带来数据规模急剧增长,免费数据红利成为过去一段时间我国数字经济快速发展的重要驱动因素。

(1)公共数据开放助推数字经济发展。2017 年 5 月国务院出台《政务信息系统整合共享实施方案》之后,全国地级及以上政府推出的数据开放平台数量从 2017 年的 20 个增加到 2021 年的 193 个。各级政府公共数据的开放共享,满足了企业、个人和社会的数据需求。

(2)平台数据推动消费领域数字经济发展。进入数字经济社会以来,数字技术和数据资源首先在消费领域运用,消费型数字经济成为主要形态。消费领域数字经济形态最大的特点是数据记录与消费过程具有同步性和易得性。消费者的交易行为即将个人资料、信息和特征数据留在平台,成为商家的商业数据,企业通过市场以外的渠道获得数据。

(3)免费数据红利提升数字经济市场主体经营绩效。数据要素的经济性质、产权属性尚无一致的结论,各国法律也没有给出最终的答案,这在客观上为企业凭借行业优势、技术优势和平台优势搜集数据并实际拥有数据提供了免费数据红利。

但必须重视,我国数据要素市场存在供给不足问题,这会成为数字经济发展的掣肘。中国科学院研究团队经调研归结出以下两个原因。

(1)数据很大程度上是生产生活过程的附属品和伴生品,市场并没有专门从事原始数据生产的厂商,数据要素的供给存在天然的缺陷。贵交所成立之初,规划了包括 30 多个领域可供交易的 4 000 多个产品,但实际上并没有实现这一目标。加之现行会计准则并没有数据资产这一科目,企业对于数据的需求很难进入预算和计划。由于供给和需求都存在模糊性,数据要素市场就很难自发形成。

(2)数据要素市场信息反向不对称导致市场失灵。根据市场交易要素或商品的流动顺序,本文把市场信息卖家占优称为市场信息顺向不对称,而把市场信息买家占优称为市场信息反向不对称。在典型柠檬市场上,卖家占据信息优势,结果将是买家也就是需求侧引致的市场失灵。数据要素市场正好相反,是买家掌握更多信息。数据的价值在于与其他生产要素一起参与生产,用于什么目的、能创造多大价值、会不会重新开发利用、能否保证卖家的信息安全等信息优势都在买家。市场信息反向不对称的结果将是卖家"惜售"甚至"不售"的市场行为,从而出现供给侧引致的市场失灵。当买家感到从市场上购买数据要素不划算或者无法获得数据时,就会转而寻求市场以外的渠道,或者通过自建数据中心满足对于数据要素的需求。世界各国电信运营商、平台公司等大都自建数据中心,就是这一现象的现实反映。

总之,数字经济的蓬勃发展及其对社会生产方式的改造,是新一轮科技革命与产业变革同世界经济社会的内部结构所共同决定的历史大势,对于我国经济新旧动能转换、迈向高质量发展具有关键意义。必须正确理解数据要素市场培育与数字经济发展之间的辩证关系,充分把握数字技术革命的历史机遇,通过数据要素市场的科学培育,推动数字经济和实体经济的融合发展,推动数据要素充分发挥日益重要的乘数作用,助力我国迈过中等收入陷阱、迈向经济高质量发展阶段。

7.1.3　发展数据要素市场的基础条件

1. 海量数据资源为数据要素市场发展提供巨大空间

随着新一代信息技术的快速发展,人类进入万物互联时代,带来海量数据的急速汇聚和生成,为数据资源化、资产化、资本化发展提供了肥沃土壤和丰富原料。我国是数据大国,网民规模居世界第一,拥有的数据量极为庞大。我国还是数据量最大、数据种类最丰富的国家之一。各大互联网公司活跃用户每天产生巨量数据。以抖音为例,每天7亿用户产生数据100TB以上,这些数据通过智能技术深度挖掘,用于反哺公司个性营销、精准匹配和定制服务。但目前我国数据利用率很低,大量数据未能发挥应有的价值,间接反映出我国数据要素潜藏的市场空间巨大。

2. 新型数据基础设施为数据要素流通奠定良好基础

5G、数据中心、人工智能等新型数据基础设施日益完善,为数据要素流通提供了良好的基础环境。5G特有的高速传输、低延时和光连接特性,使其具有跨界融合的天然属性,与新一代ICT技术、传统行业、新兴终端融合逐步加深,促使单位时间内产生的数据量急剧增长,车联网、可穿戴设备、无人机、无线医疗、智能制造等应用场景不断丰富,对数据要素市场的培育和发展具有较强的促进作用。如图7-4所示,我国大力建设国家算力枢纽节点,建设特色鲜明的数据中心。数据中心集数据、算法和算力于一体,不仅为海量数据提供存储计算服务,又为各类场景优化提供数据应用服务,成为海量数据的"图书馆"、海量算力

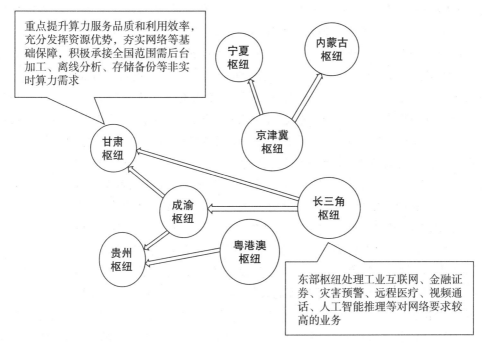

图 7-4　国家算力枢纽节点

资料来源：国家发展和改革委员会官方微信公众号。

的"发动机"和海量服务的"发射器"。

3. 产业生态优势为数据要素市场注入创新活力

在海量数据供给、活跃创新生态和巨大市场需求的多重作用下，大数据
领域创新创业活动企业榜单显示，我国大数据产业的独角兽企业数量占比
大幅提升，特别是融合应用型企业。据胡润研究院发布《2021 全球独角兽
榜》数据显示，字节跳动以 22 500 亿元登顶榜首，蚂蚁集团和 SpaceX 位列
榜单第二、三位。美国共计有 487 家独角兽公司上榜，上榜数量居全球第
一。中国以 301 家上榜独角兽公司排在全球第二，中美两国占全球独角兽
公司总数的 74％。良好的数据产业生态体系，为数据要素市场培育提供了强有力的产业
支撑。

延伸阅读：
东数西算工程

7.1.4　建设数据要素市场的政策指引

随着信息化的深入发展，数据大量涌现，数据资源成为信息资源中最活跃、最重要的
组成部分，围绕数据资源开发利用的探索不断深入。数据要素在经济社会生产生活各领
域发挥越来越大的作用，同时也带来新的问题，即数据如何作为生产要素进入经济生产
活动并在其中发挥作用。当今世界各国高度重视发展数据要素市场发展，纷纷出台相关
政策。美国是最早布局数字经济和数据要素市场的国家，1998 年美国商务部就发布了
《浮现中的数字经济》系列报告，以后又相继发布了《美国数字经济议程》《美国全球数字

经济大战略》等,将发展数字经济和数据要素市场作为实现国家繁荣和保持竞争力的关键。欧盟2014年提出数据价值链战略计划,推动围绕大数据的创新,培育数据生态系统,其后又推出欧洲工业数字化战略、欧盟人工智能战略等规划。2021年3月欧盟发布了《2030数字化指南:实现数字十年的欧洲路径》纲要文件,包含了欧盟到2030年实现数字化转型的愿景下数据要素市场建设目标、途径和重点。日本自2013年开始,每年制定科学技术创新综合战略,从"智能化、系统化、全球化"视角推动科技创新和发展数据要素市场。早在2000年,我国已经开始将信息资源纳入国家资源体系,并且将信息资源与其他有形的资源并列提出,做出战略研究。2004年,中共中央办公厅和国务院办公厅印发的《关于加强信息资源开发利用工作的若干意见》对加强信息资源开发利用、促进信息资源市场繁荣和产业发展等工作提出明确要求。2014年,"大数据"第一次写入政府工作报告,标志着我国对数据产业顶层设计的开始。在"十三五"期间,数据要素相关的政策文件密集出台,为数据作为生产要素在市场中进行配置,提供了政策土壤,也推动了我国数据产业不断发展,技术不断进步,基础设施不断完善,融合应用不断深入。2015年8月,国务院印发的《促进大数据发展行动纲要》首次提出要引导培育数据交易市场,促进数据资源流通。2016年12月,《"十三五"国家信息化规划》进一步提出要完善数据资产登记、定价、交易和知识产权保护等制度,探索培育数据交易市场。2019年10月,党的十九届四中全会首次提出将数据作为与劳动、土地、资本同等重要的生产要素参与收益分配。2020年4月,中共中央、国务院印发的《关于构建更加完善的要素市场化配置体制机制的意见》就加快培育数据要素市场提出具体的方案和实施路径。2021年,国家"十四五"总体规划和相关专项规划进一步明确了培育数据要素市场的方向,重点从建立数据资源产权、交易流通、跨境传输和安全保护等基础制度和标准规范等方面描绘了数据要素市场的发展蓝图。

党中央、国务院高度重视数据要素市场的培育发展,近年来出台一系列政策措施(见图7-5),对繁荣数据要素市场和开展大数据交易提出明确要求,指明发展方向。我国对数据要素的认识经历从信息资源、数据资源、数据资产和数据要素的不同阶段,对其内涵的理解不断深化,相关政策措施也不断完善。

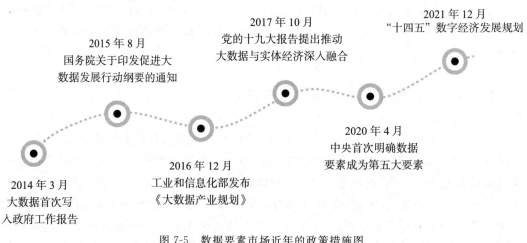

图7-5 数据要素市场近年的政策措施图

7.2　国外数据要素市场发展概况

7.2.1　美国数据要素市场发展

1. 美国数据交易的典型模式

根据 CBRE(世邦魏理仕)研究,2020 年上半年,美国主要数据中心市场,包括亚特兰大、芝加哥、达拉斯/沃斯堡、纽约、北弗吉尼亚、菲尼克斯和硅谷的吸收量总计 134.9MW。超大规模运营商、大型云服务供应商和内容提供商在 COVID-19 期间通过这些设施空间满足市场使用需求高峰。发达的信息产业提供了强大的数据供给和需求驱动力,促进了美国数据交易流通市场的形成和发展,美国数据资产交易主要有三种模式。

第一种是数据平台 C2B 分销模式。用户将自己的个人数据贡献给数据平台,数据平台向用户给付一定数额的商品、货币、服务等价物或者优惠、打折、积分等对价利益。

第二种是数据平台 B2B 集中销售模式。数据平台以中间代理人身份为数据提供方和数据购买方提供数据交易撮合服务,数据提供方、数据购买方都是经交易平台审核认证、自愿从事数据买卖的实体公司;数据提供方往往选择一种交易平台支持的交易方式对数据自行定价出售,并按特定交易方式设定数据售卖期限及使用和转让条件。美国微软 Azure、Datamarket、Factual、Infochimps 等数据中间平台代理数据提供方、数据购买方进行的数据买卖活动,大多属于此类模式。

第三种是数据平台 B2B2C 分销集销混合模式。数据平台以数据经纪商(data broker)身份,收集用户个人数据并将其转让、共享与他人,主要以 Acxiom、Corelogic、Datalogix、eBureau、ID Analytics、Intelius、PeekYou、Rapleaf 和 Recorded Future 等数据经纪商为代表。

在美国数据交易的三种主要模式中,第三种数据平台 B2B2C 分销集销混合模式发展迅速,目前已经形成相当市场规模,塑造了在美国数据产业中占据重要地位的数据经纪产业。美国数据经销商不是直接从用户处收集数据,而是主要通过政府来源、商业来源和其他公开可用来源等三个途径收集数据。由于一个数据经纪商只能提供一个用户行为轨迹所需要的很少数据元素,因此数据经纪商必须将其所掌握的数据汇集起来,描绘出用户生活更加复杂的多维图景。其数据来源方式主要有联邦政府数据源、地方政府数据源、公共数据源、商业数据源与互为数据源。

2. 美国九大数据经纪商

Acxiom:为市场营销和欺诈侦探提供用户数据和分析服务,数据库中包括了全球范围内 7 亿用户的个人数据,其中包括涉及几乎每个美国用户的 3 000 条数据段。

Corelogic:向商业和政府机构提供包括财产信息、消费信息和金融信息在内的用户数据及其分析服务,其数据库中包含 7.95 亿条资产交易历史数据、9 300 万条抵押贷款申请信息以及涵盖 99% 以上美国住宅物业的 1.47 亿条特定资产信息。

Datalogix:向商业机构提供涵盖几乎每个美国家庭、涉及金额超过1万亿美元以上的用户交易信息。2022年10月11日,Facebook宣布与Datalogix建立合作伙伴关系,以便评测其10亿用户在社交网站上浏览某一产品广告的频次与其在某一实体零售店完成购买交易之间的关联关系。

eBureau:向营销商、金融公司、在线零售商以及其他商业主体提供预测评级和数据分析服务,最早只是分析某人是否可能成为潜在的优质客户或者某笔交易是否存在商业欺诈,后来发展为向其客户提供数以亿计的用户消费记录,而且每月还以300万条新增消费记录的速度在急速增长。

ID Analytics:主要提供以身份认证、交易欺诈检测和认证为目的的数据分析服务,其认证网络中包括了数以百亿计的数据集成点(aggregated data points)、11亿条独特的身份数据元素,涵盖了14亿条用户交易信息。

Intelius:向商业机构和客户提供背景调查和公开记录信息,其数据库中包含了200亿条以上的公开记录信息(public record information)。

PeekYou:拥有能够分析60家社交媒体网站、新闻来源、网站主页、博客平台内容的专利技术,向客户提供详细的用户配置文件(consumer profiles)。

Rapleaf:是一家数据集成商,拥有一个以上能够连接超过80%美国用户电子邮件地址的数据点以及30个其他类型的数据点,并且不断在其电子邮件地址列表中增补电子邮件用户年龄、性别、婚姻状况等信息。

Recorded Future:通过互联网捕捉用户和企业的各类历史数据,利用该类历史数据分析用户和企业的未来行为轨迹,截至2022年10月11日,已经实现对502 591家不同开放互联网站点各类信息的接入和抓取功能。

从这九大经纪商的活动中,可以发现美国的数据经纪商有以下特征,如表7-1所示。

表7-1 美国知名数据交易平台与中介

序号	公司名称	定　位	主要数据来源	提供数据形式	收益模式
1	Factual	位置数据及服务开放平台	Web获取＋数据社区	位置数据＋带有特定标签数据	数据收益
1	BDEX	实时数据交易平台(中介)	第三方	API	佣金
3	Infochimps	大数据架构服务平台	自采＋第三方	—	云服务、解决方案、数据收益
4	Quandl	金融、经济数据交易平台	第三方	数据集(Excel等)API	佣金＋部分数据收益
5	Azure	交易平台(中介)	第三方	API	佣金＋审核费
6	Data market	数据交易、整合、可视化	自有＋第三方	数据集	佣金＋部分数据收益
7	Data plaza	数据交易(中介)	—	数据集	佣金收益

资料来源:王卫,张梦君,王晶.国内外大数据交易平台调研分析[J].情报杂志,2019,38(2):181-186,194.

(1)通过多种信息源广泛收集用户个人信息,绝大多数情况下用户对此并不知情。

(2)数据经纪产业由多层互为提供数据的数据经纪商所组成。数据经纪商不仅为终端用户提供数据,同时也互相互为提供数据。

(3)数据经纪商收集、存储着海量数据元素,几乎覆盖了每个美国用户。

(4)数据经纪商联结并分析用户数据,以便做出包括潜在敏感推理在内的用户推理。数据经纪商从用户数据中推理用户兴趣,根据用户兴趣结合其他信息对用户进行分类。

(5)数据经纪商将线上线下数据与市场用户的在线数据相结合。数据经纪商依托网站注册功能和浏览器 Cookies 抓取跟踪功能来发现用户在线行为轨迹,推理用户离线行为特征并向其推送在线互联网广告。

以上关于数据经纪商行为特征表明,美国的数据交易产业发展有利有弊。一方面,美国社会经济发展离不开数据,离不开数据分析,离不开精准营销,使用恰当会提高房地产企业、传媒集团、保险公司等企业的商业价值,带动市场活力;另一方面,数据使用不当会造成个人信息泄露风险。

3. 数据开放与市场规范

美国注重以数据开放繁荣数据交易,推动数据要素市场发展。美国联邦政府自 2009 年发布《开放政府指令》之后,便通过建立"一站式"的政府数据服务平台 Data. gov 加快开放数据进程。联邦政府、州政府、部门机构和民间组织将数据集统一上传到该平台,政府通过此平台将经济、医疗、教育、环境与地理等方面的数据以各种可访问的方式发布,并将分散的数据整合,开发商还可通过平台对数据进行加工和二次开发。2011 年 8 月,Data. gov 网站进行了改版,具备高级搜索、用户交流和 API 调用等新功能。这一时期,还先后发布了《数字政府:建设 21 世纪更好地服务美国人民的信息平台》《开放数据政策——将信息作为资产进行管理》及《实现政府信息公开化和机器可读取化总统行政命令》等一系列文件,进一步完善美国政府数据开放的推进体系、管理框架和开放利用标准,提升了数据资源的开放性和互操作性。在联邦政府大力推动下,七年来在 Data. gov 开放的数据集由最初的 47 个增加至 18.3 万个,超过其他国家和地区数据开放量的总和,覆盖部门扩大至 57 个。数据开放成效不断显现,基于房地产、气候、农业等重点领域的开放数据,已涌现出一大批数据驱动服务企业。如房地产公司 Zillow 利用政府开放的房屋数据,开发在线房产估值和交易服务,公司员工仅 560 人,市值超过 55 亿元人民币;再如意外天气保险公司 Climate Corporation 依托政府开放的 60 年农作物收成数据、超过 100 万个气象监测站的气象数据以及 14TB 的土壤质量数据进行深度分析,面向农民提供完备意外天气保险服务,于 2013 年被跨国农业生物技术公司孟山都(Monsanto)以 11 亿美元收购。数据"红利"正成为促进美国经济增长和带动经济社会创新发展的新动力。

平衡数据安全与产业利益。在涉及数据保护等方面,目前美国尚没有联邦层面的数据保护统一立法,数据保护立法多按照行业领域分类。在美国,数据保护融合了数据隐私领域(即如何控制个人数据的收集、使用)以及数据安全领域(即如何保护个人数据免受未经授权的访问与使用,以及如何解决未经授权访问的问题)。过去,美国国会一直对数据隐私和数据安全领域进行分别立法。但是,从最近的立法来看,美国国会似有对这两个领域进行统一立法的趋势。虽然脸书(Facebook)、雅虎(Yahoo)、优步(Uber)等公司近些年来均有信息失窃案件发生,但由于硅谷巨头的游说使得美国联邦在个人数据保护上进展较为缓慢。美国数据保护的法律环境复杂且技术性很强。除极端事件和政府调取个人数据的情况外,普通法和《中华人民共和国宪法》中规定的"隐私权"只能为互联网用户提供较少的保护。尽管美国国会颁布了一系列旨在加强对个人数据权利保护的法律,但这种拼凑型的立法体系仅对特定行业、特定类型数据、不公平或有欺诈性质的数据活动进行规制。为了寻求更全面的数据保护体系,一些地方政府(例如加州)制定了覆盖各种类型个人数据、适用对象较广的数据保护立法。如果国会考虑从联邦层面制定全面的数据保护立法,则需要涉及多重法律因素,包括保护的数据范围、确定联邦机构应在何种程度上执行立法、采用规范性还是结果导向性立法方法、个人寻求救济的方式等。

7.2.2 欧盟数据要素市场发展

首先,欧盟注重数据立法,加强数据主权建设欧盟委员会希望通过政策和法律手段促进数据流通,解决数据市场分裂问题,打造统一的数字交易流通市场;同时,通过发挥数据的规模优势建立起单一数字市场,摆脱美国"数据霸权",回收欧盟自身"数据主权",以繁荣数字经济发展。2018年5月,《通用数据保护条例》(GDPR)在欧盟正式生效,注重"数据权利保护"与"数据自由流通"之间的平衡,这种标杆性的立法理念对全球各国的后续数据立法产生了深远而重大的影响。但由于GDPR的条款较为苛刻,条例推出后,欧盟科技企业筹集到的风险投资大幅减少,每笔交易的平均融资规模比推行前的12个月减少了33%。其次,欧盟积极推动数据开放共享。2018年,欧盟提出构建专有领域数字空间战略,涉及制造业、环保、交通、医疗、财政、能源、农业、公共服务和教育等多个行业和领域,以此推动公共部门数据开放共享、科研数据共享、私营企业数据分享。最后,欧盟完善顶层设计。欧盟基于GDPR发布了《欧盟数据战略》,提出在保证个人和非个人数据(包括敏感的业务数据)安全的情况下,有"数据利他主义"(data altruism)意愿的个人可以更方便地将产生的数据用于公共平台建设,打造欧洲公共数据空间。2020年2月19日,欧盟委员会发布了《欧洲数据战略》和《欧洲人工智能白皮书》两份报告,目标是确保欧盟成为数字化和人工智能方面的全球领导者。欧盟计划建立统一的数据市场以实现数据在欧盟内的流动,推进产业、学术、政府之间信息的共享和高效利用。未来五年,欧盟委员会将基于欧洲技术、研究和独创的悠久历史,以及对权利与基本价值的有力保护,专注数字化战略,主要立足三个目标:一是积极发展以人为本的技术;二是发展公平且具有竞争力的数字经济;三是通过数字化塑造开放、民主和可持续的社会。欧盟提出,2025年,通过数据战略的实施,欧盟数字经济总量有望从2018年的30 100亿欧元(占当年GDP的2.4%)增长到82 900亿欧元(占当年GDP的5.8%);数据专业人员将从2018年的570万人增长为1 090万人;欧洲具备基础数据技能的人口占总人口百分比从2018年的57%增长到65%。网络方面,实现欧盟所有家庭网速至少提升至100Mb/s,并保证企业、学校、医院及其他公共机构的网速更快;欧盟居民网络基础知识普及率达到70%;至少培养50万名信息技术领域专家;通过信息技术和数字化降低10%温室气体排放,并创建零排放的环保型数据中心及信息通信基础设施,大力扶植相关技术企业。欧盟致力于进一步消除在数字化领域的内部市场壁垒,在欧盟层面整合资源,特别是要加强量子计算机和人工智能领域的研发及应用。为实现以上目标,欧盟致力建立真正的欧洲数据空间和单一数据市场,确保数据跨部门自由流动。首先,欧盟委员会提议建立数据治理框架,确保对企业之间、企业与政府之间以及政府内部数据的正确监管,鼓励数据共享,建立实用、公平和明确的数据访问及使用规则。其次,欧盟委员会将支持技术系统和下一代基础设施发展,促进"欧洲高影响力项目"投资。最后,欧盟委员会将启动制造、绿色协议、交通和健康等特定领域的行动,建立欧洲数据空间。

7.2.3　德国数据要素市场发展

德国率先打造数据空间,建立可信流通体系。德国提供了一个"实践先行"的思路,通过打造数据空间构建行业内安全可信的数据交换途径,排除企业对数据交换不安全性的种种担忧,引领行业数字化转型,实现各行各业数据的互联互通,形成相对完整的数据流通共享生态。数据空间是一个基于标准化通信接口并用于确保数据共享安全的虚拟架构,其关键特征是数据权属。它允许用户决定谁拥有访问他们专有数据的权利并提供访问目的,从而实现对其数据的监控和持续控制。目前,德国数据空间已经得到包括中国、日本、美国在内的 20 个多个国家及 118 家企业和机构的支持。2018 年 11 月,德国联邦政府公布"建设数字化"战略,提出建设数字化能力、数字化基础设施、数字化转型创新、数字化转型社会和现代国家五大行动领域。2021 年 6 月,欧盟批准了德国总额高达 256 亿欧元的经济复苏计划,其中一半以上的援助资金将被用于数字化领域。在这一战略引导下,75% 的德国企业制定了数字化战略,力争使德国在数字经济领域跻身领先地位。为了进一步释放数据要素活力,让更多数据在市场上充分流通,让更多中小企业从中获取发展动能,2021 年年初,德国《反限制竞争法》第 10 修正案正式生效。2021 年 5 月,德国反垄断机构联邦卡特尔局宣布,对谷歌公司在处理数据方面启动反垄断调查。欧盟委员会不久前发布的《2021 年数字经济与社会指数》报告显示,德国在欧盟成员国中数字基础设施整体水平排第 11 名;在企业数字技术整合方面,德国仅排第 18 名。分析认为,作为欧洲最大经济体,德国的数字基础设施建设存在明显短板。对此,德国政府正采取多项措施,推动数字化战略,弥补数字基础设施的不足。该报告显示,德国中小企业的数字化水平也不乐观。当前,仅有 18% 的德国中小企业使用电子发票,不到 1/3 的中小企业通过电子方式共享信息。此前的一项调查显示,2021 年,71% 的德国民众对本国的数字基础设施不满意。根据德国联邦交通和数字基础设施部的统计,截至 2020 年年底,德国大城市之外的地区中,仅有 20.2% 的家庭享有高速网络服务。在较为偏远的德国城镇和农村地区,光纤网络的覆盖率较低。然而,大部分德国中小企业都位于较为偏远的地区,因此不少企业面临低速网络的困扰。2016 年,德国多个部门联合推出"数字战略 2025",对数字化发展作出统一安排。这一战略涵盖数字技能、基础设施及设备、创新和数字化转型、人才培养等内容。这一战略的目标之一是到2025 年,让全德国都得到新的高速网络服务,并成为 5G 应用的领先市场。此外,德国联邦交通和数字基础设施部还与该国复兴信贷银行展开合作,为有需要的企业推出"数字基础设施投资贷款"和"德国复兴信贷银行数字基础设施银团贷款",用于支持高速光纤网络在全国范围内的长期推广。2021 年,德国政府还推出"灰点资助计划",为推广光纤网络提供约 120 亿欧元资金,用于支付 50%～70% 的千兆网络部署成本以及 100% 的咨询规划服务成本,各联邦州也承担了千兆网络的部分部署成本。所有下载带宽低于100Mb/s的政府部门、学校、医院、中小企业、交通枢纽等都可无门槛申请。在人才培养方面,"数字战略2025"强调,将数字化教育引入公民的各个人生阶段。德国将力争到2025年,让每一名学生都具备信息科学、算法和编程等方面的基础知识。为实现这一目标,德国中小学的课程计划及学校教师的继续培训中都将设置相关内容。此外,德国还将在一些职业教育学校、高校等增加数字化教育课程,力争让学生更加适应日常数字化生活、数字化工作以及数字化社会。

7.2.4 英国数据要素市场发展

英国政府对数字经济寄予厚望,2021年英国数字经济近1 250亿英镑、170万个工作岗位,预计到2025年将数字经济对英国经济的贡献值提高到2 000亿英镑以上。2022年7月,英国政府发布更新版《英国数字战略》,从保持数字经济基础、创意和知识产权、数字技能和人才、为数字增长融资、促进数字化升级、提高英国国际地位等不同维度对英国打造未来世界领先的数字经济和全面推进数字转型,快速提升经济水平做出了全面具体的部署。金融数据要素市场上,英国采用开放银行战略对金融数据进行开发和利用,促进数据的交易和流通。该战略通过在金融市场开放安全的应用程序接口(API)将数据提供给授权的第三方使用,使金融市场中的中小企业与金融服务商更加安全、便捷地共享数据,从而激发市场活力,促进金融创新。开放银行战略为具有合适能力和地位的市场参与者提供了六种可能的商业模式:前段提供商、生态系统/应用程序商店、特许经销商模型、流量巨头、产品专家以及行业专家。其中,金融科技公司、数字银行等前端提供商通过为中小企业提供降本增效服务来换取数据,而流量巨头作为开放银行业链的最终支柱掌握着银行业参与者所有的资产和负债表,控制着行业内的资本流动性。目前,英国已有100家金融服务商参与了开放银行计划并提供了创新服务,数据交易流通市场初具规模。2022年5月,英国公布《数据改革法案》,旨在指导英国偏离欧盟隐私立法。该法案将用于改革英国现有的《通用数据保护条例》和《数据保护法案》。公共服务数据市场上,英国政府基于全球变暖的预测,制定《绿色政府:信息通信技术与数字服务战略2020—2025》,着眼于解决透明度、问责制等问题,减少政府采购关的碳排放和成本;制定《数据可持续发展章程》,明确政府如何与其供应商合作,实现可持续方式管理和使用数据。

7.2.5 日本数据要素市场发展

发展数字经济有助于提升经济体的全要素生产率,帮助日本克服人口老龄化危机,减少对于劳动人口的需求,维持日本的经济增长。这对日本政府而言具有强烈吸引力,发展数字经济成为其迫切追求。但是,日本当前数字经济发展水平差强人意。日本2001年就推出"IT基本法",旨在促使日本成为世界领先的信息化国家,并相继出台了一系列数字经济发展战略,但政策效果却不令人满意。一方面,人工智能等新兴技术在日本产业中的使用情况落后于中国与美国。根据《信息通信白书》统计数据显示,在能源、金融、医疗和媒体领域,日本人工智能技术的导入比率只有 38％、42％、23％ 和 60％。另一方面,中美两国均发展出世界领先的数字化平台企业,但日本始终没有发展出类似企业,导致日本企业具有成为平台企业附属加工者的危险。2020 年 12 月,日本政府公布《数字管理实行计划》,为 2021—2026 年间的日本数字化发展制定了详细的路线图。除了推进政府部门的数字化外,日本企业也在积极探索数字化转型。日本创新设立数据银行,释放个人数据价值。日本从自身国情出发,创新"数据银行"交易模式,最大化释放个人数据价值,提升数据交易流通市场活力。数据银行在与个人签订契约之后,通过个人数据商店(personal data store,PDS)对个人数据进行管理,在获得个人明确授意的前提下,将数据作为资产提供给数据交易市场进行开发和利用。从数据分类来看,数据银行内所交易的数据大致分为行为数据、金融数据、医疗健康数据以及行为嗜好数据等;从业务内容来看,数据银行从事包括数据保管、贩卖、流通在内的基本业务以及个人信用评分业务。数据银行管理个人数据以日本《个人信息保护法》(APPI)为基础,对数据权属界定以自由流通为原则,但医疗健康数据等高度敏感信息除外。日本通过数据银行搭建起个人数据交易流通桥梁,促进了数据交易流通市场的发展。

7.3　我国数据要素市场建设

在中央政策指引下,各地根据自身市场发展特点培育数据要素市场。北京、上海、福建、重庆等多地筹建或已建成数据交易中心。截至 2022 年 7 月,全国已有超过 30 个数据交易中心。各数据交易中心不断创新数据交易技术和模式,持续挖掘市场数据需求,丰富应用场景,刺激数据供给,逐渐探索形成若干稳定的盈利模式。同时,数据交易法律法规制定初见成效,为深化数据资源融合应用,持续释放数据要素价值积累了宝贵经验。

7.3.1　各地积极探索建设数据交易机构

据国家工业信息安全发展研究中心测算数据显示,2020 年我国数据要素市场规模达到 545 亿元,预计到 2025 年,规模将突破 1 749 亿元(见图 7-6)。近年来,全国涌现不少数据交易场所和服务机构,2015 年贵阳大数据交易所正式成立后,各地积极探索建设数据交易机构。2021 年 3 月,北京国际大数据交易所成立,打造国内领先的数据交易基础设施和国际重要数据跨境流通枢纽;2021 年 10 月,天津市政府批复同意设立北方大数据交易中心,致力于构建全国领先的跨行业、跨区域的"数据汇津"交易流通生态系统;2021 年 11 月,上海数据交易所揭牌,聚焦确权难、定价难、互信难、入场难和监管难等关键共性难题,形成系列创新。现有大数据交易机构已覆盖华北、华东、华南、华中、西南、西北和东北全国七大地理分区。从数据交易机构主体性质和发起单位来看,"国资主导、混合所有制、公司化运营"成为我国现存数据交易机构的主要筹建模式。区域数据交易所中,北京国际大数据交易所依托北京数字经济快速发展。根据公开数据,2021 年北京数字经济增加值规模达到 1.6 万亿元,占全市生产总值比重的 40.4%,是中国数字化发展进程中的产业先行者。北京数字产业集群和高精尖产业聚集效应显著提升。近三年来,数字经济头部企业相继涌现,数字经济核心产业新设企业年均增长一万家,规模以上核心企业 8 300 多家,约占全市规模以上企业数量的五分之一,前沿核心技术攻关取得新突破。北京着力打造数字技术创新策源地,围绕高端芯片、人工智能、量子力学、区块链等新技术持续突破,2021 年,全市数字经济核心产业企业发明专利授权量达到 4.3 万件,同比增长 1.2 倍。2021 年 3 月,北京支持设立了北京国际大数据交易所,建成了自主知识产权的数据交易平台,探索落地了一系列应用场景和交易模式。

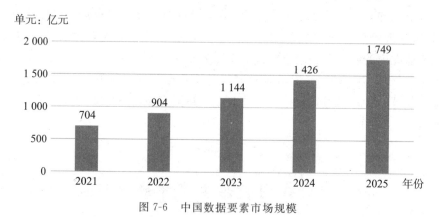

图 7-6　中国数据要素市场规模

资料来源:智研咨询发布的《2023—2029 年中国数据要素行业市场发展调研及未来前景规划报告》.

7.3.2　数据交易技术和模式不断创新

为促进数据要素流通,解决数据交易面临的问题,各地数据交易机构持续探索新技术应用,在技术创新和模式创新上取得一些突破。数据交易技术和模式涌现出数据撮合交易、API 数据交易、特定应用场景的数据服务、隐私计算技术等不同发展模式。数据撮合交易技术是将数据产品的买方和卖方进行撮合,实现数据供需双方交易的技术。API 数据交易是将数据产品封装成一些预先定义的应用程序接口,数据需求方通过调用接口的方式获得所需的数据并为此支付相应费用。特定应用场景的数据服务是依托特定应用场景,整合数据提供相关数据服务,并收取相应费用的数据交易模式。隐私计算技术是指在保护数据本身不对外泄露的前提下实现数据分析计算的技术集合,达到对数据"可用、不可见"的目的。基于多方数据汇聚进行密文计算,不进行数据间的直接交易,而是进行数据特定使用权价值的交易。

此外,区块链、人工智能、大数据、知识图谱等新一代信息技术也正广泛深入应用到数据交易的过程中。例如,贵阳大数据交易所探索区块链技术在数据确权登记和数据交易追踪等方面的应用;天津北方大数据交易中心综合运用区块链、人工智能、大数据、知识图谱等新一代信息技术,按照动态可扩展、弹性可伸缩、生态可开放的原则,构建数据交易平台技术支撑体系。清华大学通过新型密码技术和经济学机制设计技术解决大规模数据交易难题,该技术在提高数据交易效率的同时保证了数据交易的安全性,使得数据交易像普通商品的买卖一样简单。以新一代数据确权与交易关键技术为底层支持的新一代数据交易平台的交易流程出现。新一代数据交易平台通过结合现代密码技术和不可更改的数据库技术,实现了数据的权属声明、交易的可追溯性、数据的无争议送达等功能,实现买卖双方均可信任的数据交易机制和争议解决机制。

总体来说,新一代信息技术在数据交易领域的应用不断深入,数据交易技术和模式不断创新,特别是数据可用不可见技术的出现,使得数据交易更加可行和便捷。

7.3.3　多样化的盈利模式探索

从各地数据交易实践来看,我国数据交易机构的盈利模式主要包括三种:中介服务费模式、增值服务费模式、生态模式。

(1)中介服务费模式是指数据交易机构搭建数据交易服务平台,将数据的供给方和需求方集中到平台上进行撮合交易,并收取一定比例的中介服务费。例如,贵阳大数据交易所为数据买卖双方提供交易撮合服务,按照数据交易金额的 10% 收费。

(2)增值服务费模式是指数据交易机构结合特定数字化应用场景,提供基于数据的增值服务,并收取相应费用。例如,上海数据交易中心提供基于数据的信用画像、精准营销等增值服务;华东江苏大数据交易中心提供统计分析、机器学习、数据处理等算法服务。

(3)生态模式是通过打造完善的数据交易产业生态,组建行业联合,繁荣发展数据要素市场,并从中获得回报的盈利模式。例如,上海数据交易所构建"数商"体系,打造涵盖数据交易主体、价值评估、交付等环节的全链条产业生态;北京国际大数据交易所建立北京国际数据交易联盟已吸纳包括国有企业、金融机构、互联网企业、技术公司等 60 余家单位。

总体来看,我国数据交易机构在经营实践中积极寻找多种形式的盈利途径,探索出若干可行的数据交易商业模式,为培育和发展数据要素市场提供了参考借鉴。

7.3.4　数据交易法律法规制定初见成效

2021 年 9 月,施行的《中华人民共和国数据安全法》从法律的角度对数据实行分类分级保护、建立健全数据交易管理制度、规范数据交易行为、培育数据交易市场,从安全保障角度对数据要素市场进行顶层制度设计。为更好促进以数据要素为核心的数字经济发展,各地区纷纷出台地方性的法律法规,为发展数据要素市场探路开路、保驾护航。天津、江西、吉林、广东、贵州、海南等省市陆续出台促进大数据条例,广东、浙江等省出台数字经济促进条例。在培育数据要素市场、促进数据要素流通等方面,上海、深圳等地率先进行探索。2021 年 6 月,深圳市颁布《深圳经济特区数据条例》,率先提出"数据权益",明确自然人对个人数据依法享有人格权益,确立以"告知—同意"为前提的个人数据处理规则,在国内立法中首次确立数据交易公平竞争有关制度。2021 年 11 月,上海市颁布《上海市数据条例》,通过数据立法为市场主体数据财产确权,明确数据交易民事主体享有"数据财产权",确立数据交易价格"自定＋评估"原则,建立公共数据授权运营机制,强调重要数据和国家核心数据交易"过滤机制"。可以说,我国在数据交易方面的立法探索初见成效。

我国数据交易机构建设方兴未艾,相关技术应用不断创新,新兴业务模式持续涌现,数据交易法律法规体系日趋成型,数据要素市场蓬勃发展,构建以数据为关键要素的数字经济前景光明。

7.4 促进数据要素市场发展

7.4.1 数据要素市场发展瓶颈

当前,我国数据要素市场尚处于探索起步阶段,早期的数据交易机构在建设经营过程中经历了一些挫折,数据要素市场培育发展还面临一些问题。数据交易与传统实物交易存在较大差异,数据交易流通模式尚未成熟定型。同时,数据交易的法律法规仍不完善,在数据确权登记、资产定价、产品供给、技术创新等方面仍存在一些瓶颈和制约因素。

(1)数据交易法律法规尚待完善。活跃的数据要素交易流通依赖于良好的市场秩序,而良好的市场秩序需要有健全的法律法规、市场规则和强有力监管作为支撑保障。虽然国家明确鼓励发展数据要素市场,但是与数据交易相关的法律法规尚不完善。国家陆续出台《中华人民共和国国家安全法》《中华人民共和国网络安全法》《中华人民共和国数据安全法》和《中华人民共和国个人信息保护法》等与数据安全相关法律,明确建立了数据分类分级保护制度,为数据确权奠定了法律基础。地方层面,已有 18 个省市公布了相关数据条例。部分地方条例具有制度创新和引领改革发展的鲜明特点。例如,《上海市数据条例》聚焦数据权益保障、数据流通利用和数据安全管理三大环节,强化数据保护以促进数据交易;《深圳经济特区数据条例》提出市场主体对合法处理数据形成的数据产品和服务,可以依法自主使用,鼓励市场主体制定数据相关标准等;《浙江省公共数据条例》明确将在省、设区的市、县(市、区)三级建立起以基础设施、数据资源、应用支撑、业务应用体系为主体,以政策制度、标准规范、组织保障、网络安全体系为支撑的一体化智能化公共数据平台,推动公共数据的流通共享。这些条例和规则还属于区域性、局部性的实践探索,未能就大数据交易中的共性问题和挑战给出全面、权威和有公信力的解决方案,全国性顶层设计还有待进一步研究出台。

(2)数据确权登记制度尚待确立明晰的产权和完善的权属登记制度是开展市场交易的基础。按照实物商品交易的经验,只有明确的物品产权归属才能够更好地进行权责利的分配,进而制定相应的规则以规范约束市场交易各方行为。在数据权属不明晰,数据流通存在风险的情境下,数据所有者缺乏主动共享数据的动机。鉴于数据确权的复杂性,各地交易所采取间接方案解决数据确权带来的交易难题,即通过加强对数据应用的保护,解决数据使用不可控和隐私数据易泄露问题。例如,北京国际大数据交易所将数据要素解构为可见的"具体信息"和可用的"计算价值",对其中"计算价值"进行确权、存证和交易,实现数据流通的"可用不可见、可控可计量",为数据供需双方提供可信的数据融合计算环境;上海数据交易所提出"不合格不挂牌,无场景不交易"的原则;浙江大数据交易中心上线大数据确权平台,采用开源大数据分布式计算框架,独创"数据可用不可见""数据用后即焚"等技术方案。然而,由于数据要素的独特性及其产权的复杂性,我国现有的法律法规未对数据产权给出明确规定,尚未建立适合数据这一新型资产和生产要素的确权规则和登记制度,权威且广受认可的数据登记平台和服务体系也还未形成,开展数据资产登记业务的机构更是寥寥无几。在对数据权属和产权登记制度缺位的情况下,数据交易很难采用传统实物商品的交易模式进行商品所有权转移的交易,参与交易相关方的权益也难以受到法律保护。

(3) 数据交易机构经营状况参差不齐。经过几年发展,各数据交易机构经营状况参差不齐。虽然也出现了像上海数据交易中心等发展状况良好、取得较好建设成效的数据交易机构。但大多数前期建设的数据交易机构运营状况不容乐观。在现存 40 多家数据交易机构中,仅有 1/3 的数据交易机构官方网站处于运营状态,其他数据交易机构官方网站不存在或已经无法打开浏览。通过天眼查调查,正式在岗且参保员工人数超过 10 人的数据交易机构屈指可数。以贵阳大数据交易所(简称"贵交所")为例,经过六年多的艰难探索,贵交所的经营状况并不容乐观。2021 年 7 月,证券时报记者对贵交所进行实地考察,并采访了其核心管理层,以及离职核心员工,发现贵交所业务与预期值相去甚远。

(4) 数据资产定价机制尚不健全,完善的数据交易市场应有成熟的价格形成机制作为支撑。目前的数据交易市场中数据产品的定价机制尚无统一标准,市场化定价机制也尚未在其中发挥作用,更多的是依靠一事一议的协商定价模式。价值是价格的基础,供求关系影响数据价格,数据要素价值需要根据应用场景有针对地进行核算。在"价格反映价值"的核心原则下,数据定价遵循真实性、收益最大化、收入公平分配、无套利、隐私保护和计算效率等六项基本原则,具体的定价方法基本体现了以上原则的取舍和融合。国内主要的定价机制有三种,分别是基于数据特征的第三方定价模型、基于博弈论的协议定价模型和基于查询的定价模型。例如,贵州大数据交易所根据数据品种、数据深度、时间跨度、数据的实时性、完整性和数据样本的覆盖度等,制定了协议定价、固定定价、实时定价三种数据定价模式,并设立了数据交易撮合部,对交易价格进行协调;华东江苏大数据交易中心主要采用协商定价。导致数据要素定价机制不统一、不完善的因素主要有:数据产品的虚拟性和事前难以验证而导致买卖双方的信息高度不对称;数据对各方的效用难以衡量而导致价值难以准确评估;数据要素市场的不完善。数据的价值只有在进行挖掘和开发利用之后才能体现出来。在应用前景不明确的情况下,过高的交易价格会让数据需求方望而却步,过低的交易价格会让数据提供方产生惜售心理。数据产品和服务有效供给不足。随着数据的重要作用和巨大价值逐步深入人心,数据要素越来越受到重视,数据作为经济社会生产的新型投入要素逐渐成为刚性需求。与此同时,数据市场的供给却总体不足,分散在各部门各主体间的数据难以形成充足有效的市场供给,大量互联网数据因产权不清等问题而难以形成供给,大量市场需求得不到满足。此外,数据标准化和产品交付市场机制也亟待完善,我国对数据质量、交易数据的类型、数据产品形态还缺乏相关的行业标准和规范,数据交易过程中缺乏权威的可对数据质量进行把控和验证的机制,进而导致数据交易市场失灵。

(5) 新技术研发与应用有待进一步深化。大数据、人工智能、区块链等新一代信息技术的兴起和创新应用为数据交易的创新拓展了全新发展空间,但这些新技术还需要结合数据资源的易复制、非排他、主体多样性等特点进行定制化的研发创新,并加大普及和深化应用力度。隐私计算、多方安全计算等数据可用不可见技术成为数据交易的突破性创新,让数据要素市场的培育展现出光明前景,但该类技术还处于应用初期,尚未大规模推广应用。数据加密、数据脱敏、数据安全保护和隐私保护等技术也有待适应数据交易的实践发展,做进一步融合创新和深化应用。

综上所述,我国数据要素市场还面临法律法规、确权登记、持续发展、定价机制、产品供给和技术创新等方面挑战。这就需要在今后的发展中逐步解决,为促进数据要素顺畅交易流通、释放海量数据价值清除障碍,打下坚实基础。

7.4.2　数据要素市场发展措施

我国发展数据要素市场应从构建数据交易法律体系与登记制度、完善数据资产评估与定价机制、丰富数据产品的市场化供给、以应用场景驱动数据交易业务、加强数据交易新技术的研发应用等方面着重发力。

(1) 建设数据要素管理机构与交易法律体系。已有七种生产要素中,中国在劳动、土地、资本、管理、技术、知识等生产要素领域都有综合的行政或行业主管部门。数据作为新型生产要素,尚无对应的职能部门。目前,国家数据管理职能分散于中央网络安全和信息化委员会办公室、工业和信息化部等部门。中央网络安全和信息化委员会办公室偏重于内容监管,工业和信息化部偏重于信息技术的发展应用,都不能完全适应数字经济发展要求。建议设立国家数据管理局,一方面履行行政监管职责,另一方面承担和发挥行业发展的指导、规划职责。中国 2018 年进行的省级政府机构改革,北京市、上海市、浙江省、贵州省、广东省等 20 余个省(自治区、直辖市)设立了省级大数据管理机构,为建立国家层面的数据要素管理机构积累了经验。建议设立国家数据中心,充当国家数据“金库”,履行公共数据的采集、存储和管理职能。这符合国务院印发的《“十四五”数字经济发展规划》中“建立健全国家公共数据资源体系,统筹公共数据资源开发利用”的精神。国家数据中心的数据开放共享可以采取政府直接经营,也可以采取授权经营、特许经营、政府资助、购买服务等形式,还可以引进社会资本,采取国有为主的混合所有制形式。各省(自治区、直辖市)可以设立省级数据中心,主要行业设立专业数据中心,与国家数据中心形成有机整体。这一制度设计符合 2022 年 3 月中央印发的《关于加快建设全国统一大市场的意见》文件精神。按照试点先行、逐步推进的原则,鼓励有条件的地区先行先试,大胆探索,及时总结培育数据要素市场的好经验、好做法,积极探索数据交易市场制度和监管体制,提炼总结可复制可推广经验,形成地方性的数据管理条例。在吸收借鉴地方成功实践的基础上,逐步完善数据要素市场顶层设计,重点在数据产权、资产定价、收益分配、安全保障等方面形成国家层面的规则指引和实施办法,出台数据交易领域全国性的法律法规和政策制度。借鉴不动产、专利、软件著作权等现有财产登记制度的成熟经验,结合数据要素的特点,构建具有中国特色、符合数据要素交易流通市场规律的数据资产登记制度。

(2) 完善数据资产评估与定价机制。引导市场主体积极探索数据资产定价模式,以市场化机制为主,适度管控为辅,逐步形成成熟完备的数据交易价格体系。数据定价的客体是商品化的数据产品和服务。与传统生产要素不同,数据外部性、异质性、价值溢出和交易场景多元等特征及其多样的类型、广泛的交易场景,使得难以设定一个普适性的标准对其进行定价,全球范围内尚未形成较为成熟的估值体系。尽管国内外已经提出了成本法等定价方法和模型,但对于不同方法适用场景缺乏合理性的论证。不同交易场景下,供需双方对数据价值的定位存在差异,如所有权转移、数据收益分配以及业务竞争状况等均会对数据交易价格产生影响,单一的成本法、收入法、"数据势能"模型、"四因素定价模型"均难以适用于所有交易场景下的数据产品定价。因此,仍需进一步完善数据要素定价理论体系,探索基于产品类别、基于场景的数据定价机制。一是按照市场导向原则,鼓励交易主体按照资源稀缺程度,市场供需状况自动形成市场价格。二是借鉴传统要素定价模式,探索数据资产定价规律,倡导交易主体按照成本加成法、预期收益折现法、市场法等资产定价模式形成合理价格。三是建立第三方评估机制,通过引入第三方专业数据资产评估机构开展价值评估,为数据交易双方提供定价参考。四是政府引导与适当监管,针对价格难以达成一致或长期无法交易的数据产品,引导数据交易主体及专业机构共同探索数据资产合理定价,对明显不合理的交易价格进行适当监管,及时防范化解交易风险。

（3）丰富数据产品市场化供给。多渠道引导潜在数据提供方上线交易数据产品,丰富数据产品和服务的市场供给。一是推动公共数据资源开放,由政务部门和公共企事业单位在依法履职或生产活动中生成和管理的公共数据资源是数据资源的重要来源,在确保安全的前提下,应逐步向社会开放。二是加强社会数据资源的开发利用,推动产业、互联网等领域数据标准化采集,通过加强政策引导、资金扶持、举办大赛、政府和社会资本合作（PPP）等方式,提升社会数据资源开发利用程度。三是发展大宗数据资源聚合服务平台,探索依托权威平台聚合海量数据资源,对外统一提供数据产品和服务,鼓励腾讯、阿里巴巴、字节跳动等头部互联网企业以开放数据平台、开放 API 等方式面向应用服务开发商、社会公众提供数据服务,实现数据要素流通和数据价值释放。

（4）以应用场景驱动数据交易业务。从信息资源开发利用实践来看,数据交易流通不一定需要产权的转移,可以通过数据服务的形式实现。受法律法规、现实条件等方面的约束,原始数据的买卖和复制传输,往往难以控制数据的后续流向和使用范围,还容易产生数据泄露和安全等问题,所以往往难以持续发展做大。从现有数据交易机构的运营实践看,单纯的数据交易已经被证明不可持续,要通过培育大数据业务场景驱动数据交易业务,结合大数据的具体应用场景,在面向服务的应用实践中实现数据要素的流通和价值变现。因此,数据交易机构和服务平台的业务应坚持场景研究、应用示范和数据交易相互结合,充分发挥海量数据和丰富应用场景优势,形成规范有序、安全高效、富有活力的数据应用服务市场,以数据应用和增值服务促进数据要素交易流通。

（5）加强数据交易新技术研发应用。应围绕数据交易的场景化应用、数据可追溯、交易可监管、数据防窃取等现实需求,加强数据可用不可见技术的研发创新,深化人工智能、区块链等新一代信息技术在数据交易领域的融合应用,鼓励数据交易机构探索建立可信执行环境,构建一套封闭安全的交易平台环境,将所有的数据提供机构、所有参与交易相关的数据源、原始数据接入平台,实现数据的使用方无须接触数据,只需将数据模型构建在平台上,就能使用数据并获取所需的数据应用成果。

（6）注重利用数据推动实体经济转型发展。尤其要注意推动传统制造业企业的数字化转型和先进智能制造企业的培育。制造业是现代社会物质资料生产的核心部门，其数字化转型升级对数字经济的发展及我国迈向高质量发展阶段具有重要意义。要以数据要素市场的培育为契机，以数据驱动制造业产业模式和企业形态实现根本性转变。此外，数字平台组织具有天然的规模效应和网络效应，绝大多数数据由政府和少数巨型平台企业掌握。在促进数据以市场方式开发利用的同时，还要注意提高数据利用的普惠性，加大对小微企业及科技型初创企业的扶持力度。

第8章　数据治理与监管

数据治理是关于数据使用的一整套管理行为,既包括数据微观使用主体企业的数据治理活动,也包括国家数据治理行为。数据治理不仅作用于数据使用效率,更应注重数字规制,把握数字话语权。2022年6月,习近平总书记在中央全面深化改革委员会第二十六次会议强调,"数据基础制度建设事关国家发展和安全大局,要维护国家数据安全,保护个人信息和商业秘密,促进数据高效流通使用、赋能实体经济,统筹推进数据产权、流通交易、收益分配、安全治理,加快构建数据基础制度体系。要加强党中央对行政区划工作的集中统一领导,做好统筹规划,避免盲目无序。"按照这一战略安排,本章从数据治理的定义入手,明晰企业和政府两个不同层面的数据治理内容及意义。融入企业数据治理案例和政府数据治理案例,介绍不同场景下数据治理框架和工作重点。然后,介绍美国和欧洲各国数据治理及监管情况,比较中国和欧美国家数字生态和数字规制。最后,综合各方建议,指出数据治理过程中要从中国国情出发,牢固守住安全底线,明确监管红线,加强重点领域执法司法,构建政府、企业、社会多方协同治理模式,强化分行业监管和跨行业协同监管。建立并完善数据全流程合规和监管规则体系,建设规范的数据交易市场,激发数据要素价值,促进经济高质量增长。

8.1　数据治理

8.1.1　数据治理的定义

关于"数据治理",国际标准化组织IT服务管理与IT治理分技术委员会等机构认为,数据治理是建立在数据存储、访问、验证、保护和使用之上的一系列程序、标准、角色和指标,希望通过持续评估、指导和监督,确保高效地利用数据,实现企业价值。数据治理是组织中涉及数据使用的一整套管理行为,由企业数据治理部门发起并推行,关于如何制定和实施针对整个企业内部数据的商业应用和技术管理的一系列政策和流程。国际数据管理协会给出的定义:数据治理是对数据资产管理行使权力和控制的活动集合。国际数据治理研究所给出的定义:数据治理是一个通过一系列信息相关的过程来实现决策权和职责分工的系统,这些过程按照达成共识的模型来执行,该模型描述了谁能根据什么信息,在什么时间和情况下,用什么方法,采取什么行动。数据治理的最终目标是提升数据的价值,数据治理非常必要,是企业实现数字战略的基础,它是一个管理体系,包括组织、制度、流程和工具。我国政府发布的《数据治理白皮书》认为,数据治理是在数据产生价值的过程中,治理团队对其做出的评价、指导和控制。以企业财务管理为例,会计负责管理企业的金融资产,遵守相关制度和规定,同时接受审计员的监督;审计员负责监管金融资产的管理活动。数据治理扮演的角色与审计员类似,作用就是确保企业的数据资产得到正确有效的管理[①]。

从范围来讲,数据治理涵盖了从前端事务处理系统、后端业务数据库到终端的数据分析,从源头到终端再回到源头形成一个闭环负反馈系统。从目的来讲,数据治理就是要对数据的获取、处理和使用进行监管(监管就是我们在执行层面对信息系统的负反馈),而监管的职能主要通过以下五个方面的执行力来保证——发现、监督、控制、沟通和整合。[②]

数据治理既有微观层面意义,更有宏观战略意义。数据不仅是企业或机构的资产,更是现代国家的基础战略资源,不仅帮助企业实现价值,更是对经济社会运行的方方面面产生影响,因此,从宏观战略层面把握更为重要。宏观战略意义上的数据治理,即政府部门或其授权机构,为充分挖掘和释放数据要素在产业转型升级、经济高质量发展、治理能力现代化等过程中的重要价值,推动数据安全自由流动而采取法律、标准、政策、技术等一系列措施的过程。

8.1.2 数据治理的重要性

1. 数据治理是企业在数字经济时代充分挖掘并实现数据价值的基础

企业管理层面,数据治理可以使企业更早、更及时、更高效地发现数据问题,确保企业数据的质量及可用性、可集成性、安全性和易用性。数据是企业的资产,组织必须从中获取业务价值,最大限度地降低风险并寻求方法进一步开发和利用数据,而这一切就是数据治理需要完成的工作。因此,数据治理的重要性是毋庸置疑的,它是所有数据应用的基础和根基,它的好坏直接影响数据应用过程中的价值体现。同时,数据治理也是一个组织进行数据资产沉淀的基础,直接决定一个组织的数据资产能否得到有效沉淀,以及在数据应用过程中能否充分地发挥数据价值。

2. 数据治理是国家或政府在数字经济时代做好各项公共事务的前提

数据治理不仅可以使政府在管理社会事务的过程中做到先知先觉,也能够帮助政府在处理具体事务时更加科学、有效和有针对性。可以说,没有数据就没有治理,利用不好数据,就不能有效维护国家安全和有效解决社会发展过程中存在的各种问题,也不能为社会管理工作提供科学、合理、全面和综合的治理方案。

3. 数据治理是各经济主体在数字经济时代数据话语权的争夺

数据话语权是特定主体通过对某个领域数据或更大范围数据集的积累、收集、控制、处理、发布、解读、传播等行为,以及通过提供不断延伸的相关数据产品和数据服务,而获得的现实传播优势和深层影响能力。它是话语权的一种特殊存在方式。其特殊表现在于,数据

---

① 张莉,卞靖.数字经济背景下的数据治理策略探析[J].宏观经济管理,2022(2):35-41.
② 宗喆,鲁俊群.疫情之下的数据治理及人工智能应用边界探索[J].科技管理研究,2021,41(17):162-169.

和数据服务的专业性、客观性和连续性,使数据和数据服务更容易让使用者接受和相信,更容易让使用者对数据源产生路径依赖,形成特殊信任。相比一般由传播优势和表达方式形成的话语权,数据话语权的说服力、影响力和建立威信的能力更强,对国际政治、经济运行和人们的意识形态,能够产生更微妙而深层的影响。对数据话语权的争夺,并不只是在传播领域,更多是在经济领域。数据话语权能够影响大宗商品价格、股票价格和债券价格波动。一方面,中国数据话语权具有一定优势。中国经济体量已经位居世界第二,无论是关于经济运行,还是消费趋向,中国经济的数据发布及其解读都是世界极为关注的;另一方面,中国数据话语权仍有竞争劣势。中国发布数据的连续性、相关历史数据时间跨度、数据精准度、数据多样性等都有提升空间。

8.1.3　企业数据治理体系

1. 企业数据治理体系框架

数据治理体系框架是实现企业数据治理,进行数据管理、利用、评估、指导和监督的一整套解决方案,包括制定战略方针、建立组织架构和明确职责分工等。国内外不同的机构和学者提出了不少具有代表性的数据治理框架或模型。比如,IBM 的有效数据治理元素框架 EEDG 包括目标要素、促成要素、核心要素和支撑要素四类,每一类可包括若干具体要素;DGI 数据治理框架包括规则与协同工作规范、人员与组织机构、过程三大部分的十个小部分;DAMA 数据治理框架包括功能子框架和环境要素子框架,主要解决数据管理的十个功能和七个要素之间的匹配问题。不同于 DGI 数据治理框架,我国《数据治理白皮书模型》包括原则框架、范围框架、实施和评估框架等三个方面的内容。每个企业由于所处的行业特点不同,业务情境有很大的差异,因而数据治理的框架体系也会出现个性化的差异。但是不同企业在实施数据治理时,都会围绕企业目标有计划、按步骤地实施。本文提出企业实施数据治理的体系,如图 8-1 所示,即数据治理的对象是数据资产,数据治理的关键因素包括数据质量管理、数据生命周期管理、主数据管理、元数据管理、业务流程整合等,它直

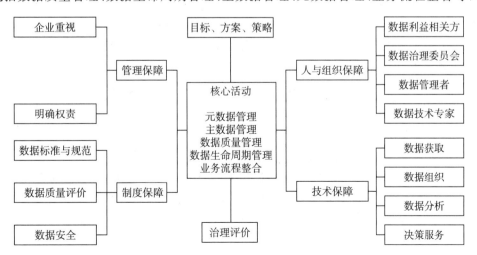

图 8-1　企业数据治理框架

接反映企业进行数据治理的条件和水平。数据治理的顺利实施需要有管理、组织、制度、技术等方面的条件保障,不仅需要明确数据治理的目标和标准、监督控制数据治理的相关活动,而且要建立分层的数据治理组织,制定数据的标准和规范、数据的安全管理制度以及数据质量的评价方法与指标,采取集成式的数据架构,推动数据治理的价值变现[①]。

2. 企业实施数据治理的核心内容

(1)元数据管理。元数据是描述数据的数据。Forrester Research 将元数据定义为"用于描述数据、内容、业务流程、服务、业务规则以及组织信息系统的支持政策或为其提供上下文的信息"。元数据管理就是对元数据进行创建、组织与存储、整合与控制的相关活动。管理团队首先要弄清企业开展业务需要哪方面的数据,生产经营活动又会产生哪些方面的数据,如何获取支持业务活动的数据,以及各种数据之间的相互关系。企业可以创建元数据存储库,存储各种业务元数据和技术元数据的属性、状态及关系,以便于不同部门、不同系统之间的共享和利用。元数据的管理,在一定程度上可以解决数据重复建设等问题,进一步提升数据质量。比如,某航空公司利用 PY 产品的全自动采集和大数据地图的自动展现等功能,集中管理了包括技术、业务、操作在内的全企业的元数据,分析出了海量元数据之间的关系,可视化展现出了该司航数据资产全貌和数据之间的流向,促进了该公司对海量数据的有效利用。

(2)主数据管理。主数据是企业业务实体的数据,比如客户数据、产商数据和产品数据等。它广泛地分散在企业的各种业务流程、各个信息系统以及应用程序中。对于企业来说,主数据是非常有价值的数据,也是各业务部门和应用系统需要共享的数据。企业数据治理的目标是充分挖掘主数据的价值,满足不同部门对主数据的需求。针对各业务部门对数据使用的目的和要求不同,主数据管理需要围绕业务的目标与规则并与各部门的业务流程相匹配,同时也要得到各业务部门的支持,具体从提高主数据的质量着手,确立主数据管理的策略、规程和技术解决方案,尽量保证各业务数据的合规性、一致性和相关性。主数据管理是一项长期的实践活动,可通过建立主数据中心来规范主数据的使用,这不仅是一项技术工作,还有配套的管理工作,如确立主数据的管理规范和管理流程。

(3)数据质量管理。Weber 等人将数据质量管理定义为:以质量为导向的数据资产管理,即计划、规定、组织、使用和处理支持决策和运营业务流程的数据,从而持续性地提高数据质量。大数据技术的广泛应用,使得企业对数据治理的需求日益迫切。企业数据大量分散在各个系统中,由于缺乏一套完整的数据标准体系,各系统之间的数据交互共享性差。由于缺乏标准化的管理和适当的控制,数据的分散会导致相同数据存放在不同系统中,不能被有效识别,数据的可靠性无法得到保证。数据的质量决定了技术应用的质量,数据质量管理侧重于高质量数据的计划、组织和使用,确保了治理对象的质量。通过数据治理,组织能够承担数据责任,解决技术问题,从而进一步提高数据管理和数据质量管理的能力。以生产男式西装为主的 HL 集团为例,用户在手机 App 上下单之后,测量师会到用户家里做定制测量,然后在板型库里做设计,自动排产之后就开始生产。整个过程都是基于高质量的数据驱动的,数据质量成为业务的生命线。数据质量管理需明确质量管控的规范与流

---

① 陈芳.企业实施数据治理的核心内容及条件保障[J].信息资源管理学报,2018,8(4):35-40.

程,使相关人员明确在数据产生、存储、应用的整个生命周期中数据治理包含的工作内容、工作流程和各自的职责,进一步提升数据治理的效率。

(4)数据生命周期管理。数据生命周期是指数据从产生、利用到消亡的过程。数据对企业的重要性不言而喻,但数据不会永久性存在,一方面企业对数据的维护需要支付成本,另一方面数据的价值也会发生变化,因此企业数据治理需要根据自身的需求,结合数据生命周期的特征,采取不同的管理方式。数据生命周期管理的目标是在成本可控的情况下,有效管理数据,创造更多的价值。如欧洲某公用服务公司在部署电气智能仪表时,实施大数据生命周期治理,使得包括大数据归档和压缩在内的总体的运营成本节约了 60%。数据生命周期管理首先要有一个判断标准,确定哪些数据需要存储,哪些数据需要进行分析利用,哪些数据需要被剔除;然后制定数据剔除、存储、分析、应用的标准与流程,结合数据实际应用情况,不断优化生命周期管理流程,最大限度地发挥数据的价值。

(5)业务流程整合。数据治理围绕企业业务活动展开,首先要识别企业的业务问题,根据实际的业务问题初步拟定数据治理计划,一旦问题得到解决,业务部门会给予更多的支持,并将数据治理的范围扩展到更多的业务活动中。业务流程整合的目的是便于数据治理活动的开展,同时也是为了提高数据治理的效率。业务流程的整合将有助于规范业务流程,有利于数据治理团队发现业务活动中的数据以及数据之间的关系。

企业数据治理案例

某供电企业数据治理

在智能电网建设的日益发展背景下,泛在电力物联网的建设已经成为电力行业主要发展的方向,供电企业数字化转型与数据治理对电力行业的发展起着不可忽视的作用。基于信息生态的核心思想,结合数据资产管理流程,有学者提出供电企业数据资产生态化管理模型,如图 8-2 所示。

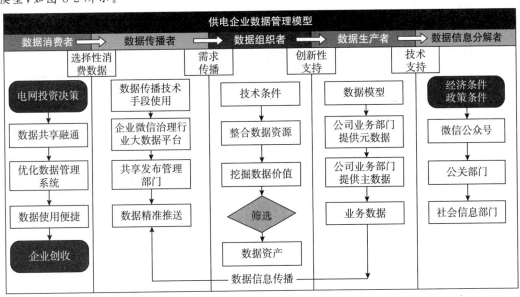

图 8-2　供电企业数据资产生态化管理模型

　　泛在电力物联网理念构建的融合创新平台对供电企业数据资产生态化管理有着重要的意义,泛在电力物联网数据资产框架是供电企业数据资产生态化管理模型运行的基础和保证。在供电企业数据资产生态化管理模型中,信息组织者需将企业外部数据与生产者在企业运行过程中产生的实时数据分别存放于公司数据仓库与实时采集数据存储区,实时采集数据存储区中的部分数据经过系统化处理后可以转存于公司数据仓库,仓库中检索频率高、应用价值大的数据经提取后最终要存放在热点数据存储区;在数据统计阶段,组织者需要按照公司制定的数据口径、数据结构和数据属性等方面的要求完成存量数据初始化与增量数据的同步复制,分解者则需要在此环节进行数据的清洗与转换,将维护成本高于应用价值的数据资产及时分解销毁掉;在数据分析阶段,组织者需要将各部门管控系统提供的数据进行离线分析与实时分析;在数据应用阶段,消费者强调的是数据资产的效率、质量以及价值的应用,希望能够以最高的效率取得价值最高的工作成效。在上述数据资产管理与流转的各个环节中,数据传播者主要起到信息及时传递的功能,将数据中夹带的信息准确地送达有使用诉求的部门,结合以上数据管理模型,企业规划出数据治理框架,如图8-3所示。

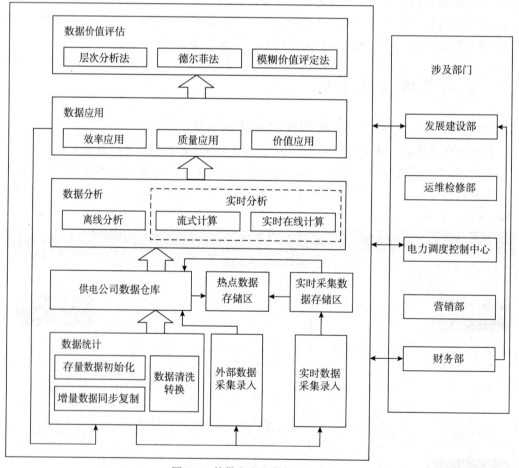

图 8-3　某供电企业数据治理框架

资料来源:崔金栋,高志豪,关杨,等.面向泛在物联的供电企业数据资产生态化管理机制研究[J].情报科学,2019, 37(12):63-70.

8.1.4　政府数据治理体系

政府数据治理是以治理的思维方式改进传统政府信息管理,是综合运用数据管理法律制度、人员组织、技术方法以及流程标准等手段,对政府结构化数据和非结构化数据进行全面管理,确保政府资产的保值增值,推动政府数据从公共资产转换数据资源。政府数据治理是以"数据共享、互联互通、业务协同"为原则运用大数据技术实现政府数据的开放与共享,改进政府管理、辅助政府决策、评估政府绩效及监督政府行为等,构建多元主体共治的政府治理新体系。

1. 政府数据治理框架

政府数据治理体系框架是实现政府数据治理,进行公共事务和社会经济数据管理、利用、评估、指导和监督的一整套解决方案(见图 8-4)。实践中,各级政府大都采取第三方建设运营和政府购买服务的模式,提升大数据平台服务支撑能力,提高数据质量,加强区域内数据综合管理。依托大数据平台,对人口和法人综合数据有效归集、清洗及融合,提供以居

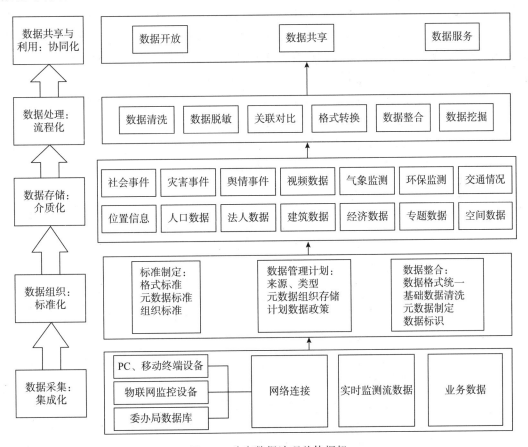

图 8-4　政府数据治理总体框架

资料来源:黄静,周锐. 基于信息生命周期管理理论的政府数据治理框架构建研究[J]. 电子政务,2019(9):85-95.

民身份证号和统一社会信用代码为统一标识的综合数据服务、重点对象数据服务;对区域内数据共享、开放、基础数据资源汇聚和利用情况综合呈现,实时监测数据流向,辅助决策分析;对区域内信息化资产进行全面梳理,构建完善的公共数据资源体系。政府数据治理服务模式的底层数据支撑是政务数据资源体系,政务数据资源体系的建设内容是数据治理服务发挥作用的核心;数据治理服务依托数据治理服务平台申请政务数据资源体系中的各类数据资源,经过治理产生的相关政务数据,可作为政务数据资源体系的有益补充。

2. 政府数据治理的内容

1) 数据采集

数据采集是利用相关装置,从系统外部获取数据并输入系统之中的接口,随着现代信息技术的快速发展,数据采集已被普遍运用于互联网及各个领域。数据采集具备以下三方面特征:数据全面性,即数据量足够具有价值,且足以支撑起相关的分析需求;数据多维性,即数据是灵活的,且能够快速进行自定义,具有多种类型,从而满足不同的需求目标;数据高效性,即数据需求分析与需求满足的高效与及时。一般而言,政府数据的不同来源,影响了政府数据采集所呈现出的不同方式:①各委办局数据。我国政府数据主要来自于各委办局数据库,这也是最传统的政府数据来源渠道。在各委办局数据中,以国家统计部门进行统一数据收集生产为主,主要表现为各类业务数据,该数据收集方式能够确保数据的真实可靠,但是采集周期与成本较长。②各类实时监测数据。随着信息技术的不断发展,物联网的出现为政府数据的采集提供了重要支撑。物联网监控设备基于传感芯片、RFID 读写系统等技术,通过工业控制系统、商业可穿戴设备,温度、压力、湿度等监测设备,GPS 系统等获得各类实时数据,实现数据采集的多样化,这类数据数量庞大、采集及时,但是数据种类繁多。③网络数据。移动通信技术的迅速发展,使得移动智能终端得到迅速普及。基于移动端情景感知获得的大量数据,实现了数据的实时、动态、全面的采集与挖掘,这些数量巨大的网络数据成为政府数据的主要内容之一。

2) 数据组织

政府数据通常跨领域、跨部门,具有多源异构的特征,因此需要对政府数据进行有序管理与组织。

(1) 标准制定。因政府数据的多源异构特征,政府数据往往涉及不同政府部门,所以构建政府数据标准具有重要意义。首先,明确政府数据格式,尽量用机器可处理的和非专有格式进行数据发布,并将非结构化数据转化为机器可读数据;其次,构建政府数据的元数据标准与规范,具体包括构建符合需求的元数据体系、明确元数据格式、使用受控词表、发布结构指南、构建国家标准及其映射等;最后,构建数据组织标准,从数据采集、组织、存储、处理、共享与利用等方面对组织标准进行规范和管理。

(2) 数据管理计划。参照国内外政府数据管理实践,从政府数据采集、组织、存储、处理及共享利用等生命周期进行数据管理计划构建与实施,提升政府数据管理质量与效率;实施全面数据管理计划,具体包括制定数据组织指南、构建数据组织流程、实施数据评估等。

(3) 数据整合。把不同来源的数据进行整理、清洗后,转化为新的数据源,为进一步进行数据存储与分析做准备。数据整合主要包括:统一数据格式,主要是统一非结构化数据格式,以实现数据的统一存储与分析;对数据进行初步清洗,在进行数据分析与可视化前期,通过迁移、压缩、打散等方式进行数据处理;基于元数据标准与政策,实施元数据制定与管理;大数据的最终目的是要实现精准化与智能化,因此需要构建数据标识,为精准化和智能化提供技术基础与保障。

3) 数据存储

经过数据采集和数据组织后,需要进行数据存储,基于海量政府数据的存储,是数据处理、共享与利用的基础。传统的数据存储处理方式,不能满足规模庞大的半结构化和非结构化数据的存储需求,更无法满足对数据进行交叉分析、深度挖掘的需求。为了应对大数据对数据存储带来的新要求与巨大挑战,目前数据存储技术主要包括 MPP 数据库架构、Hadoop 技术扩展和封装和一体机技术三种。根据数据类型及其应用的不同,数据被分别存储至基础库、关联库、专题库、管理库等,不同数据库采用的管理标准则有所不同。同时,由于数据来源不同,政府数据存储往往表现为不同的子数据库。第一,来自 PC 以及移动设备终端的数据,一般以网络数据形式采集,以社会事件、灾害事件、舆情事件、位置信息、空间数据等子库形式进行存储,相比于传统数据,这类数据主要以非结构化数据为主,以三维立体空间数据为主;第二,来自物联网监控设备获得的各类实时监测数据,一般以实时监测数据为主,以视频数据、环保监测数据等子库形式存储;第三,来自政府委办局各项业务的数据,一般以专题数据、经济数据等子库形式存储,这类数据是比较传统的政府数据。

4) 数据处理

数据处理的目的在于从规模庞大、杂乱无章的数据中,选取出符合特定需求与价值的数据,主要包括以下内容。

(1) 数据清洗。在数据开放背景下,政府数据共享与利用的基础工作是数据清洗。大数据包含数量、多样性、速度、准确性等特征,多维度的数据中难以避免出现不合适的、较为粗糙的数据,如何实现粗糙数据的“净化”,这是数据清理需要做的。只有高质量的数据才能发挥巨大的价值,更是数据治理水平的基本保障。可见,数据清洗的最终目的就是要实现数据质量的提升。

(2) 数据脱敏。大数据的发展,实现了用户精准定位,带来了全方位的商业价值挖掘,同时也带来了隐私保护问题。政府数据在开放中要更加注重保护个人隐私,此时数据脱敏就成为关键。数据脱敏的实质就是通过构建严格的数据审查标准,制定统一的数据脱敏处理标准规范等进行数据变形,实现对隐私数据的保护,从而可以安全使用脱敏后的数据。

(3) 关联对比。数据开放背景要求政府数据可以供各类用户使用,并获得一定的价值。但现实却是不同部门的数据难以反映各数据之间的关系,而这种对数据之间关系的综合分析是获取价值的重要途径,因此有必要发现并构建数据间的关系,即数据关联。通过数据关联与对比,可以有效解决“数据孤岛”的问题及各种数据分析挖掘的限制,实现多源数据间相互参照及政府数据智能化与自动化挖掘。

(4) 数据格式转换、数据整合与数据挖掘。这是对数量大、种类多、速度快、价值高的海量政府数据提供个性化分析,通过转化统一标准格式、整合多源异构数据、实现数据价值深度挖掘,实现数据价值的高效处理。

5) 数据共享与利用

政府采集与保存的数据与社会经济生活息息相关,政府数据开放的积极意义在于通过向社会开放政府拥有的数据,供社会进行数据的增值利用与创新,实现数据的公共价值,推动经济社会发展。政府数据共享,是对多源数据的有效整合,从不同领域整合异构数据,降低数据收集与验证成本,提升决策透明度,促进政府治理能力的提升。数据共享的优势在于:可以降低数据收集中二次收集的成本,实现数据驱动的政府系统与服务的整合,统一社区需求的理解,提高决策透明度,提升公民获得感等。政府数据开放不仅强调数据的公开与获取,数据利用才是政府数据开放的落脚点。

3. 政府数据治理框架的重点内容

以大量数据实时、动态监测与分析为特征,数据开放背景下的政府数据治理,更加强调数据的标准化、真实性及准确性。政府数据治理框架需要重点考虑多源异构数据等多种因素。结合政府数据特征,识别出政府数据治理框架的重点内容,对于促进政府数据治理框架的普适性具有重要意义。

(1)元数据管理。大数据时代的政府治理,元数据对政府信息描述与管理具有重要作用。目前,国外主要有 GILS 和 DC-government 两大主流政府元数据标准,各国建立的政府元数据标准规范基本上基于上述两种标准进行调整,如澳大利亚的 AGLS、英国的 EGMS 等。我国已于 2007 年出台了政府信息管理元数据标准文件《政务信息资源目录体系 第 3 部分:核心元数据》(GB/T 21063.3—2007),各地方政府也先后出台相关元数据描述规范等,如贵州省发布的《政府数据资源目录 第 1 部分:元数据描述规范》(DB52/T 1124—2016)。

(2)数据集成。政府开放数据涉及诸多部门和各项业务的数据,如何保证在语义一致的前提下实现数据集成是智慧政府的基础。由于缺少统一、系统的数据治理规划与相关机制,多层次、跨部门的各政府数据系统之间缺少有效的数据共享与集成,形成各类"数据孤岛",导致政府数据存在多次重复采集、数据之间一致性较差、数据开放以及二次利用程度较差等诸多问题,制约了政府数据治理的效率与水平。

(3)数据安全管理。数据开放背景下的政府数据治理,不仅要求政府对相关数据和信息进行公开、透明,而且需要提供给公民或组织使用,通过分享这些数据创造经济与社会价值,根据数据分析与挖掘,评判政府决策的科学性与合理性。这些数据往往涉及大量国家安全、商业机密、个人隐私等内容,一旦发生安全问题将对经济社会发展,乃至国家安全造成巨大危害。因此,如何构建安全、可持续发展的政府开放数据体系,既是当下政府数据治理过程中面临的巨大挑战,又是亟须解决的难题。

 政府数据治理案例

公共卫生智慧应急管理

为应对突发性公共卫生危机,业界探索利用智能分析服务以及智能计算构建智慧应急模式流程,如图 8-5 所示。

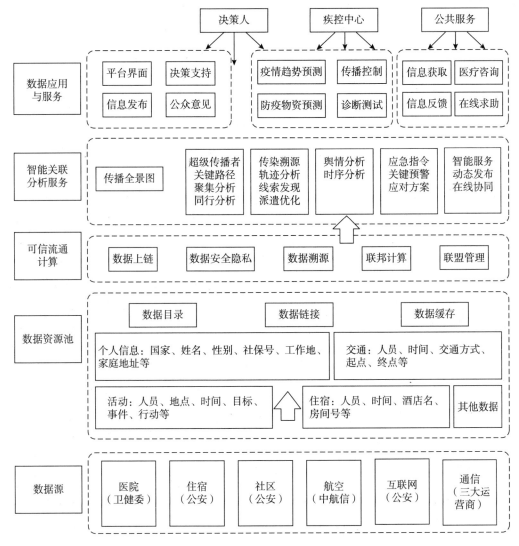

图 8-5　公共卫生智慧应急管理与数据治理

在公共卫生智慧应急管理实践中,我国各级政府部门、行业/企业以及个人的数据资源构成了庞大的数据资源池,通过有效的数据资产管理手段将其中权属明晰、可量化、可控制、可交换的具有经济、社会等方面价值的非涉密数据进行激活应用并使其资产化。一方面,可以通过挖掘其中的生产价值促进社会整体效益的提升;另一方面能够基于所产生的有效数据,促进国家治理体系和治理能力现代化。因此,建立数据资产开放与共享的良好路径,是释放数据价值并赋能数字化的社会应急与治理,激活政府与居民、城市与社区、行业与行业、常态监测与突发应急协调联动,进而实现公共卫生危机应急防控能力和效果的关键。

资料来源:宿杨. 数据资产管理的法治基础探究——基于公共卫生智慧应急管理实践[J]. 宏观经济管理,2020(12):56-62.

8.2 欧美国家数据治理

8.2.1 欧盟基于 GDPR 的数据治理

欧盟对于数据保护的管辖权和数据属性界定都较为严格。首先,GDPR(General Data Protection Regulation,《通用数据保护条例》)在空间上对于数据的约束被看作是一种"长臂管辖"。GDPR 第 3 条规定:第一,GDPR 监管任何在欧盟内部设立的数据控制者,及其数据处理行为。也就是说,如果数据持有者和处理者的经营场所在欧盟境内,不论该数据处理的行为是否发生在欧盟境内,该数据持有者或处理者都将受到 GDPR 监管。第二,只要向欧盟数据主体提供产品或服务,需要持有或处理欧盟数据主体数据的所有企业,无论是否在欧盟内部拥有实体机构,都要受到 GDPR 的监管。第三,只要是对发生在欧盟范围内的数据主体进行监控的行为,都要受到 GDPR 监管。其次,GDPR 对相关企业使用主体数据的过程和种类上也做了严格的界定。第一,GDPR 第 7 条明确规定,要求数据控制者必须能够证明,数据主体确实同意处理其个人数据,数据主体必须被授予随时撤回其授权的权利,撤销数据使用授权的过程应与同意授权一样简单易行。值得注意的是,在 GDPR 之前的大数据时代,数据主体从未真正被赋予对自己数据的控制权,各类基于个人数据保护的条例大都流于形式,而 GDPR 第 7 条的约定,明确赋予数据主体对自己数据的控制权。第二,GDPR 第 9 条明确规定,对于显示种族或民族背景、政治观点、宗教或哲学信仰、工会成员身份数据、基因数据、为了特定识别自然人的生物性识别数据,以及和自然人健康、个人性生活或性取向相关的数据,应当禁止处理。根据 GDPR 的定义,"生物性识别数据"被定义为基于特别技术处理自然人的相关身体、生理或行为特征而得出的个人数据,这种个人数据能够识别或确定自然人的独特标识,例如脸部形象或指纹数据;而"基因数据"指的是和自然人的遗传性或获得性基因特征相关的个人数据,这些数据可以提供自然人生理或健康的独特信息,尤其是通过对自然人生物性样本进行分析而可以得出的独特信息。

8.2.2 美国数据治理

美国联邦政府在 2019 年建立了联邦数据战略体系,描绘了联邦政府如何加快各项数据在各项具体任务、服务公众和管理资源中的使用,并保护好安全、隐私和保密性。所有的联邦机构都要在整体政府的范畴下执行好这一战略。美国联邦政府的联邦数据战略在上述目标之下设定内容,从理念至实践、从需求到行动布局出了引领各机构数据治理方向的目标。

为实现政府数据的社会化共享与利用,美国联邦政府面向开放数据布局和完善政府数据治理体系,形成系列指导数据治理以及相应管理活动的政策工具。一是数据治理手册,帮助联邦机构确定数据治理的行动重点和步骤,进行自我评估。二是数据伦理框架,辅助联邦领导者和数据使用者在各类活动中采集、获取、管理和使用数据做好伦理决策。三是数据创新活动手册,指导机构为强化利益相关者的参与举办各类活动。四是数据质量框架,为机构认识数据质量和做好数据管理提供通用性指导。五是以开放数据为核心的专题系列政策。

数据保护方面,美国目前并没 GDPR 一类的通用数据保护法律,只在一些特殊行业或领域立法里,有关于隐私保护的内容散落在其中。例如,《健康保险流通与责任法案》(HIPAA)中提到如何保护患者隐私信息,《儿童在线隐私保护法案》(COPPA)则是专门为保护儿童个人信息制定的联邦法律。《加州消费者隐私法案》(CCPA)的出台弥补了美国在数据隐私专门立法方面的空白,它旨在加强加州消费者隐私权和数据安全保护,被认为是美国当前最严格的消费者数据隐私保护立法。CCPA 以"加州居民"为核心要素,对相关实体进行监管。与 GDPR 相比,CCPA 并未明确或强调个人敏感数据不可使用或交易(其强调要遵照美国其他相关法规要求),但 CCPA 不但对于个人信息数据的范围做了明确的指导,而且对数据的类型做了比 GDPR 更细化的分类[①]。

8.3　我国数据治理现状与面临的问题

8.3.1　我国数据治理现状

(1) 建立了中央、部门和地方分层分级的政策法规体系。政策主要是围绕数据基础设施建设、开放共享、示范应用、要素市场、安全保障等方面进行顶层设计。

国家部门层面,农业、生态、医疗、水利、交通旅游、科技等部委围绕所管辖行业和领域制定出台了大数据发展指导意见,工业和信息化部和国家发展改革委聚焦大数据产业发展和数据分级分类等领域制订了相关政策,政策体系在实践中不断完善。

地方层面,许多地方政府根据中央和部委相关政策精神,推出了结合本地实际的地方性条例。贵州省是第一个出台大数据地方性法规的省份,天津、海南、浙江、吉林和陕西也已实施了各自的大数据发展条例。这些条例基本都是侧重于从数据开发应用、开放共享、安全保护等方面进行规定。

(2) 形成了以中央主管部门牵头、行业部门专业管理的组织架构。自2018 年省级机构改革以来,各地纷纷以不同方式设立或者调整合并数据治理机构。目前,全国共有 23 个省市建立了数据治理机构。从这些机构的隶属关系看,主要分为政府组成部门、政府部门管理机构两大类,前者主要隶属于政府或政府办公厅,后者主要隶属于省发展和改革委员会、工业和信息化厅或省委网络安全和信息化委员办公室。

延伸阅读:数据
治理政策汇总

① 周文泓,吴琼,田欣,等.美国联邦政府数据治理的实践框架研究——基于政策的分析及启示[J].现代情报,2022,42(8):127-135.

（3）构建以常规检查为主、专项行动穿插的执法制度。2018 年以来，相关部门围绕数据治理和个人信息保护开展了一些专项行动，对于净化互联网数据利用环境、规范个人信息收集使用行为、提升行业数据安全保障能力等起到了重要作用。

8.3.2　当前面临的主要问题

随着数据治理政策和法规的出台，治理机构在全国各地的设立，以及一些专项行动的开展，我国数据治理体系正日益完善。但同时应当看到，作为快速发展的新兴领域，数据治理面临的问题和挑战也愈发突出，集中表现在以下五个方面。

（1）数据体量质量不清。我国网络用户基数大，终端数量多，产业经济规模大，在数据体量上具有天然优势。经过数年发展，已成为产生和积累数据量最大、数据类型最丰富的国家之一。但是，早先的信息化建设往往是应用电子信息技术改造传统产业的过程，缺少对数据全局性、系统性考虑，导致各产业各行业普遍存在数据体量底数不清的问题。尤其在政务领域和一些大型企业组织内部，产生数据的来源高达数百个，相关支撑数据库超过上千个，每分每秒都在不停地产生大量数据，庞大而纷杂的数据分散在不同系统中，随着时间的推移变得愈发杂乱无序，"家底不清"已然成为推动数据资产化面临的首要问题。另外，因缺少对数据资源真实性、准确性、规范性、时效性、完整性和可用性等的统一度量标准，导致数据质量难以精准衡量，价值评估愈发困难。

（2）数据开放共享困难。虽然各级政府在文件中均提到要推动政府数据资源开放和共享，但在具体操作过程中存在很多问题。从法律层面看，我国尚未从法律层面对数据开放的主要原则、开放对象、开放边界、开放方式和安全标准等做出明确规定，加之数据权属、数据定价等问题不明晰，导致出现"数据孤岛""数据割据"等现象。从技术层面看，不同机构和企业的信息系统数据结构设计架构和主要标准不一。信息系统的互联互通需要通过转换数据结构来实现，而很多数据主体并不具备这种技术手段。从安全层面看，许多部门和机构将本领域数据视为本部门的特有资源，担心在数据开放过程中出现数据被滥用或遭黑客攻击的情况，从而对推动数据开放共享持谨慎态度。

（3）数据权属尚未明晰。对数据要素而言，界定权属是个重要却很复杂的问题。数据产业链条中的每个环节都与数据权属有直接或间接的关系。在数据采集阶段，采集者往往过度采集用户隐私数据，授权制度和约束措施不足，数据所有权不清。在数据存储阶段，存储者有可能脱离采集者和相关部门的监管，对数据进行备份，进一步造成混乱权属。在数据传输阶段，泄露和倒卖用户数据的安全事件时有发生。在数据处理阶段，对数据集进行处理加工所得出的新数据归谁所有没有明确规定，经过脱敏处理后的数据的安全性如何，各方看法亦不尽相同。在数据使用阶段，企业是否能够毫无限制地使用数据，如不能应受到何种限制尚无规定。在数据收益分配阶段，由数据产生的经济效益如何配置也欠缺适用的理论指导。近年来，由于数据权利归属模糊不明引发的案件和争议时有发生，严重制约数据在要素市场上平等交换和合理流动。

（4）数据交易运转不畅。数据交易是实现数据流动的重要途径。近年来，贵州、上海、浙江等多地探索建设大数据交易中心或交易所，但实践效果与预期设想仍有差距。究其原因,除受到数据权属不清的制约外,还面临其他很多亟待破解的难题。例如,由于数据价值具有时效性、不确定性等特点,使得数据的评估和定价成为数据交易的最大难点,而目前业内尚未形成统一的数据估值和定价模式,数据供需双方多番"讨价还价"后仍然难以达成共识,交易成本明显高于一般商品交易。再如,数据交易过程中涉及海量数据的存储、传输和安全等问题,每个环节都需要单独的定价谈判,大幅降低交易效率,阻碍着数据交易市场的良性发展。

(5) 数据安全面临挑战。数据安全是制约数据治理开展的重要因素。随着数据市场的快速发展,数据生命周期正由传统单链条逐渐演变为复杂多链条形态,数据应用场景和参与角色愈加多样化,无所不在的数据收集、挖掘、分析和处理技术,令用户几乎无法辨识自己的个人数据是否被合理收集、使用与清除,对数据的安全需求空前扩展。当前,个人数据收集和滥用情况较为突出,一些商家利用用户画像技术深度挖掘个人信息,利用隐私条款的默认勾选、霸王条款获取用户信息,甚至未经授权获取个人信息。特别是不法分子利用信息系统漏洞和黑客技术盗取信息非法获利,给广大用户造成了不可估量的损失。数据安全问题已成为影响数据价值有效释放的重要制约因素。

8.4　建设完善数据治理与数据监管

针对数据治理当前面临的主要问题,应以数据资源的目录体系建设、开放共享机制建设、产权制度建设、评估定价规则建设、安全保障建设等为重点,开展相关工作。

8.4.1　建立数据资源目录

通过建立数据资源目录摸清底数,是数据要素市场发展的第一要务。应建立数据资源目录清单,摸清政府数据和公共数据家底,加强对各部门数据的统筹管理,为数据资源开放共享奠定基础。企事业单位也应树立数据治理意识,开展单位内部数据资源的梳理,建立数据资源图谱。各主体应基于数据资源的分散性、多元管理性等特征,构建具有统一数据模型、多用户视角的数据资源目录管理系统,依据标准规范对数据资源进行分级分类标识,区分公共数据和个人数据,辨识敏感信息和非敏感信息,依据数据资源属性建立目录清单,实现快速检索定位、控制和管理。

8.4.2　完善数据开放共享机制

推进政府数据"聚通用"建设,是实现数据开放共享、充分发挥数据价值的重要基础。应完善数据开放共享机制,建设国家互联网大数据中心,引导企业加强数据资源管理,逐步实现数据的可视、可管、可用和可信,支持产业链上下游企业开放数据,加强合作,建立互利共赢的共享机制。政府部门着力提高数据综合管理力度,科学设计数据开放共享机制,合理确定数据开放共享的边界,明确数据提供方、使用方、平台管理方、服务提供方及监管方等相关主体的权利和责任,明确可持续性、协调性、互利性、透明性、良性竞争等基本原则,并有计划分步骤地向企业、机构、专家和公众开放部分公共数据。

8.4.3 构建数据产权制度框架

明晰数据产权,是推动数据高效利用和深度挖掘、繁荣数据交易的重要前提。探索将数据产权细分为数据所有权、使用权和收益权三个部分。

所有权方面,鉴于数据主要分为原始数据和二次开发利用数据两大类,可将用户的原始数据归个人所有,企业享有对数据进行二次开发利用所产生结果数据的所有权。

使用权方面,国家和政府部门对数据的使用须遵守国家相关法律法规,企业应将数据安全和个人数据保护放在更加突出的位置,特别是对个人数据应侧重于对人权特别是数据知情同意权的保护,因此,属于用权和限权的结合行使。

数据收益权方面,政府以满足行政服务和公共管理需要所开展的数据行为和开放共享等,不应以营利为目的,但在现有数据基础上进行挖掘分析、运行计算或提供可视化服务等配套项目时,则可适当收费。企业对二次开发利用数据产生的收益享有主要权益,同时,应对明示同意企业收集其数据的用户,给予少许费用或其他免费增值服务,让个人也能参与分享数据红利。

8.4.4 建立合理评估定价规则

建立科学合理的数据评估和定价规则,是破解数据交易难题的关键举措。由于大数据的价值因人而异,对数据资产进行评估定价难以完全由客观模型确定,还应该参考数据交易双方的主观意愿。

根据交易数据的不同属性,数据交易的定价可遵循四种规则。

(1)市场定价,由数据交易所设计自动计价公式,根据数据样本量和相关指标,如数据品种、时间跨度、数据深度、数据完整性、数据样本覆盖和数据实时性等计算形成数据价格。

(2)平台预设定价,交易平台给卖方一个可参考的数据定价区间,由卖方在区间范围内确定最终报价。

(3)协商定价,即已经形成初步交易意向的买卖双方自行洽谈沟通价格。

(4)混合定价,如拍卖式定价,这样形成的数据价格不仅体现数据价值,而且体现出独占、保密等性质,兼具着市场与协商两种方式的特点。

8.4.5 强化数据安全

实现数据安全的有效保障,是营造良好数据交易市场环境的重要抓手。加大对《中华人民共和国个人信息保护法》的执行力度,在法律层面为数据安全和个人隐私保护提供法理依据。创新个人信息保护监管手段,强化数据安全执法能力建设,加大对数据产业链各环节的监督检查力度,构建以风险控制为导向的监管方式,严厉打击违法犯罪行为。引导相关企业严格遵守国家相关法规和标准规范,通过设立数据保护官、定期开展数据安全风险评估等手段,建立防范操作风险的内控内审制度,建立个人数据泄露的报告、处理和赔偿机制,积极主动承担保护用户个人数据的责任。同时,充分发挥行业自律组织的作用,倡导企业在发展业务时从行业长远利益而非自身短期利益出发,形成良好的数据行业生态环境。作为维护自身数据权益的主体,个人应切实提升对数据泄露等安全事件的认识,加强自我保护意识和技能培养,尤其是主动了解和学习个人信息保护政策规范,知晓维权方式和渠道,保护个人隐私。

第9章 展　　望

从数字信息基础设施建设、大数据技术创新和元宇宙兴起,到全面加强数据要素市场化配置、培育数据要素市场和"十四五"数字经济发展规划出台,中国数字经济向着数字产业化和产业数字化纵深发展,数据资产化和价值化的理论与实践成果丰硕。我们应当以进一步挖掘数据要素价值、激发数据要素市场活动,推动数字经济与实体经济融合发展为导向,深入研究数据资产定价、数据要素估值、数据市场培育等问题。本章首先介绍了我国数字经济发展规划,展望了数字发展的新进展。接着介绍了互联网科技企业、金融业和新零售业未来可能的数据资产应用。最后归纳梳理数字经济理论体系和数据要素研究成果。我们应当关注这些理论与实践成果中体现的中国情境,探索中国道路。理论与实践创新既要强调对国际经验和国外文献的吸收应用,更要积极落实中央统一部署下的区域政策;开阔眼界,以实现高质量发展为引导,持续关注并深化互联网科技企业、新零售和公共服务等领域多情境应用数据资产认知,构建起关于数据交易、数据价值挖掘、数据资产定价及数据治理的理论体系。

9.1　中国数字经济发展与数字化转型

数字经济涵盖的范围可从三个层面来看。数字经济的内核是信息和通信技术;狭义的数字经济主要包括对数据和信息技术的应用所带来的新型商业模式,如电商等平台经济、应用服务、共享经济等;广义的数字经济几乎涉及所有的经济活动,如传统行业和商业模式的数字化转型。数字经济已经成为影响中国经济未来十年发展的重要性因素,其作用机理和逻辑主要体现在影响经济发展格局、重塑全球竞争力和国际贸易态势、促进在金融周期下半场进行调整和重构经济指标体系等方面[①]。

9.1.1　中国数字化经济发展现状与发展规划

随着大数据、云计算、人工智能的发展和5G网络建设,中国数字经济发展快速。2022年7月,中国信息通信研究院发布了《中国数字经济发展报告(2022年)》,报告显示,2021年我

[①]　崔静,张群,王睿涛,等.数据资产评估指南[M].成都:电子工业出版社,2021:140-153.

国数字经济规模达到 45.5 万亿元,占 GDP 比重达到 39.8%。报告通过数据整理总结出关于我国数字经济发展的现状:我国已形成横向联动和纵向贯通的数字经济战略体系。党中央和国务院对发展数字经济形成系统部署,数字经济顶层战略规划体系渐趋完备,行业与地方形成落实相关战略部署的系统合力,我国数字经济发展已具备较强的政策制度优势。报告指出,我国数字经济作为国民经济的"稳定器"和"加速器"作用更加凸显。产业数字化继续成为数字经济发展的主引擎。2021 年,产业数字化规模达到 37.18 万亿元,同比名义增长 17.2%,占数字经济比重为 81.7%,占 GDP 比重为 32.5%,产业数字化转型持续向纵深加速发展。数字化治理体系正在构建。我国数字化治理正处在用数字技术治理到对数字技术治理,再到构建数字经济治理体系的深度变革中。数字政府建设加速,新型智慧城市建设稳步推进,数据价值挖掘的探索更加深入,基于数据采集、标注、分析、存储等全生命周期价值管理链的数据资源化进程不断加快。数据资产化探索逐步深化,数据确权在顶层规划中有序推进,数据定价、交易流通等重启探索,迎来新一轮建设热潮。我国数字经济发展的城市空间牵引模式形成以北京、上海、深圳等一线城市为轴心的级联牵引格局,三个城市数字经济发展对全国其他城市产生较强的辐射带动效应。顶层设计与政策安排方面,2015 年,中国提出"国家大数据战略",推进数字经济发展和数字化转型。2017 年开始,数字经济连续四年被写入政府工作报告,2021 年,"十四五"规划纲要将"加快数字化发展建设数字中国"单独成篇。2022 年,中央政府出台《"十四五"数字经济发展规划》,这一纲领性文件为中国数字经济发展做了全局性设计及政策安排。规划指出,在全球经济曲折复苏的大环境下,数字经济以数据带动高水平融合,以创新驱动数字化转型,以智能引领高质量发展,成为撬动经济增长的新杠杆,成为各国抢占未来发展主动权的关键选择。我国数字经济转向高质量发展、步入健康发展新阶段,要素链、产业链、价值链和制度链在相互作用中走向深度耦合。

"十三五"时期,我国深入实施数字经济发展战略,不断完善数字基础设施,加快培育新业态新模式,推进数字产业化和产业数字化取得积极成效。"十四五"时期,我国数字经济转向深化应用、规范发展和普惠共享的新阶段。为应对新形势新挑战,把握数字化发展新机遇,拓展经济发展新空间,推动我国数字经济健康发展,依据《中华人民共和国国民经济和社会发展第十四个五年规划和 2035 年远景目标纲要》,制定"十四五"数字经济发展规划。我国数字经济发展主要体现在以下几方面。

(1) 信息基础设施全球领先。建成全球规模最大的光纤和第四代移动通信(4G)网络,第五代移动通信(5G)网络建设和应用加速推进。宽带用户普及率明显提高,光纤用户占比超过94%,移动宽带用户普及率达到 108%,互联网协议第 6 版(IPv6)活跃用户数达到 4.6 亿。

(2) 产业数字化转型稳步推进。农业数字化全面推进,服务业数字化水平显著提高,工业数字化转型加速,工业企业生产设备数字化水平持续提升,更多企业迈上"云端"。

(3) 新业态新模式竞相发展。数字技术与各行业加速融合,电子商务蓬勃发展,移动支付广泛普及,在线学习、远程会议、网络购物、视频直播等生产生活新方式加速推广,互联网平台日益壮大。

(4) 数字政府建设成效显著。一体化政务服务和监管效能大幅度提升,"一网通办""最多跑一次""一网统管""一网协同"等服务管理新模式广泛普及,数字营商环境持续优化,在线政务服务水平跃居全球领先行列。

(5) 数字经济国际合作不断深化。《二十国集团数字经济发展与合作倡议》等在全球赢得广泛共识,信息基础设施互联互通取得明显成效,"丝路电商"合作成果丰硕,我国数字经济领域平台企业加速出海,影响力和竞争力不断提升。

与此同时,我国数字经济发展也面临一些问题和挑战:关键领域创新能力不足,产业链、供应链受制于人的局面尚未根本改变;不同行业、不同区域和不同群体间数字鸿沟未有效弥合,甚至有进一步扩大趋势;数据资源规模庞大,但价值潜力还没有充分释放;数字经济治理体系需进一步完善。

我国数字经济的规划蓝图中描述(关键指标如表 9-1 所示):到 2025 年,中国数字经济迈向全面扩展期,数字经济核心产业增加值占 GDP 比重达到 10%,数字化创新引领发展能力大幅提升,智能化水平明显增强,数字技术与实体经济融合取得显著成效,数字经济治理体系更加完善,我国数字经济竞争力和影响力稳步提升。具体包括以下几方面。

表 9-1 "十四五"数字经济发展关键指标

指　　标	2020 年	2025 年	属　　性
数字经济核心产业增加值占 GDP 比重/%	7.8	10	预期性
IPv6 活跃用户数/亿户	4.6	8	预期性
千兆宽带用户数/万户	640	6 000	预期性
软件和信息技术服务业规模/万亿元	8.16	14	预期性
工业互联网平台应用普及率/%	14.7	45	预期性
全国网上零售额/万亿元	11.76	17	预期性
电子商务交易规模/万亿元	37.21	46	预期性
在线政务服务实名用户规模/亿户	4	8	预期性

(1) 数据要素市场体系初步建立。数据资源体系基本建成,利用数据资源推动研发、生产、流通、服务和消费全价值链协同。数据要素市场化建设成效显现,数据确权、定价和交易有序开展,探索建立与数据要素价值和贡献相适应的收入分配机制,激发市场主体创新活力。

(2) 产业数字化转型迈上新台阶。农业数字化转型快速推进,制造业数字化、网络化和智能化更加深入,生产性服务业融合发展加速普及,生活性服务业多元化拓展显著加快,产业数字化转型的支撑服务体系基本完备,在数字化转型过程中推进绿色发展。

(3) 数字产业化水平显著提升。数字技术自主创新能力显著提升,数字化产品和服务供给质量大幅提高,产业核心竞争力明显增强,在部分领域形成全球领先优势。新产业新业态新模式持续涌现、广泛普及,对实体经济提质增效的带动作用显著增强。

(4) 数字化公共服务更加普惠均等。数字基础设施广泛融入生产生活,对政务服务、公共服务、民生保障和社会治理的支撑作用进一步凸显。数字营商环境更加优化,电子政务服务水平进一步提升,网络化、数字化和智慧化的利企便民服务体系不断完善,数字鸿沟加速弥合。

(5) 数字经济治理体系更加完善。协调统一的数字经济治理框架和规则体系基本建立,跨部门、跨地区的协同监管机制基本健全。政府数字化监管能力增强,行业和市场监管水平大幅提升。政府主导、多元参与和法治保障的数字经济治理格局基本形成,治理水平明显提升。与数字经济发展相适应的法律法规制度体系更加完善,数字经济安全体系进一步增强。

地方层面在中央政策指引下不断加强数字经济的战略引导,建设数字经济新赛道。从地方省市的数字经济相关政策汇总可知,大部分政府均在 2020 年颁布了新的政策规划,仅有云南、吉林、河南、山西、四川、天津、安徽、广西、新疆和贵州未在 2020 年发布新的数字经济规划。从政策的侧重点来看,数字经济领先地区的发展政策已经从发展自身扩展至区域性发展,再拓展至带动型发展,如 2020 年 5 月江苏和宁夏联合发布的《2020 年江苏宁夏数字经济合作重点工作》。上海、浙江、广东等地已经开始规划数字经济的管理和监督框架,而内蒙古自治区等地方目前仍主要以基础设施建设为主。①

9.1.2　中国数字化转型

对于不同维度的研究对象,数字化转型有不同的含义。广义来看,数字化转型是指数字技术与经济社会的深度融合,利用数字化的技术和产品,全方位地改造人类生产、生活,在机械化、信息化和网络化的基础上,利用各种数据信息对社会组织和生产方式实现数字化更迭。从微观作用机制来说,数字化转型是指以数字化技术为基础、以数据为核心、以产品/服务转型,以及流程优化重构为手段,实现企业绩效与竞争力的根本性提升的一系列变革。不同领域的研究者对于数字化转型的定义和关注点也不相同。从企业的视角来看,数字化转型不仅能够减少信息不对称,降低交易、物流成本,节约人力成本,有助于企业提质增效;也能改变企业内部的管理方式,实现扁平化、网络化的组织方式,形成柔性化、模块化、以用户为中心的生产模式。从产业的视角来看,数字化转型意味着数字产业化、产业数字化,以及数字技术对产业链和产业布局形式的革新,大数据、人工智能、区块链等新技术催生了一系列新兴产业,并形成了平台经济新生态;借助数字技术的运用,传统产业的要素组合形式发生变化,引起不同产业就业岗位和需求的变化,改变很多行业中间品的质量和可用性从而引起产业链和产业布局大范围调整。从价值形态来看,数字化转型将生产环节和服务环节深度融合,不仅能够提供最终产品,还能够通过使消费者参与生产和服务的全过程实现价值形态的扩展。更有研究者认为数字技术改变了产品投入产出属性,产生了平台经济这一新的社会生产组织形态,因而将数字经济定义为继农业经济、工业经济之后更为高级的经济形态。我国数字经济占 GDP 比重不断上升,2021 年这一比重已经接近40%。数字化转型模式与价值将更为清晰,带来多方面的提升变革。生产方式向高效、精准、智能、柔性和协同转变;业务形态由传统产品向智能产品加智能服务转变;产业组织方式由基于供应链和价值链向网络化和平台化组织转变;商业模式由直接售卖产品或服务向成果经济转变;创新范式向数据和人工智能驱动转变;技术架构向平台化、分布式和高敏捷形态转变。加快数字化转型过程中应当加强统筹协调,凝聚全行业的合力;强化核心技术,

---

① 　前瞻产业研究院发布的《2022—2027 年中国数字经济行业市场前瞻与投资规划分析报告》。

创新数字化产品;完善标准体系,引领数字化发展[①]。我国数字化转型呈现以下几个特点。

(1)应用场景丰富,多样化的产业生态正在形成。我国人口众多,产业门类齐全,数字化转型的应用场景十分丰富,数字化转型的市场需求也较为稳定,便于展开数字应用及产业生态建设。2021年我国互联网上网人数10.32亿人,互联网普及率为73.0%,巨大的网民规模成为在线消费共享经济发展的基础。从企业需求来看,根据《中国两化融合发展数据地图(2018)》的数据,2018年我国制造业数字化转型处于起步阶段的企业比例为27.4%,处于单项覆盖的企业比例为50.2%,绝大部分企业尤其是中小企业的数字化转型刚刚开始,对数字化的软硬件需求颇为可观。我国产业门类齐全,有助于形成不同类型、不同产业的生态圈、互联网、车联网等,就是不同类型的产业形成的多样化产业生态。从社会治理需求看,新型智慧城市建设加速落地。当前,我国智慧城市经历了从"建系统"到"建城市大脑"的转变,从概念、少数城市拥有向大众参与转变,逐步进入新型智慧城市发展阶段。为推动城市治理体系和治理能力现代化建设,2021年6月9日,住房和城乡建设部印发《城市信息模型(CIM)基础平台技术导则》,总结广州、南京等城市试点经验,提出CIM基础平台建设在构成、功能、数据、运维等方面的技术要求。此外,住房城乡建设部对《城市信息模型基础平台技术标准》征求意见,对平台技术标准的基本规定、平台架构和功能、平台数据、平台运维和安全保障等方面做出规定。智慧城市是社会治理数字化转型的重要构成,意在通过大数据、云计算、区块链、人工智能等前沿信息技术在城市各个领域的运用,来提升整个城市的创新能力。技术创新可以提升市域社会治理能力。制度与技术是现代国家治理的两大基本支柱,市域社会治理同样如此,市域社会治理主体要通过制度体系解决社会问题,而先进合适的技术运用,有利于完善制度体系,提升市域社会治理能力。已有实证研究表明智慧城市建设可以通过信息处理机制、技术促进机制和资源配置机制来提升市域社会治理能力[②]。

(2)数据种类多样化、规模化成为我国新的产业优势。根据中国信息通信研究院的统计,2021年全年,我国数据产量达到6.6ZB,同比增加29.4%,占全球数据总产量(67ZB)的9.9%,仅次于美国(16ZB),位列全球第二。近三年来,我国数据产量每年保持30%左右的增速。大数据产业规模快速增长,从2017年的4700亿元增长至2021年的1.3万亿元。公共数据开放取得积极进展,2017—2021年,全国省级公共数据开放平台由5个增至24个,开放的有效数据集由8398个增至近25万个。各地积极探索数据治理规则,培育数据要素市场,促进数据流通交易和开发利用。除了企业层面,个人行程数据、医疗数交通数据等,已经成为支持我国进行智慧城市建设的重要资源。以武汉为例,武汉市已升级改造公共数据开放平台,开放了92个单位的5892个数据目录、5570个数据集、390个数据接口,开放约4700余万条数据。依托丰富的数据资源,武汉智慧城市目前已拓展至20多个应用场景。这些应用场景不仅涉及城市治理,更涉及居民及企业服务,比如"一码游武汉""老年证掌上办""城管智能处置""AI渍水快处""链税通"等。我国还加大了数字中心的建设力度,2021年5月底发布《全国一体化大数据中心协同创新体系算力枢纽实施方案》,"东数

① 李雯轩,李晓华.全球数字化转型的历程、趋势及中国的推进路径[J].经济学家,2022(5):36-47.
② 楚尔鸣,唐茜雅.智慧城市建设提升市域社会治理能力机制研究——来自中国智慧城市试点的准自然试验[J].中南大学学报(社会科学版),2022,28(4):139-150.

西算"开启。国家发展改革委联合四部门已批复同意在京津冀、长三角、粤港澳大湾区、成渝、内蒙古、贵州、甘肃、宁夏等 8 地规划建设 10 个国家级数据中心集群,引导数据中心集约化、规模化、绿色化发展,奠定鼓励 IDC 产业健康发展的主基调。这一战略工程下,政府和企业将数据中心和算力向枢纽城市倾斜,有助于我国形成更有竞争力的数据产业。

(3) 适度超前的基础设施布局,使我国在数字经济时代抢得发展先机。根据 GSA 数据,截至 2022 年上半年,全球已有 80 余个国家和地区的超过 220 家网络运营商宣称开始提供 5G 业务,其中欧洲占比最高,其次是亚洲、美洲、大洋洲和非洲。5G 网络的商用部署继续向欠发达地区延伸,欧洲、亚太、北美是 5G 的先发地区,已经基本完成 5G 网络的商用;南亚、东欧、北非、中南美洲以及撒哈拉以南的非洲等地区也紧随其后进行 5G 网络部署和预商用。在全球 5G 大发展进展中,我国已建成全球规模最大、技术领先的网络基础设施。截至 2021 年年底,我国已建成 142.5 万个 5G 基站,总量占全球 60% 以上,5G 用户数达到 3.55 亿户。全国超 300 个城市启动千兆光纤宽带网络建设,千兆用户规模达 3 456 万户。农村和城市实现"同网同速",行政村、脱贫村通宽带率达 100%,行政村通光纤、通 4G 比例均超过 99%。IPv6 规模部署和应用取得显著进展,截至 2021 年年底,IPv6 地址资源总量位居世界第一。算力基础设施快速发展,近五年算力年均增速超过 30%,算力规模全球排名第二。北斗导航卫星全球覆盖并规模应用。在工业和信息化部新发布的《新型数据发展三年行动计划(2021—2023 年)》中,我国提出要进行超大数据中心,各省和海外新型数据中心建设,超前的基础设施建设成为我国数字化转型的重要支撑。据 CDCC 统计研究分析,2020 年年底,全国数据中心机柜总数达到约 315.91 万架;2021 年持续增长,2021 年全国累计数据中心存量机柜总数初步核算约为 415.06 万架。根据工业和信息化部信息通信发展司的数据,近年来,我国数据中心机架规模稳步增长,大型以上数据中心规模增长迅速。按照标准机架 2.5kW 统计,截至 2021 年年底,我国在用数据中心机架规模达到 520 万架,近五年年均复合增长率超过 30%。其中,大型以上数据中心机架规模增长更为迅速,按照标准机架 2.5kW 统计,机架规模 420 万架,占比达到 80%。2022 年总机架数预计将达到 670 万架,大型规模以上机架数量预计将达到 540 万架,占比为 80.6%。按照适度超前的原则,工业和信息化部还将继续加大 5G 网络和千兆光纤网络建设的力度,深入实施工业互联网创新发展工程,统筹布局绿色智能数据与计算设施建设。超前的基础设施布局有力地支撑了我国的数字化转型。工业和信息化部数据显示,目前,全国 5G 应用创新的案例已超过 1 万个,覆盖数十个国民经济重要行业。制造业、采矿、港口等垂直行业应用场景加速规模落地,已由最初的生产辅助类业务为主向设备控制、质量管控等核心业务拓展,是当前 5G 应用较为成熟的领域。教育、医疗、信息消费等众多领域的 5G 应用加速发展。"十四五"期间,面向信息消费、实体经济和民生服务三大领域,工业和信息化部将联合相关部门及地方政府重点推进 15 个行业的 5G 应用,打造深度融合新生态。"十四五"期间,生产端数字化和智能化将成为重要的新增长点。"5G＋工业互联网"在建项目超过 1 800 个,具有影响力的工业互联网平台超过 100 家,连接设备数超过 7 600 万台套。工业互联网将从探索起步阶段进入产业深耕及赋能发展的新阶段。

(4) 与其他生产技术形成互补,使得我国在数字经济时代实现节能减排。数字通信技术可以与其他生产要素相互补充,促进企业技术创新能力的提升。根据熊彼特的创新理论,企业创新包括生产要素的重新组合,如在生产系统中加入一种从未有过的生产要素与生产条件的新组合。具体到企业生产运营,把蕴含技术进步的数字通信技术和其他生产要素进行融合,可以推动企业生产、供应链、销售等各个环节的变革和有效连接,能够更加直接地实现企业生产要素的优化配置,加快信息流通,提高企业技术创新能力。在此基础上,面对环境问题的巨大挑战,以数字信息技术和智能化为特色的技术创新,是企业实现绿色制造业体系升级和节能减排的重要路径,因为数字化转型导致的这种技术创新,不但会提高生产设备和资源的使用效率、降低生产成本,还有利于企业发现并调整生产经营过程中的浪费环节,改善企业能耗模式,促进节能减排。数字技术具有技术进步的属性,企业将其应用在生产经营过程中会促进各种生产要素的重新分配,从而进一步优化企业内部的组织架构和生产体系,有效提高资源的配置效率。具体来说,从产品的生产流程来看,数字通信技术的运用已从简单的生产加工环节扩展到产品的流通、销售乃至使用等整个生命周期;从企业经营来看,企业数字化转型也由生产制造阶段延伸到了包含生产、供给、销售和上下游供应链在内的整体系统。由此可见,企业的数字化转型有助于推动企业生产过程向柔性化、网络化、平台化和小微化方向发展,并通过建立工业物联网重构企业生产流程,促使生产过程优化,提升资源使用效率,进而降低污染排放强度。除此之外,数字化转型有利于企业在管理中引入精益管理的理念,促使企业能够基于制造流程中的数据收集和反馈,及时安排和调整制造方案、优化库存,达到企业内部"人、财、物"与外部需求的有效协调,进而降低整体能耗。同时,通过数字化转型实现的结构优化还可以提升企业产品与服务的品质和效率,大大降低产品的生产成本,不但能够缩短产品的开发周期,还可以减少返工与产品报废数量,实现生产制造过程中的节能减排效果。

9.1.3 数字经济的新进展元宇宙数字经济

什么是元宇宙?元宇宙是在互联网世界,借助5G通信、大数据、云计算、人工智能等众多高科技手段,搭建一个与现实世界完全平行的虚拟空间。元宇宙这一词汇诞生于美国作家尼尔·史蒂芬森所著科幻小说《雪崩》。在很长一段时间内,元宇宙在科技领域并非人尽皆知的词汇,直到2021年年末才成为耀眼的热搜词。2022年,全球互联网巨头加快布局元宇宙步伐,国内互联网企业也争相申请注册元宇宙相关商标,抢占数字经济发展先机。一线投资机构高瓴资本、红杉资本、真格基金、五源资本、险峰长青、晨兴资本、星瀚资本等均已开启元宇宙赛道布局。面对市场投资热潮,陈晓红院士等业界权威人士表示,元宇宙正在成为互联网进化的未来形态,成为打破虚拟与现实隔阂的解决方案,推动元宇宙相关技术及产业的发展,对做强、做优和做大我国数字经济至关重要。同时必须认识到,元宇宙市场仍然存在概念界定尚未统一,基础研究支撑不足;市场发展盲目无序,投资过热;核心技术有待突破,应用场景难以协同;统一标准尚未构建,网络体系远未形成;优质人才供给匮乏,创新发展后劲不足等问题。应加快元宇宙底层技术投入,实施包容审慎监管。

从中国元宇宙相关的发展规划来看,"十三五"规划之前,我国主要以发展元宇宙相关技术为主,进行组织实施搜索引擎、虚拟现实、云计算平台、数字版权等系统研发。"十三五"期间,政策上加快支持元宇宙相关关键技术的研究与突破,同时加快经济社会数字化转型发展,为元宇宙技术及产业化发展奠定基础。"十四五"期间,我国元宇宙元宇宙产业化政策持续加码。"十四五"规划中首次提及元宇宙,提出要进一步加强元宇宙底层核心技术基础能力的前瞻研发等。2021年12月,中央纪委国家监委首次发文明确元宇宙定义、诞生背景、主要特征等,明确了元宇宙的三大核心技术分别为扩展现实技术、数字孪生技术及区块链技术,主要应用方向包括元宇宙社交和游戏方向、元宇宙零售和电商以及元宇宙基建和工业方向。

9.2　数据资产化价值化实践

数字经济相关的"新产业、新业态、新模式统计核算"广泛开展,各行业都在微观层面就数字资产化和价值化做探索性实践。

9.2.1　互联网科技企业数据资产应用

互联网科技企业数据资产化商业模式的多样化、数据资产化程度高。除规模经济效应和协同效应之外,网络平台还具有独特的梅特卡夫定律效应。梅特卡夫定律认为:互联网公司价值与用户数量的平方成正比。2015年,中国研究人员分析了腾讯和Facebook的实际数据,证实梅特卡夫定律是成立的。这个强大的效应产生于节点间活跃的互动,对于某一类网络,互动仅发生在不同类别的用户之间,如拼多多和淘宝平台上,互动和交易多在供应商与消费者之间进行,消费者与消费者之间可分享体验,供应商与供应商之间鲜有交易。这类互联网平台的价值源于供应方与需求方的相互吸引和相互促进,遵循学术界的惯例,我们称之为双边市场效应,其具有收益递增的特性,对数字经济发展的支撑作用极其强大。从2019年开始,我国互联网科技企业增速有所放缓,但互联网产业研发投入仍保持较快增长。《2022研发投入前1 000家民营企业创新状况报告》显示,阿里巴巴(中国)有限公司、腾讯控股有限公司、百度公司等互联网企业研发投入较上年均出现上涨,互联网企业已经成为中国研发投入的关键力量。这不仅体现了互联网企业对行业远期发展的判断,同时也在为行业创新持续"造血"。2021年阿里巴巴研发投入为578亿元,研发费用投入强度为6.91%;腾讯研发费用519亿元位居第二,研发费用投入强度为9.26%。此外,互联网数据服务实现快速增长。在"互联网＋"深入推进和各行业信息水平不断提升的拉动下,作为关键应用基础设施的互联网数据中心、云服务、云存储等业务实现快速增长。2020年,中国互联网数据中心市场规模达到1 958.2亿元,较上年增加395.7亿元,同比增长25.32%,预计2021年互联网数据中心市场规模将达到2 485.7亿元。互联网数据服务快速增长,为产业互联网的快速推进奠定了良好基础,随着5G落地,产业互联网将获得更大的成长空间。5G最大的特征是推进人、机、物海量互联,具有大带宽、低延时、高可靠等特性,这些特性使5G不只具有消费应用的前景,更能支持实体经济发展。从区域结构来看,互联网行业发展基础较为雄厚的华东、华北和中南地区,互联网行业数据中心发展实力最强,其中,华东地区互联网数据中心占比 28.6%，华北地区互联网数据中心占比 28.2%，中南地区互联网数据中心占比 27.1%。

9.2.2　金融业数据资产应用

在金融领域，数据标准化程度相对较高，数据资产具有高效性、风险性、公益性特征。金融机构数字化转型普遍加快，类金融渗透产业和生活场景也逐步加深。金融领域的数据资产应用主要有以下四类。

（1）用户画像。主要是针对个人和企业客户的用户画像，利用自然人和法人的统计学特征、消费能力数据、征信数据、信贷数据、兴趣数据、交易数据、风险偏好数据、生产经营数据、客户关系数据等实现用户画像。

（2）运营优化。利用大数据的统计分析实现金融企业的运营优化，包含市场和渠道分析优化、业务人员绩效考核、业务渠道经营分析、智能投顾和金融数据的统计与分析、IT 基础设施的智能化监控等。

（3）风险管理。金融风险是各金融企业十分关注的要点，大数据可有效提升企业风险管理的水平。其主要用于贷款风险的评估（尤其是小微企业和个人）、欺诈性交易的识别和反洗钱、实时信用评估、IT 风险态势感知与预警等。

（4）精准营销。大数据可以有效帮助金融企业的业务人员实现精准营销，加速业务创新，提升市场竞争力。其主要用于交叉营销、个性化推荐、客户分类聚类分析和金融产品营销分析等。

我国关于金融业数字化转型的战略方向已经明确，相关法制基础、技术支撑、制度配套、市场环境等正在加快构建并不断完善。《"十四五"数字经济发展规划》提出以数据为关键要素，以数字技术与实体经济深度融合为主线，加强数字基础设施建设，完善数字经济治理体系，协同推进数字产业化和产业数字化，赋能传统产业转型升级，培育新产业新业态新模式为金融业数字化转型指明了战略方向。《中华人民共和国数据安全法》的施行，对金融机构依法合规使用数据要素提供了法治保障。中国人民银行印发的《金融科技发展规划（2022—2025 年）》从总体思路、发展目标、重点任务和实施保障等方面为金融数字化转型提供了制度支撑。中国银保监会办公厅发布的《银行业保险业数字化转型指导意见》为银行业的数字化转型提供了方向指引。中国人民银行等 4 部委印发的《金融标准化"十四五"发展规划》等文件为金融业数字化提供了技术遵循。近年来，有远见的金融机构，特别是头部金融机构，已经率先打破"围墙"，跨界连接外部资源，挖掘数据要素潜能。据统计，全球最具价值的前 100 家银行中，70% 以上通过开放银行平台等模式，投入到金融数字化转型的浪潮中。在数据驱动下，银行构建开放银行的模式，建设让数据得以共享的平台，通过利用 API 或 SDK 等技术和金融科技企业、合作伙伴协同合作，通过数据资源的有序共享和综合利用，提升核心竞争力。这种新型平台，拥有海量时空数据和强大的技术背景，涵盖数据接入、存储、计算、管理和赋能等多个领域，通过汇聚各方数据，提供"采、存、算、管、用"全生命周期的支撑能力，为金融应用研发以及业务模式革新提供支撑。保险公司也在积极建设此类平台，积极获取"数据红利"。

9.2.3 新零售业数据资产应用

根据德勤最新研究报告《2022 全球零售力量》显示,中国零售商首次跻身全球零售前十强,14 家跻身 250 强的中国零售商在 2020 年的同比增长高于榜单上其他主要国家的零售商。中国零售业在经历了网上销售、电商时代之后逐步进入新零售时代;并通过数字化手段和大数据工具,将研发、设计、制造等环节卷入数字化进程,推动数字化消费者各类消费过程场景化,形成一系列强关系的场景数据;推动电商时代的零售、物流等流量入口和服务环节的竞争步入全产业链竞争;推动资源配置的状态优化和效率提升。

(1)消费过程场景化与场景数据应用。以阿里巴巴、京东等为代表的数字原生企业围绕商品、品牌、营销、销售等建设线上线下场景,推出天天特卖、天猫小区、淘鲜达、淘宝极有家等线上新场景,开设盒马鲜生、京东超市、京东小店等线下新场景;同时,对接 6 亿消费者的大数据和数字智能技术,形成淘宝企业服务平台、客服云 SaaS 交易管理平台、天猫新品创新中心、天猫小黑盒、阿里"仿真系统"等智能产品和服务,帮助 B 端商户提高服务消费者的能力和效率。数字原生企业也与品牌商家开展广泛合作,帮助商家开展 C2B 定制服务、开发自有品牌、实施多种形式的品牌计划,提供品牌所需各种工具和解决方案,助力商家打造爆品,壮大品牌商自有流量池,沉淀品牌数字资产。传统企业陆续卷入数字化进程。传统零售企业是数字化转型的急先锋,苏宁、国美、永辉等零售企业纷纷进入新零售 2.0 或 3.0,根据线上数据优化线下场景,构建统一的底层数据库体系。传统制造业企业围绕营销推广、渠道升级、品牌建设、生产制造、研发设计等对接数据银行,开展消费洞察、销售仿真、品牌升级、C2B 研发、数字化生产等活动,推动产业环节渐进升级。

(2)数据要素重构资源配置。硬件提供商、数字化产品运营商、数据平台、媒体都是数据生产要素的建构者。新零售下,数据要素整合资源的过程符合赢家通吃的规律,数据指导生产、销售、零售、物流等各个环节,推动智慧生产、智慧营销、智慧零售、智慧供应链等发展。新零售数据提供多维、精准的消费者画像,帮助卖场建构消费场景,开展精准的营销推广、品牌形象设计和塑造。

以阿里巴巴为例(见表 9-2),典型演绎了依托阿里云进行大数据赋能以精准挖掘和匹配供需、依托菜鸟网络进行物流与供应链赋能以有效压减时空制约、依托蚂蚁金服进行支付赋能以构建信任便利畅通的资金流体系、依托阿里巴巴进行营销赋能以精准挖掘需求提高商业效率、依托零售通进行渠道赋能以促进传统小店的数字化改造等。

表 9-2 阿里巴巴多场景数据资产应用

场　　景	数据价值实现
线上消费场景	淘宝、天猫(淘特、考拉、速卖通、Lazada、1688)等
社区消费场景	大润发数字化改造;盒马鲜生系列商业模式;饿了么本地生活;社区团购等
线上＋线下场景融合	淘宝、支付宝、盒马鲜生、飞牛、饿了么等阿里系平台协同;盒马鲜生、大润发等库存、供应链路等协同;高德、钉钉等关联基础设施为零售业态发展赋能协同;依托菜鸟网络构建智慧物流赋能商业生态等

场　　景	数据价值实现
数据输出场景	与品牌商家展开协同与合作、阿里犀牛智造、淘特工厂直采、盒马自建产业基地与扩容自营品牌以及阿里"新零售之城"、新国货品牌战略等

资料来源:王宝义.新商业基础设施:概念特征、理论逻辑和现实观照[J].消费经济,2022,38(5):16-27.

9.3　数字经济理论体系与数据要素研究

9.3.1　数字经济理论体系构建

数字经济理论研究在现阶段仍处于摸索阶段。已有的数字经济理论体系基本框架下,以下问题均有待开展进一步深入研究。

(1)融入数据要素的经济增长理论研究。随着区块链、物联网、数字孪生等技术出现,影响生产效率的要素逐渐增多,各要素与生产效率的关系也逐渐复杂化。例如,人工智能技术促进经济增长的途径包括减少劳动力投入、促进资本积累和提高全要素生产率。然而人工智能技术究竟如何促进生产效率提升、生产模式创新并不明确。传统经济学理论框架无法解释数字技术和数据要素对经济增长影响的潜在复杂机理,未来的经济增长理论可以通过扩展生产函数范式构造数字技术影响的新理论框架。

(2)非经济要素贡献与数据要素贡献。传统经济理论将经济要素作为分析经济发展的核心投入并以此分析增长路径,然而数据要素作用过程中还包含了非经济要素的贡献。数字孪生技术通过在虚拟世界构建现实世界的"分身",借助历史信息、实时数据以及算法模型等模拟、分析、预测现实事物的生命周期。在该技术应用过程中,历史信息等数据资源属于非经济要素投入,实时数据除了经济要素外通常包括社会要素,在考虑这些非经济要素投入后才能够完善数字孪生技术的应用场景。因此,在数字技术影响下,未来经济理论范式应当不局限于经济要素,还需关注非经济要素投入。

(3)数字经济理论的应用视角需要更加多维化。一方面,现有研究的切入视角较为单一,主要集中于单个技术对经济的促进作用,缺乏关注多技术叠加融合后的化学反应;另一方面,单个行业的数字化转型可能对其他行业产生溢出效应,当前绝大多数经济学研究仅关注了数字化转型对单个行业的直接经济影响,未来可进一步从社会动力学视角聚焦数字技术对其他行业的溢出效应。

(4)数据价值化和数据要素理论有待进一步完善和系统性深化。数据要素市场建设及数据资产交易正在经历高速增长和快速创新,并广应用于各产业领域。数据要素加入后各种生产要素分配的路径、数据资产估值的模式与管理、数据要素市场建设问题等,有待未来深入开展探究。[①]

---

① 陈晓红,李杨扬,宋丽洁,等.数字经济理论体系与研究展望[J].管理世界,2022,38(2):208-224,13-16.

9.3.2　中国情境融入理论研究

2020 年 8 月 24 日,习近平总书记在经济社会领域专家座谈会上强调,我国将进入新的发展阶段,"我们要着眼长远、把握大势、开门问策、集思广益,研究新情况、做出新规划。"随着中国进入新时代,以新一代信息技术为代表的"大数据革命"为中国经济社会发展提出了新问题、新要求、新挑战和新机遇,呼唤经济学的理论创新。如何构建中国情境下的数字经济理论体系,让数字经济成为驱动中国经济高质量发展的最大动力,成为完善中国特色社会主义理论体系的重要命题。首先,得益于中国巨大的人口规模和 40 多年持续高速的经济增长,中国已拥有数字经济的规模优势。海量数据的产生以及数字科技的广泛应用为中国学者研究数字经济问题、创新数字经济理论,以及构建数字经济学学科体系提供了天然基础。其次,如前所述,数据要素创新了经济增长理论和增长模式,西方经济学"实证革命"的思想引入,使中国经济学研究能够基于大数据、人工智能等方法更准确地揭示经济运行规律,为中国数据要素估值理论联系实际提供了重要科学方法。

20 世纪 40 年代,王亚南在阐述中国经济学的内涵时,指出:"在理论上,经济学在各国尽管只有一个,而在应用上,经济学对于任何国家都不是一样的。"数字经济研究也是如此。提炼挖掘中国情境下的数字经济独创理论,坚定"中国特色社会主义道路自信、理论自信、制度自信、文化自信"是根本前提。我们需要对数字经济在中国发生的一系列问题进行系统分析,形成中国特色数字经济理论体系,揭示中国数字经济发展的一般规律。同时,从中国特色数字经济理论中凝练出本质和共性内容,拓展当代西方经济学研究范畴,构建数据要素估值一般性理论,泛化中国经验并提升中国数字经济理论在世界学术界的影响力。

总之,"技术—经济范式"正加速从工业化向数字化演进,作为一种新的经济形态,数字经济实践发展已明显超越理论研究,倒逼与数字经济相关经济理论研究的创新发展。科学理论体系的建设是一个源于解决实际问题需求,经历萌芽和成长阶段,再应用于实践并不断总结和修正,循环往复持续完善的过程。数据要素和数据资产的学术研究虽最早见于外文文献,但近几年尤其是在新冠肺炎疫情背景下,我国数据要素理论成果也逐渐丰硕[①]。

9.3.3　研究前沿

数据要素研究属于新兴研究领域,在 2019 年以后成为研究热点。根据知网统计,2020 年,以"数据要素"为主题的国外文献 13 篇,增长速度 30%;中文文献 308 篇,增长速度为 221%。研究从最开始的数字经济概念界定深入到微观层面,即聚焦于数据要素在企业层面的作用途径和价值挖掘。研究人员通过对互联网科技企业、金融企业、公共服务机构等微观个体的观察,研究数字经济时代背景下数据如何影响企业的竞争战略,数据能否成为带给企业持续竞争优势的战略资源,数据如何影响产业均衡和市场结构等。研究人员从计算机、图情、自动化、互联网技术、企业经济等领域研究观察并论述了数据价值创造中的一

---

① 佟家栋,张千.数字经济内涵及其对未来经济发展的超常贡献[J].南开学报(哲学社会科学版),2022(3):19-33.

类或几类核心机制,如数据驱动的学习效应,数据要素生产力和数据密集型产品的价值,数据网络效应等。

最新的研究从数据要素报酬决定的基本原理出发,把数据要素参与价值创造的过程分解为生产和交易两个过程,分析影响要素报酬性质的机制。这一分析框架将对从"资源稀缺论"出发研究数据要素价值这一分析范式产生重要的扩展意义。后续迫切需要分领域进行更多实证分析,以翔实的数据验证不同情境中数据要素报酬性质。这也是当前数据要素问题研究的一大痛点,在最新的论文索引中基于情境的实证分析仍然稀少。

有学者在实证研究方向结合应用场景的典型成果有以制造业为数据元素应用场景,论证数据要素对制造业企业创新质量影响。还有学者结合统计年鉴、数据库数据以及手工收集、整理的数字化法规文本数据,建立数据要素指标体系,发现数据要素与人力资本匹配、制造业创新质量提升之间存在显著的倒"U"型关系。在宏观层面,学者们研究数据作为新型资产,应如何纳入统计和国民经济核算,数据资产在经济社会发展中发挥的重要作用。已有的研究文献是基于国民经济核算研究范式,结合实地调研,描述数据生产过程的"数据价值链",以明确"数据"作为关键生产要素的概念及生产属性,根据数据的特征,提出数据资产的概念,基于数据支出资本化核算的基本分类,探索数据资产价值的测度方法和基础统计资料来源。企业管理层面,数据要素影响企业发展的机制研究主要集中在数据可以为企业提供信息,帮助企业做出更加正确的商业决策及拓展企业的经营范围等。国外学者对这一问题开始研究较早,且文献相对丰富。Devens(1865)首次提出商业情报(business intelligence)概念,强调信息在企业运营中的重要性。20世纪70年代,随着现代工业企业的出现,数据作为一种投入要素计入企业的生产函数中。20世纪90年代,数据收集、储存以及计算成本的急剧下降使得企业更注重挖掘数据价值,改进企业组织和管理方式,提高生产率。这一时期的研究认为,企业掌握的数据价值体现在企业通过机器学习模型预测产品需求,算法与数据都很关键。企业需要从数据中获取信息作出更为有效的业务战略和更明智的决定。日常管理中,企业也需要利用信息来改善业务流程和创新运营模式,最终提升盈利能力。大量的企业实践显示,运用数据分析进行决策的企业在财务以及运营状况方面要优于运用经验进行决策的企业。随着我国数字经济的快速发展,国内学者开始对数据如何影响企业决策进行研究。研究成果主要有:①数据驱动型决策模式,指出数据运用技术的进步使得很多企业管理者从主观的经验驱动型决策模式转向客观的高度依赖数据分析的科学决策模式。②信息降低决策成本论,即拥有更多信息的企业能产生更高的利润。其作用途径可以描述为:由于企业生产规模扩大,经营活动中的不确定性会给企业带来很高的决策成本。企业拥有大量有效信息能降低企业对未来判断的失误,避免高额的利润损失。③优化配置论,研究认为数据分析可以帮助企业提升内部信息的透明度,增进各部门之间的了解,优化其他生产要素的配置。企业管理学认为数据可以提升企业生产效率,这主要受补充性投资(complementary investments)以及企业组织实践(organizational practices)两个因素的影响。经济学从数据要素与其他要素,如劳动要素、生产资料间的关系阐述数据要素提升企业生产效率机制。使用数据要素可以降低劳动者与生产资料的结合时间,提升劳动生产率,从而可以使相同的劳动者与生产资料在单位劳动时间内生产更多产品。数据要素具备很强的多要素合成效应,使用数据要素可以对其他生产要素产生正外部性,让物质资本、劳动力等传统要素以一种更优化的组合投入生产。所以当数据要素使单位物质资本或劳动力的产出提升,企业的生产效率也会有明显提高。④数据要素促进企业创新论,研究认为数据要素会促进企业的创新活动,导致企业生产效率增加。大数据有很强的正外部性,被称为通用目的技术(general purpose technologies),应用于很多行业和领域并在更多的行业和领域促进创新,进而推动生产方式的变革和高效率的经济增长。数据要素可以显著地提升企业的新知识发现率,进而使企业的生产效率提高。创新本来就是不断失败的过程,在失败的尝试中产生的数据对自身以及其他企业的创新活动都有着非常重要的作用。学者们观察企业创新活动发现,企业之间如果能合作,分享研发过程中产生的数据,就可以提升企业的创新能力以及生产效率。反之则会因为创新成本过高而亏损或停止创新活动,导致严重的效率损失。国外学者运用实证方法研究了大量美国家企业数据要素与企业生产效率之间的关系,发现总体上运用数据分析的企业生产率要高出其他企业。数据要素使用拓展企业经营范围论,数据要素让企业能够提升现有产品或服务的质量,让新产品或服务的出现成为可能,从而改变企业经营产品或服务,拓展企业经营范围。运用数据要素,企业可以将数据自身的价值附加在其他产品或服务上,比如经过数据分析后实现广告的精准投放,提升价值。企业可以基于数据创造出新的产品,比如企业通过出售数据库来获利,各类咨询机构、智库、数据公司都在积极发展这类业务。企业可以利用大数据分析对客户群体作多维认识,这样可以有针对性地为客户提供产品或服务,提升产品和服务的质量,增加消费者剩余并提升自身的利润。数据资产化过程中产生了新的商业模式,企业可以从众多渠道收集数据,加以科学的整合、标准化、分析等,限制处理完数据的访问权限,通过订阅费或使用费获得收益。实证研究证实,科创企业的数据分析能力会显著提升产品突破性创新,有助于新产品形成,并且企业在多种提升路径中知识获取能力对产品突破性创新影响最大。总体上看,学者们关于数据要素对企业发展影响的研究还主要集中在理论机制层面,实证研究较少,并且现有研究很少将数据要素的特征与影响企业发展的机制结合起来分析。最新研究中,学者以云计算行业上市公司为例进行实证分析。美国国家标准技术研究院在2009年将云计算定义为一种模式,在该模式下可以很方便地按需求访问可配置的计算资源(网络、服务器、存储设备、应用程序以及服务)。这些资源能够被快速提供并发布,并且让服务提供商的干预最小化。从整体上看,云计算强调对数据的计算、处理能力,云计算和数据行业之间关系较为密切,云计算行业是运用数据要素较多的行业。研究得出有数据要素的企业总资产净利率会显著提高,证实了数据要素会促进企业发展。[①] 关于运用数据较多行业的数据资产应用,有研究基于中国科技服务企业2010—2019年的数据,在构建企业高质量发展指数以及评价企业数据资产水平的基础上,通过实证分析检验了数据资产对科技服务企业高质量发展的影响,并以"宽带中国"战略的应用实施为准自然实验,运用多期双重差分法考察这一战略对企业高质量发展的影响。研究表明数据资产明显促进了企业发展质量的提升,成为推动企业高质量发展的关键因素之一。在区域异质性上,东部地区企业受到数据资产的影响比中西部地区更大。在产权异质性上,数据

---

① 王宏伟,董康.数据要素对企业发展的影响——基于云计算行业197家上市公司实证分析[J].东岳论丛,2022,43(3):161-173,192.

资产对于民营科技服务企业的影响比国有企业更强。我国"宽带中国"战略的实施加快了企业发展质量的提升,并且随着时间的推进,促进作用呈现出逐渐增强并趋于稳定的趋势[①]。商业银行作为金融数据的重要掌控者,其数据资产应用和数据要素市场化也是研究热点。有研究以商业银行这一市场重要性主体作为关键主体,分析其数据资产要素市场化的目标、原则和路径。通过对宏观政策文件的梳理分析,总结出其政策逻辑思路以及在数据要素市场化方面的总体要求。在总体要求的框架下,结合商业银行的主体特色和发展实际,针对商业银行数据资产要素市场化,在数据资产生产、配置、交易、应用和生态方面提出五重主要目标,并就商业银行推进数据资产要素市场化确立了五大基本原则[②]。公共服务数据资产应用研究主要讨论政府如何将数据转化为数据资产,以及需要克服哪些障碍才能实现数据资产的价值和效益,关于这类问题需要基于政府数据资产管理的案例研究。例如有研究基于潍坊市五个县(市)区的政府数据管理机构进行的实证研究表明,政府部门通过"盘点数据资产底数""创新数据资产应用"和"强化数据资产安全"三种主要机制有效推进数据的资产化管理,促进了数据资产的质效提升,实现了数据资产的配置优化和协同创新,激活了政务数据资产的经济和社会价值。扎实的案例研究为改善政府部门的数据资产管理提供参考框架,为政府机构在数据资产化管理目标的实现和数据价值增长方面提供有益的思路。[③]

---

① 王宏伟,董康.数据要素对企业发展的影响——基于云计算行业 197 家上市公司实证分析[J].东岳论丛,2022, 43(3):161-173,192.

② 陆岷峰,欧阳文杰.关于新时期数据资产要素市场化的目标、原则及路径的研究——以商业银行数据资产为例[J].新疆社会科学,2023(5):43-56.

③ 宋锴业,徐雅倩,陈天祥.政务数据资产化的创新发展、内在机制与路径优化——以政务数据资产管理的潍坊模式为例[J].电子政务,2022(1):14-26.

参 考 文 献

[1] 安小米,王丽丽,许济沧,等.我国政府数据治理与利用能力框架构建研究[J].图书情报知识,2021,38(5):34-47.

[2] 闭珊珊,杨琳,宋俊典.一种数据资产评估的CIME模型设计与实现[J].计算机应用与软件,2020,37(9):27-34.

[3] 陈芳,余谦.数据资产价值评估模型构建——基于多期超额收益法[J].财会月刊,2021(23):21-27.

[4] 陈晓春.私人产品与公共产品的性质与成因研究[J].湖南大学学报(社会科学版),2002(6):36-39.

[5] 陈晓红,李杨扬,宋丽洁,等.数字经济理论体系与研究展望[J].管理世界,2022,38(2):208-224,13-16.

[6] 楚尔鸣,唐茜雅.智慧城市建设提升市域社会治理能力机制研究——来自中国智慧城市试点的准自然试验[J].中南大学学报(社会科学版),2022,28(4):139-150.

[7] 崔静,张群,王睿涛,等.数据资产评估指南[M].成都:电子工业出版社,2021.

[8] 董建.德国云计算大数据物联网的启示[J].信息技术与标准化,2017(5):31-35.

[9] 崔金栋,高志豪,关杨,等.面向泛在物联的供电企业数据资产生态化管理机制研究[J].情报科学,2019,37(12):63-70.

[10] 方元欣,郭骁然.数据要素价值评估方法研究[J].信息通信技术与政策,2020(12):46-51.

[11] 房宏君,汪昕宇,刘莹,等.美国大数据研究主题热点及其演进历程可视化探析[J].图书馆建设,2020(S1):293-297.

[12] 房颖,叶莉.大数据资源如何影响客户服务绩效?——基于客户信息质量与客户导向能力的链式中介作用[J].财经论丛,2021(12):103-113.

[13] 高富平,冉高苒.数据要素市场形成论——一种数据要素治理的机制框架[J].上海经济研究,2022(9):70-86.

[14] 胡能鹏,黄坤豪,郑磊.基于4A平台的数据安全管控体系的设计与实现[J].网络安全和信息化,2018(12):104-106.

[15] 黄朝椿.论基于供给侧的数据要素市场建设[J].中国科学院院刊,2022,37(10):1402-1409.

[16] 黄静,周锐.基于信息生命周期管理理论的政府数据治理框架构建研究[J].电子政务,2019(9):85-95.

[17] 江堂碧.支持挖掘的流式数据脱敏关键技术研究[D].成都:电子科技大学,2017.

[18] 金骋路,陈荣达.数据要素价值化及其衍生的金融属性:形成逻辑与未来挑战[J].数量经济技术经济研究,2022,39(7):69-89.

[19] 黎元,杨先建,杨晓峰,等.人民防空数据脱敏的研究与实现[J].标准科学,2018(7):78-82.

[20] 李海舰,赵丽.数据成为生产要素:特征、机制与价值形态演进[J].上海经济研究,2021(8):48-59.

[21] 李昊林,王娟,谢子龙,等.中美欧内部数字治理格局比较研究[J].中国科学院院刊,2022,37(10):1376-1385.

[22] 李雯轩,李晓华.全球数字化转型的历程、趋势及中国的推进路径[J].经济学家,2022(5):36-47.

[23] 李直,吴越.数据要素市场培育与数字经济发展——基于政治经济学的视角[J].学术研究,2021(7):

114-120.

[24] 刘慧,白聪.数字化转型促进中国企业节能减排了吗[J].上海财经大学学报,2022,24(5):19-32.

[25] 刘吉超.我国数据要素市场培育的实践探索:成效、问题与应对建议[J].价格理论与实践,2021(12):
18-22.

[26] 刘金钊,汪寿阳.数据要素市场化配置的困境与对策探究[J].中国科学院院刊,2022,37(10):
1435-1443.

[27] 刘文革,贾卫萍.数据要素提升经济增长的理论机制与效应分析——基于新古典经济学与新结构经
济学的对比分析[J].工业技术经济,2022,41(10):13-23.

[28] 刘玉奇,王强.数字化视角下的数据生产要素与资源配置重构研究——新零售与数字化转型[J].商业
经济研究,2019(16):5-7.

[29] 刘悦欣,夏杰长.数据资产价值创造、估值挑战与应对策略[J].江西社会科学,2022,42(3):76-86.

[30] 陆岷峰,欧阳文杰.关于新时期数据资产要素市场化的目标、原则及路径的研究——以商业银行数据
资产为例[J].新疆社会科学,2023(5):43-56.

[31] 陆岷峰,欧阳文杰.数据要素市场化与数据资产估值与定价的体制机制研究[J].新疆社会科学,2021
(1):43-53,168.

[32] 欧阳日辉,杜青青.数据要素定价机制研究进展[J].经济学动态,2022(2):124-141.

[33] 欧阳日辉,龚伟.基于价值和市场评价贡献的数据要素定价机制[J].改革,2022(3):39-54.

[34] 彭辉.数据权属的逻辑结构与赋权边界——基于"公地悲剧"和"反公地悲剧"的视角[J].比较法研究,
2022(1):101-115.

[35] 强群力,陈俊,郭林.标准在金融业机构数据治理中的实践研究[C].第十七届中国标准化论坛论文
集,2020:182-192.

[36] 乔天宇,李由君,赵越,等.数字治理格局研判的理论与方法探索[J].中国科学院院刊,2022,37(10):
1365-1375.

[37] 宋错业,徐雅倩,陈天祥.政务数据资产化的创新发展、内在机制与路径优化——以政务数据资产管
理的潍坊模式为例[J].电子政务,2022(1):14-26.

[38] 孙颖,陈思霞.数据资产与科技服务企业高质量发展——基于"宽带中国"准自然实验的研究[J].武汉
大学学报(哲学社会科学版),2021,74(5):132-147.

[39] 陶长琪,丁煜.数据要素何以成为创新红利?——源于人力资本匹配的证据[J].中国软科学,2022
(5):45-56.

[40] 田正.日本数字经济发展动因与趋势分析[J].东北亚学刊,2022(2):26-35,146.

[41] 佟家栋,张千.数字经济内涵及其对未来经济发展的超常贡献[J].南开学报(哲学社会科学版),2022
(3):19-33.

[42] 王宝义.新商业基础设施:概念特征、理论逻辑和现实观照[J].消费经济,2022,38(5):16-27.

[43] 王超贤,张伟东,颜蒙.数据越多越好吗——对数据要素报酬性质的跨学科分析[J].中国工业经济,
2022(7):44-64.

[44] 王陈慧子,蔡玮.元宇宙数字经济:现状、特征与发展建议[J].大数据,2022,8(3):140-150.

[45] 王宏伟,董康.数据要素对企业发展的影响——基于云计算行业197家上市公司实证分析[J].东岳论
丛,2022,43(3):161-173,192.

[46] 王伟玲,吴志刚,徐靖.加快数据要素市场培育的关键点与路径[J].经济纵横,2021(3):39-47.

[47] 王旭东,叶水勇,朱兵,等.数据治理过程中数据安全防护技术研究及应用[J].国网技术学院学报,
2019,22(1):46-50.

[48] 王忠.美国推动大数据技术发展的战略价值及启示[J].中国发展观察,2012(6):44-45.

［49］熊巧琴,汤珂.数据要素的界权、交易和定价研究进展[J].经济学动态,2021(2):143-158.

［50］熊励,刘明明,许肇然.关于我国数据产品定价机制研究——基于客户感知价值理论的分析[J].价格理论与实践,2018(4):147-150.

［51］许杰,祝玉坤,邢春晓.机器学习在金融资产定价中的应用研究综述[J].计算机科学,2022,49(6):276-286.

［52］许宪春,张钟文,胡亚茹.数据资产统计与核算问题研究[J].管理世界,2022,38(2):16-30,32.

［53］杨农,刘绪光,李跃,等.金融数据资产:账户、估值与治理[M].北京:中国金融出版社,2022.

［54］尹传儒,金涛,张鹏,等.数据资产价值评估与定价:研究综述和展望[J].大数据,2021,7(4):14-27.

［55］于立,王建林.生产要素理论新论——兼论数据要素的共性和特性[J].经济与管理研究,2020,41(4):62-73.

［56］袁满,张雪.一种基于规则的数据质量评价模型[J].计算机技术与发展,2013,23(3):81-84,89.

［57］袁澍清,王刚.区块链技术与数据挖掘技术对数字经济发展的推动作用研究[J].西安财经大学学报,2022,35(4):54-64.

［58］臧昊,赵强,卞水荣.基于XML的电子病历隐私数据脱敏技术的研究与设计[J].信息技术与信息化,2017(3):111-114.

［59］张莉,卞靖.数字经济背景下的数据治理策略探析[J].宏观经济管理,2022(2):35-41.

［60］张昕蔚,蒋长流.数据的要素化过程及其与传统产业数字化的融合机制研究[J].上海经济研究,2021(3):60-69.

［61］赵瑞琴,孙鹏.确权、交易、资产化:对大数据转为生产要素基础理论问题的再思考[J].商业经济与管理,2021(1):16-26.

［62］中国电子技术标准化研究院.数据资产评估指南[M].成都:电子工业出版社,2021.

［63］周丽娜,马志强.基于知识图谱的网络信息体系智能参考架构设计[J].中国电子科学研究院学报,2018,13(4):378-383.

［64］周芮帆,洪祥骏,林娴.中国对外直接投资与"一带一路"数字经济创新[J].山西财经大学学报,2022,44(6):70-83.

［65］周文泓,吴琼,田欣,等.美国联邦政府数据治理的实践框架研究——基于政策的分析及启示[J].现代情报,2022,42(8):127-135.

［66］宗喆,鲁俊群.疫情之下的数据治理及人工智能应用边界探索[J].科技管理研究,2021,41(17):162-169.